应用型本科信息大类专业"十三五"规划教材

MATLAB
编程及仿真应用

张采芳　余愿　鲁艳旻 ◎ 编著

U0333518

华中科技大学出版社
http://press.hust.edu.cn
中国·武汉

内 容 简 介

本书从初学者的角度出发,系统地介绍了 MATLAB 7.0 的基本功能及其使用,列举了丰富的实例,以帮助读者快速入门。

本书共分 9 章,第 1 章介绍了 MATLAB 语言的发展历程、特点、安装过程、窗口构成及其功能、用户文件格式等;第 2 章介绍了 MATLAB 的矩阵运算;第 3 章介绍了 MATLAB 的二维绘图、三维绘图及图形处理功能;第 4 章介绍了 MATLAB 的数值计算和符号计算;第 5 章从程序设计的角度出发,介绍了 M 文件的组成、编写及调试过程;第 6 章介绍了图形用户界面(GUI)的功能及其设计过程;第 7 章介绍了 Simulink 的应用;第 8 章介绍了 MATLAB 在自动控制、信号处理及电力电子系统中的应用;第 9 章介绍了 MATLAB 的外部接口,讲述了 MATLAB 与 Word、Excel、C 语言等软件的接口。

为了方便教学,本书还配有电子课件等教学资源包,任课教师可以发邮件至 hustpeiit@163.com 索取。

本书内容丰富,涉及面广,仿真实例多,便于读者理解和掌握。本书可作为普通本科院校电信、通信、自动化、电力电子等专业的教材,也可作为广大科研人员及对相关知识比较感兴趣的读者的自学资料。

图书在版编目(CIP)数据

MATLAB 编程及仿真应用/张采芳,余愿,鲁艳旻编著.—武汉:华中科技大学出版社,2014.5
(2024.7重印)
应用型本科信息大类专业"十二五"规划教材
ISBN 978-7-5680-0062-8

Ⅰ.①M…　Ⅱ.①张…②余…③鲁…　Ⅲ.①Matlab 软件-程序设计-高等学校-教材
Ⅳ.①TP317

中国版本图书馆 CIP 数据核字(2014)第 100154 号

MATLAB 编程及仿真应用　　　　　　　　张采芳　余　愿　鲁艳旻　编著

策划编辑:康　序
责任编辑:康　序
封面设计:李　嫚
责任校对:周　娟
责任监印:张正林
出版发行:华中科技大学出版社(中国·武汉)　　电话:(027)81321913
　　　　　武汉市东湖新技术开发区华工科技园　　邮编:430223
录　　排:武汉正风天下文化发展有限公司
印　　刷:武汉邮科印务有限公司
开　　本:787mm×1092mm　1/16
印　　张:16.5
字　　数:428 千字
版　　次:2024 年 7 月第 1 版第 10 次印刷
定　　价:48.00 元

只有无知，没有不满。

Only ignorant, no resentment.

..................迈克尔·法拉第(Michael Faraday)

迈克尔·法拉第（1791—1867）：英国著名物理学家、化学家，在电磁学、化学、电化学等领域都作出过杰出贡献。

应用型本科信息大类专业"十二五"规划教材

编审委员会名单

前言
PREFACE

  MATLAB 是由 Matrix 和 Laboratory 两个英文单词的前三个字母组合而成的，是美国 MathWorks 公司开发的科学与工程计算软件，它的首创者是在线性代数领域颇有影响的 Cleve Moler 博士。MATLAB 软件最初是一种专门用于矩阵数值计算的软件，随着技术的进步，其功能越来越强大，使用范围越来越广，目前已被广泛地应用于自动控制、数学运算、信号分析、计算机技术、图像信号处理、财务分析、航天工业、汽车工业、生物医学工程、语音处理和雷达工程等行业。尤其是 MATLAB 系统中提供的专用工具箱，可满足不同专业用户的需求。

  MATLAB 不仅功能强大，而且使用方便，同时还提供有与其他编程语言（如 C 语言）的接口，因此 MATLAB 已经成为国内外高校和研究部门进行科学研究的重要工具。

  本书在对 MATLAB 语言的特点和功能进行详细介绍的基础上，从实际应用的角度出发，针对各个专业应用进行了详细的介绍，并提供了大量的实例，读者可以借鉴书中实例对所学专业课程的理论知识进行仿真，从而加深对书中知识的理解和掌握。

  本书由文华学院张采芳、余愿、鲁艳旻编著，由哈尔滨石油学院王妍玮及郜云波、石家庄铁道大学四方学院高迎霞担任编委。全书分为 9 章，其中：第 1 章、第 5 章、第 6 章及第 8.2 节由张采芳编写，第 2 章、第 3 章、第 7.1、7.2 节、第 8.1 节由余愿编写，第 4 章、第 9 章、第 7.3 节、第 8.3 节由鲁艳旻编写。王妍玮、高迎霞和郜云波为本书的编写提供了不少素材。本书在编写过程中，还参考了很多宝贵的文献，在此向这些文献的作者表示诚挚的谢意。同时，在本书的编写和修改过程中，编委会的同志们提出了很多宝贵的意见，在此一并表示衷心的感谢。

  为了方便教学，本书还配有电子课件等教学资源包，任课教师可以发邮件至 hustpeiit@163.com 索取。

由于编者水平有限，加之时间比较仓促，书中难免有疏漏和不足之处，恳请
广大读者朋友批评指正。

编　者

2023 年 12 月

目录

第❶章　MATLAB 的开发环境简介

1.1　MATLAB 简介

MATLAB 是美国 MathWorks 公司开发的科学与工程计算软件,它的首创者是在线性代数领域颇有影响的 Cleve Moler 博士,他也是 MathWorks 公司的创始人之一。MATLAB 是一种科学计算软件,专门以矩阵的形式处理数据。MATLAB 将高性能的数值计算与可视化集成在一起,并提供了大量的内置函数,从而使其被广泛地应用于自动控制、数学运算、信号分析、计算机技术、图像信号处理、财务分析、航天工业、汽车工业、生物医学工程、语音处理和雷达工程等行业。MATLAB 以其强大的功能,成为目前国内外高校和研究部门科学研究的重要工具。

在科学研究与工程计算中常常要进行大量的数学运算,在 MATLAB 未推出之前,通常是借助 FORTRAN 语言和 C 语言等高级计算机语言编制程序来解决大量的数学运算问题,这就要求使用者熟练地掌握所用语言的语法规则与编制程序的相关规定及技巧,因此编制程序有一定的难度。

1967 年,在美国国家科学基金会的资助下,Cleve Moler 博士等人采用 FORTRAN 语言编写了特征值求解子程序库 Linpack 和线性方程求解子程序库 Eispack。这两个程序库代表了当时矩阵数值计算软件的最高水平。到了 20 世纪 70 年代后期,Cleve Moler 博士编写了使用 Linpack 和 Eispack 的接口程序,并将之命名为 MATLAB。这个程序受到了广泛欢迎,并作为教学辅助软件(免费)广为流传。20 世纪 80 年代中期,Cleve Moler 和 J. Little 合作开发了 MATLAB 的第 2 代专业版,从这一版本开始,MATLAB 的核心采用 C 语言编写。也是从这一版本开始,MATLAB 不仅具有数值计算功能,而且具有了数据可视化功能。随着其功能的逐渐完善,MATLAB 的应用范围也越来越广,并且简单高效、易学易用。1984 年,Cleve Moler 博士等组建了 MathWorks 公司,专门研究、扩展并改进 MATLAB,并将其正式推向商业市场。

1990 年,MathWorks 公司推出了以框图为基础的控制系统仿真工具 Simulink,它为系统的研究与开发提供了方便,使控制工程师可以直接构造系统框图进行仿真,并提供了控制系统中常用的各个环节的模块库。

1993 年,MATLAB 的第一个 Windows 版本 MATLAB 3.5 发布;同年,MATLAB 4.0 版本推出。与之前的版本相比,MATLAB 4.0 做了很大的改进,如增加了 Simulink、Control、Network、Optimization、Signal Processing、Spline、Identification、Robust Control、Mu-analysis and synthesis 等工具箱。1993 年 11 月,MathWorks 公司又推出了 MATLAB 4.1 版本,首次开发了 Symbolic Math 符号运算工具箱。同时,其升级版本 MATLAB 4.2 在用户中也得到广泛的应用。

1997 年,MATLAB 5.0 版本问世,相对于 MATLAB 4.x 版本来说,它实现了真正的 32 位运算,功能强大,数值运算加快,用户界面十分友好。2001 年下半年,MATLAB 6.0 版本推出,与之前的版本相比,MATLAB 6.0 在运算速度上有了明显的提高。MATLAB 6.x 和之前版本的最突出不同之处是:向用户提供了前所未有的交互式工作界面。了解、熟悉和掌握这些交互界面的基本功能和操作方法,将使新老用户能事半功倍地利用 MATLAB 去完成各种学习和研究工作。2007 年,MATLAB 7.0 版本问世,之后 MathWorks 每年都对 MATLAB 产品进行更新,2013 年 9 月,MATLAB 8.2 发布,最新版本 MATLAB 8.3 也即将上市。自 MATLAB 4.2c 开始,每个版本增加了一个建造编号,例如:MATLAB 7.0 的建造编号是 R14,说明 MATLAB 7.0 与 MATLAB R14 是等同的。在 MATLAB 的开发越来越正规化以后,MATLAB 每年会出两个版本,如 2013a 和 2013b。一般来说,a 表示测试版,b 表示正式版。从出版时间上来看,a 表示前半年出品,b 表示后半年出品。

1.2　MATLAB 的特点

MATLAB 是一种可用于算法开发、数据可视化、数据分析及数值计算的高级程序语言,与其他程序设计语言相比有其独有的特点,主要体现在如下几个方面。

1. 功能强大

1)运算功能强大

MATLAB 的数值运算要素不是单个数据,而是矩阵,每个元素都可看作复数,运算包括加、减、乘、除、函数运算等。通过 MATLAB 的符号工具箱,可以解决在数学、应用科学和工程计算领域中常常遇到的符号运算问题。

2)功能丰富的工具箱

MATLAB 提供了大量针对各专业应用的工具箱,使 MATLAB 可以适用于不同的领域。

3)文字处理功能强大

MATLAB 的 Notebook 为用户提供了强大的文字处理功能,允许用户从 Word 访问 MATLAB 的数值计算和可视化结果。

2. 人机界面友好,编程效率高

MATLAB 的语言规则与笔算式相似,命令表达方式与标准的数学表达式非常相近。同时 MATLAB 的程序执行方式采用的是解释工作方式,即键入算式后无需编译立即得出结果,若有错误也能立即做出反应,便于编程者立即改正。

3. 强大而智能化的作图功能

MATLAB 具有完备的图形处理功能,可将工程计算的结果可视化(图形化),使原始数据的关系更加清晰。为了绘制各种图形,MATLAB 提供了多种坐标系,可以让用户方便地绘制三维坐标中的曲线和曲面。

4. 可扩展性强

MATLAB 的功能实现包括基本部分和工具箱两个部分,具有良好的可扩展性,用户根据需要对工具箱可任意增减。

5. 动态仿真功能

MATLAB 的 Simulink 模块提供了动态仿真的功能,用户可通过绘制框图来模拟线性或非线性、连续或离散的系统,然后通过 Simulink 能够仿真并分析该系统。

1.3　MATLAB 的安装和启动

MATLAB 从正式推出至今,经历过多个版本,直到发展至 MATLAB 6.5 时其界面才基本固定,后面的版本在其功能上有一定的扩充,但使用方法基本相同。本书以 MATLAB 7.0 为例进行介绍。

1) MATLAB 7.0 对硬件的要求

随着 MATLAB 应用领域的不断扩展,其提供的功能也越来越强大。不论是在单机中应用还是在网络环境中应用,MATLAB 都可发挥其强大功能,因此,MATLAB 安装中对硬件的要求也越来越高。MATLAB 对计算机的配置要求可参考表 1-1。

表 1-1　MATLAB 对计算机的配置要求

操作平台	Windows XP(NT 4.0 或 2000)、Linux、Mac OS 等
处理器	Pentium Ⅲ、Xeon、Pentium M、AMD Athlon、Athlon XP、Athlon MP
内存	256 MB(最小),512 MB(推荐)
显卡	16 bit、24 bit 或 32 bit
软件	为了运行 MATLAB Notebook、Excel Link 等,必须安装 Office 2000 或 Office XP
编译器	为了创建 MEX 文件,至少需要下列产品之一:Visual Fortran 5.0、Microsoft Visual C/C++ 4.2 或 5.0、Borland C/C++5.0 等

2) MATLAB 7.0 安装过程

(1) 将 MATLAB 7.0 的安装盘放入计算机的光驱中,找到 setup. exe 文件,双击该文件开始安装(或由计算机自动执行安装文件)。

(2) 按照安装向导的提示进行,在"Select MATLAB Components"对话框中选择需要安装的选项。可选择的 MATLAB 部件包括 MATLAB、Simulink 和各种工具箱必须安装的文件,以及各部分的帮助文件(包括 HTML 和 PDF 两种格式)。

(3) 在"Select MATLAB Components"对话框中选择安装的路径。安装程序默认的路径为"C:\MATLAB",单击"Browse"按钮,可以设置安装路径。

(4) 单击"Next"按钮进行文件的解压和复制。

(5) 安装向导会提示是否安装 MATLAB Notebook。如果计算机上已经安装了 Microsoft Word,那么就可以安装 MATLAB Notebook。单击"Yes"按钮确认安装,单击"No"则取消安装。如果安装了 MATLAB Notebook,下一步就可以选择 Word 的版本号并指定它的位置。

(6) 安装完毕。如果在安装的选项中选择了"Excel Link",那么为了运行 MATLAB,必须重新启动计算机。可以选择"Yes,I want to restart my computer now"(立即重新启动计算机)或"No, I will restart my computer later"(以后重新启动计算机)来确定是否重启计算机。单击"Finish"按钮结束安装。

3) MATLAB 7.0 启动过程

完成上面的安装过程后,在安装目录下会生成如表 1-2 所示的文件和文件夹,同时在桌面上会生成 MATLAB 快捷方式图标。启动 MATLAB 可采用如下几种方式。

(1) 双击桌面快捷方式图标。

(2) 运行 MATLAB 安装目录的快捷启动图标。

注:两个快捷方式均指向位于 MATLAB 安装目录下的"\bin\win32"文件夹中的执行程序 matlab. exe。

不管采用哪种启动方式,执行完成后均会出现如图 1-1 所示的界面。

表 1-2　MATLAB 目录结构

文件夹名	描　　述
BIN	MATLAB 系统中可执行的相关文件
DEMOS	MATLAB 示例程序
EXTERN	创建 MATLAB 的外部程序接口的工具
HELP	MATLAB 帮助系统
JA	MATLAB 国际化文件
JAVA	MATLAB 的 Java 支持程序
JHELP	
NOTEBOOK	实现 MATLAB 与 Word 环境的信息交互
RTW	MATLAB 的 Real-Time Workshop 软件包
SIMULINK	用于动态系统的建模、仿真和分析
STATEFLOW	用于状态机设计的功能强大的图形化开发和设计工具
SYS	MATLAB 所需要的工具和操作系统库
TOOLBOX	MATLAB 的各种工具箱
UNINSTALL	MATLAB 的卸载程序
WORK	MATLAB 默认的工作目录
License.txt	MATLAB 软件许可协议

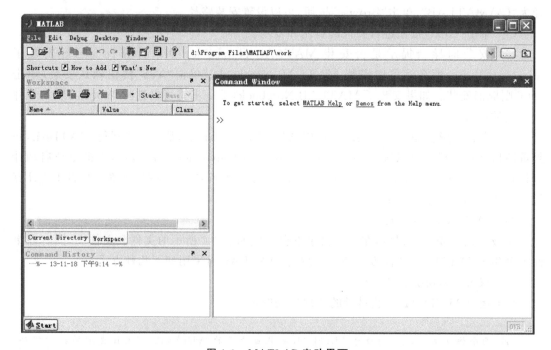

图 1-1　MATLAB 启动界面

1.4 MATLAB 7.0 的通用操作界面

MATLAB 的操作界面是一个高度集成的工作界面，主要由以下几个窗口界面构成：指令窗口（Command Window），历史指令窗口（Command History），工作空间浏览器（Workspace Browser），当前目录浏览器（Current Directory Browser），内存数组编辑器（Array Editor），文件编辑/调试器（Editor/Debugger），帮助导航/浏览器（Help Navigator/Browser）。除此之外，在 MATLAB 6.5 之后的版本还增加了"Start"按钮。

与其他语言一样，MATLAB 也提供了多个菜单，用户通过相应菜单选项，可以实现所需的功能。下面就对 MATLAB 的集成操作界面进行详细介绍。

1.4.1 菜单及其功能

（1）File 菜单：File 菜单中包含的各个子菜单的功能分别介绍如下。

● New 及其子菜单：该菜单允许用户建立一个新的文件（M 文件）、新的图形窗（Figure）、新的变量（Variable）、仿真模型文件（.mdl）和图形用户界面文件（GUI）。

● Open…：从指定的路径打开一个已经存在的文件。

● Close Command Window：关闭命令窗口。

● Import Data…：从指定的数据文件中获取数据，这些数据会在 MATALB 工作空间中显示。

● Save Workspace As…：将工作空间中的所有变量数据保存在指定的路径下的相应文件（.mat）中。

● Set Path…：设置 MATLAB 的搜索路径。

● Preferences…：允许用户对系统的一些性能参数进行设置，如数据格式、字体大小与颜色等。

（2）Edit 菜单：该菜单和其他软件中的 Edit 菜单类似，用于进行一些常用的编辑操作。

（3）Debug 菜单：该菜单用于完成 .m 文件的一些调试功能，各子菜单的具体功能详见第 5 章中的图 5-5 及其介绍。

（4）Desktop 菜单：该菜单用于对 MATLAB 界面的显示情况进行配置。其中，各个子菜单项包含选中与非选中两项操作，如果选中某项，则对应该项的窗口会显示在通用界面中。

（5）Window 菜单：该菜单用于定义当前的工作窗口。通过选中其中的对应子菜单项，可将选中的窗口作为当前工作窗口。

（6）Help 菜单：MATLAB 产品的帮助功能。MATLAB 产品的功能非常强大，同样其帮助系统也相当完备，用户可通过帮助系统来学习该产品，各子菜单可分别通过不同途径帮助用户掌握该产品，为用户使用该产品提供全面的学习资料。

1.4.2 工具栏

MATLAB 7.0 集成界面中的工具栏如图 1-2 所示。

图 1-2　MATLAB 集成界面中的工具栏

其工具栏中各图标的形式及其功能分别描述如下。

- 打开一个新的.m 文件编辑器窗口。

- 在编辑器中打开一个已有的 MATALB 相关文件。

- 剪切。

- 复制。

- 粘贴。

- 撤销上一步操作。

- 恢复上一步操作。

- 创建一个新的 Simulink 模块文件。

- 打开图形用户界面。

- 打开 MATLAB 的帮助。

1.4.3 窗口及其功能

指令窗口(command window),也称为命令窗口,用户在指令窗口中可以键入各种 MATLAB 的指令、函数和表达式,同时在指令窗口中可以显示除图形以外的所有运算结果。指令窗口的界面如图 1-3 所示,其显示方式有两种:一种是集成在 MATLAB 界面中,另一种是单独显示。两种显示方式可以互相切换,具体操作方法如下。

(1)指令窗口的单独显示:单击指令窗口右上角的" "按钮,可以使指令窗口脱离主窗口而成为一个独立的窗口。

(2)指令窗口集成在 MATLAB 界面:选择"Desktop"→"Dock Command Window"命令或单击指令窗口右上角的" "按钮,即可使独立显示的指令窗口集成在 MATLAB 界面中显示。

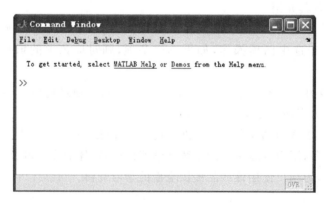

图 1-3　指令窗口

不论资料窗口以何种方式显示,其使用过程是完全相同的,下面对指令窗口的使用进行具体介绍。

指令窗口中的每个指令行前会出现提示符">>",该符号代表指令窗口准备就绪,用户可以根据需要输入命令。在指令窗口中输入的字符和数值以不同颜色显示。例如,可在命令窗口输入以下 3 条语句。

```
>>a=pi;
>> b='hello';
>>if a>b b='welcome',else b='bye',end
```

MATLAB 指令窗口不仅可以输入指令,而且可以对输入的指令进行回调、编辑和运行。MATLAB 语言的执行方式是解释执行方式,所谓解释执行是指对原程序解释一句后就立即提交计算机执行该语句,立即得到执行结果,并不形成目标程序;若程序有错误也立即做出反应,便于编程者马上改正。这样就大大减轻了编程和调试的工作量,如上面的 3 条语句,在输入完命令后,按回车键即可得到该程序段的执行结果。

MATLAB 对已输入指令的回调、编辑和重运行,可借助键盘的相应命令,具体见表 1-3。

表 1-3　指令窗口可使用的键盘命令及其功能

键名	作用	键名	作用
↑	调回前一条已输入的指令行	Home	光标移到当前行的开头
↓	调回后一条已输入的指令行	End	光标移到当前行的末尾
←	在当前行中左移光标	Delete	删去光标右边的字符
←	在当前行中右移光标	Backspace	删去光标左边的字符
PgUp	向前翻页显示当前命令窗口中的内容	Esc	清除当前行的全部内容
PgDn	向后翻页显示当前命令窗口中的内容	Ctrl+c	中断 MATLAB 指令运行

在命令窗口中除了可以输入程序指令外,同样也可以输入一些控制命令,命令窗口中常用的一些控制命令见表 1-4。

表 1-4　命令行常用控制命令

指令	含义	指令	含义
cd	设置当前工作目录	exit/quit	退出 MATLAB
clf	清除图形窗口的对象	open	打开文件
clc	清除指令窗口中显示的内容	md	创建目录
clear	清除内存变量	more	使显示内容分页显示
dir	列出指定目录的文件	type	显示 M 文件内容
edit	打开 M 文件编辑器	which	指出文件所在目录

2. 历史指令窗口和实录指令

1) 历史指令窗口

历史指令窗口(command history)用来记录用户在 MATLAB 指令窗口中输入过的所有指令,同时包括 MATLAB 软件每次打开的时间。历史指令窗口位于操作界面的左下侧,也可以将其切换成独立窗口和嵌入窗口。历史指令窗口中的指令可以进行删除、复制、运行及生成 M 文件等操作,其具体功能可通过右键中的快捷菜单来完成。如图 1-4 所示为历史指令窗口及其右键快捷菜单。

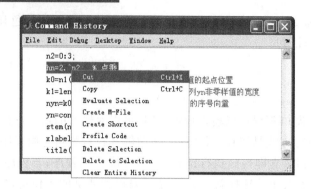

图 1-4　历史指令窗口及其右键快捷菜单

2）实录指令

实录指令（diary）能产生日志文件，MATLAB 会把 diary 指令后的所有指令、计算结果、提示信息等记录为 ASCII 文件并保存在当前目录下，同时可用文本编辑器打开实录指令生成的日志文件。

实录指令的使用步骤如下：①把将要存放"日志"文件的目录设置成当前目录；②在命令窗口中输入指令"diary MyDiary.txt"，此后指令窗口中的所有内容均记录在内存中；③命令录入完毕，输入并运行关闭实录指令"diary off"，则内存里保存的所有内容就全部记录在当前目录下名为"MyDiary.txt"的文件中。

实录指令和历史指令窗口都可以保存指令窗口中的指令，但二者之间有着明显的区别，具体如下。

（1）历史指令窗口只保存在指令窗口中运行过的指令行，以及 MATLAB 每次开启的时间。

（2）实录指令则保存所有出现在指令窗口中的信息，包括指令行、计算结果、出错信息、帮助信息等。

3. 当前目录浏览器窗口

在默认情况下，当前目录浏览器位于 MATLAB 窗口左上方的后台。选择"标签（Current Directory）"命令即可在前台看到当前目录浏览器。当前目录浏览器同样可通过切换按钮或选择"Desktop"→"Dock Current Directory"命令进行独立窗口和嵌入窗口的切换。在默认情况下，当前目录浏览器中没有 M 和 MAT 文件描述区，只列举出了当前目录下的文件列表，如图 1-5 所示。对于当前目录浏览器的外表显示控制，可以通过如下方式进行修改：在 MATLAB 主界面中选择"File"→"Preferences"命令，在弹出的对话框中勾选不同条目，如图 1-6 所示。设置完后单击"Apply"按钮，并单击"OK"按钮关闭设置对话框。

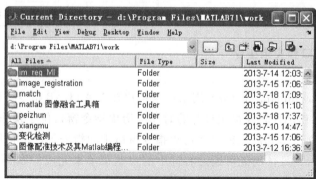

图 1-5　当前目录浏览器窗口

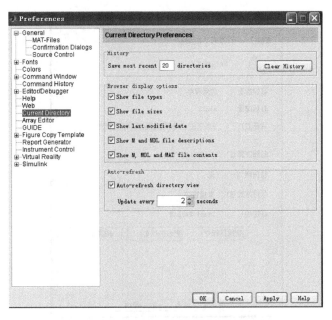

图 1-6　当前目录浏览器显示配置界面

在当前目录浏览器窗口中,用户除了可以对当前工作目录中的文件情况进行浏览外,还可以通过文件列表区实现多种功能,具体见表 1-5。

表 1-5　文件列表区的功能

功　　能	操作方法
运行 M 文件(Run)	选中待运行文件,在鼠标右键的快捷菜单中,选择"Run"命令即可
打开 M 文件(Open)	选中待运行 M 文件,在鼠标右键的快捷菜单中,选择"Open"命令,则该 M 文件出现在 M 文件编辑/调试器窗口中;或者双击该 M 文件也可打开
把 MAT 文件全部数据输入内存(Open)	选择待装入的 MAT 数据文件,在鼠标右键的快捷菜单中,选择"Open"命令,此文件的数据就全部装入工作空间;或者双击该 MAT 文件也可实现

下面对常用的几种路径进行介绍。

1) 工作路径

MATLAB 的当前路径(目录)也称为工作路径,MATLAB 启动时采用默认的路径作为当前工作路径,所有 MATLAB 文件的保存和读取都在该路径下进行。在 Windows 平台下,MATLAB 提供的默认路径为:＄matlabroot\work,在 MATLAB 启动时,就会使用该路径作为当前的工作路径。对于默认启动路径,用户可根据需要进行修改。下面介绍一种修改的方法:

在安装路径下找到 MATLAB 应用程序的快捷图标,然后单击鼠标右键,在弹出的快捷菜单中选择"属性"命令,弹出如图 1-7 所示的属性对话框。在其中的"快捷方式"标签页内有 "起始位置"文本输入框,该输入框中的路径就是 MATLAB 的默认工作路径,用户可根据自己的需要,在该文本框中输入一个完整的路径,该路径即可成为下次启动时的默认工作路径。

2) 搜索路径

MATLAB 的文件是通过不同的路径来组织管理的,为了避免执行不同路径下的

图 1-7　设置默认工作路径

MATLAB 文件而不断进行路径的切换,MATLAB 提供了搜索路径机制来完成对文件的组织和管理。

　　在 MATLAB 中,所有的文件都被保存在不同的路径中,将不同路径按照一定的次序组织起来,就构成了搜索路径。当执行某个 MATLAB 指令时,系统按照如下的顺序搜索该指令。

　　(1) 判断该指令是否为变量。

　　(2) 判断该指令是否为内建的函数。

　　(3) 在当前的路径下搜索是否存在该指令文件。

　　(4) 从搜索路径中依次搜索该文件直到找到第一个符合要求的 M 文件为止。

　　MATLAB 按照上面的顺序来判断指令的执行,并且仅执行第一个符合条件的指令。若经过上述的搜索没有找到该指令,则报告错误信息。

　　对搜索路径的设置,可以通过对话框界面实现,也可以通过 MATLAB 指令来实现。下面分别介绍两种设置方法。

　　(1) 通过对话框界面来设置搜索路径。在图 1-1 所示的 MATLAB 启动界面中,选择"File"→"Set Path"命令,弹出如图 1-8 所示的搜索路径设置界面。

　　在图 1-8 中,通过单击"Add Folder"或"Add with Subfolders"按钮将路径添加到搜索路径列表中,对于已经添加到搜索路径列表中的路径可以通过"Move to Top"等按钮修改该路径在搜索路径中的顺序,对于那些不需要出现在搜索路径中的内容,可以通过"Remove"按钮将其从搜索路径列表中删除。

　　修改完搜索路径后,单击对话框中的"Save"按钮就可以完成搜索路径的设置工作。单击"Save"按钮时,系统将所有搜索路径的信息保存在 pathdef.m 文件中,用户也可以通过修改该文件来修改搜索路径。

　　(2) 通过指令来设置搜索路径,在 MATLAB 中,提供的搜索路径指令如下。

　　●path:用于察看或者修改路径信息。

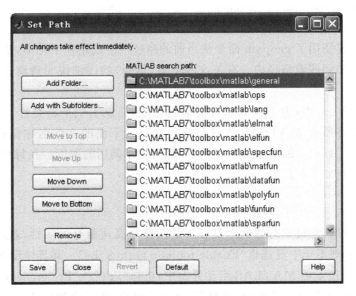

图 1-8 搜索路径设置对话框

- addpath:用于添加路径到搜索路径中。
- rmpath:用于将路径从搜索路径列表中删除。
- savepath:用于保存搜索路径信息。
- pathtool:用于显示搜索路径设置对话框。
- genpath:用于生成当前路径字符串。

【例 1-1】 生成当前路径字符串(当前路径设为 G:\match),并将其添加到 MATLAB 的搜索路径中。

在命令窗口中的操作过程及结果如下。

```
>>%生成路径字符串
>>p=genpath(pwd)    %pwd 指当前路径
p=
G:\match;G:\match\sample;
>> %将当前路径添加到搜索路径中
>> addpath(p)
>> %察看路径信息
>> path
MATLABPATH
G:\match
G:\match\sample
C:\MATLAB7\toolbox\matlab\general
C:\MATLAB7\toolbox\matlab\ops
C:\MATLAB7\toolbox\matlab\lang
C:\MATLAB7\toolbox\matlab\elmat
C:\MATLAB7\toolbox\matlab\elfun
C:\MATLAB7\toolbox\matlab\specfun
C:\MATLAB7\toolbox\matlab\matfun
C:\MATLAB7\toolbox\matlab\datafun
```

```
C:\MATLAB7\toolbox\matlab\polyfun
C:\MATLAB7\toolbox\matlab\funfun
```

在上例中主要使用了 genpath 命令从当前的路径中生成路径字符串,使用 addpath 命令将路径字符串添加到搜索路径中。有关这些函数(指令)的详细说明请读者参阅 MATLAB 的帮助文档。

在 MATLAB7.0 中,为了提高系统的运行性能,提供了一个新特性——Toolbox Path Caching,该特性将所有 MATLAB 工具箱路径和路径下面的文件名称保存在 Cache 文件中,这样,在调用工具函数的时候,就能够大大提高程序调用的速度。在每次启动 MATLAB 的时候都可以看到如下的信息。

```
Toolbox Path Cache read in 0.03 seconds.
MATLAB Path initialized in 0.13 seconds.
```

用户可以通过属性设置对话框来设置工具箱路径高速缓存的属性,若用户不需要使用高速缓存的时候,则不选中复选框"Enable toolbox path cache"。其具体设置过程如下。

(1) 在图 1-1 所示的 MATLAB 启动界面中,选择"File"→"Preferences"命令项。

(2) 在弹出的属性设置界面中,选择"General"选项,则弹出如图 1-9 所示的对话框,在右边的"General Preferences"栏中,通过是否选中"Enable toolbox path cache"复选框来设置是否需要使用工具箱路径高速缓存。

通常,在对 MATLAB 工作路径的文件进行了修改之后,需要更新工具箱路径高速缓存,或者在针对 MATLAB 的部分模块进行了更新升级之后,也需要更新工具箱路径高速缓存。实际上,MATLAB 在每次启动的时候,都会检查路径缓存,并且进行必要的更新。在需要人工干预的时候,可以单击图 1-9 中的"Update Toolbox Path Cache"按钮,或者使用指令 rehash 来设置。

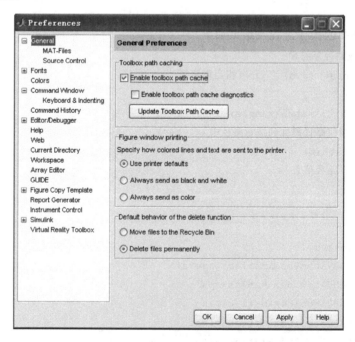

图 1-9 高速路径缓存对话框

4. 工作空间浏览器窗口

在默认情况下,工作空间浏览器(或称内存浏览器)窗口位于 MATLAB 窗口左上方的前台。工作空间浏览器窗口同样可通过切换按钮或选择"Desktop"→"Dock Workspace"进行独立窗口和嵌入窗口的切换。工作空间浏览器窗口用于显示所有 MATLAB 工作空间中的变量名、类型、变量值,同时可以对变量进行观察、编辑、提取和保存。例如,在指令窗中输入以下指令。

```
>>a='hello';
>>b=pi;
>>c='bye';
```

则工作空间浏览器窗口的显示结果如图 1-10 所示。

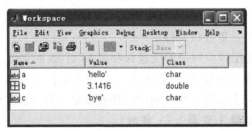

图 1-10 工作空间浏览器窗口的显示结果

对于当前内存中的变量、变量类型及其值,除了可在命令窗口中直接查看外,也可通过使用 MATLAB 提供的相应命令来实现当前内存变量的浏览及操作。常用的命令有 who、whose、clear、exist、save、load 等,下面对这几个常用的命令分别进行介绍。

(1) who 命令:主要用来查阅当前内存中的变量,只显示变量的名称。在前面操作的基础上,在命令窗口中输入以下命令。

```
>>who
```

则其结果显示如下。

```
Your variables are:
a  b  c;
```

(2) whose 命令:用来查阅 MATLAB 内存变量中的变量名、大小、字节数和类型。在前面操作的基础上,在命令窗口中输入以下命令。

```
>>whose
```

则其结果显示如下。

```
Name      Size      Bytes      Class
a         1x5       10         char array
b         1x1       8          double array
c         1x3       6          char array
Grand total is 9 elements using 24 bytes;
```

(3) clear 命令:用来删除工作空间中的变量。其使用方法有以下两种方式:一种是在 clear 后面直接跟要删除的变量名,其功能是将该变量从工作空间中删除;另一种是 clear 后面不跟任何参数,其功能是清空工作空间中的所有变量。例如,在命令窗口中输入 clear a,接着用 who 命令查看工作空间中的变量,其结果显示如下。

```
>>clear a;
>>who
Your variables are:
b  c
```

（4）exist命令：用来查询工作空间中是否存在某个变量，其结果为返回一个常量。使用该命令可以使返回的结果不是一个变量，而是以默认变量 ans 的形式给出查询结果。如果将结果赋给某个变量，则该变量的值就是查询的结果，通常该命令返回如下几个常量，每个常量代表不同意义。例如，在 MATLAB 命令窗口中输入 i＝exist('a')，其功能是查询工作空间中是否有'a'变量，并根据返回结果判断 a 的类型。通常 i 会返回以下几个值。

- i＝1：表示存在一个变量名为'a'的变量。
- i＝2：表示存在一个名为'a.m'的文件。
- i＝3：表示存在一个名为'a.mex'的文件。
- i＝4：表示存在一个名为'a.mdl'文件。
- i＝5：表示存在一个名为'a'的内部函数。
- i＝0：表示不存在以上变量和文件。

（5）save命令：用来把工作空间中的变量保存成 MAT 数据文件。其用法通常有以下两种方式：一种是在文件名后面列出变量名，表示要将这些变量保存到该文件中；另一种是在文件名后面不列出具体变量名，表示将工作空间中的所有变量保存到该文件中。其具体格式如下。

save FileName 变量 1 变量 2 … 参数；

其中，"参数"为变量保存的方式，常用的保存方式有 － ASCII、－ append 等。其中，ASCII 表示以 ASC 形式保存，append 表示将变量添加在文件 FileName 中。

【**例 1-2**】 在命令行输入以下命令。

```
>>save ex1 a b;
```

上述语句的功能是将变量 a,b 保存在 ex1.mat 文件中。

```
>>save ex2;
```

上述语句的功能是将工作空间中的所有变量保存在 ex2.mat 文件中。

```
>>save ex2 c d-append
```

上述语句的功能是将变量 c,d 添加到 ex2.mat 文件中。

（6）load命令：其功能是将数据文件中的变量读取到工作空间中。其具体格式如下。

load FileName 变量 1 变量 2…；

其中，变量 1、变量 2……均可以省略。若省略则表示将 FileName 中的所有变量装载到工作空间中；否则，表示只将列举的变量 1、变量 2……装载到工作空间中。

【**例 1-3**】 在命令窗口中输入如下命令。

```
>>load ex1
```

该命令表示把 ex1.mat 文件中的全部变量装载到工作空间中。

【**例 1-4**】 在命令窗口中输入如下命令。

```
>>load ex1 a b
```

该命令表示把 ex1.mat 文件中的变量 a 和 b 装载到工作空间中。

5. 数组编辑器窗口

数组编辑器窗口可以对工作空间中的数组变量进行编辑处理，该窗口并未在 MATLAB 的界面中显示出来。要打开数组编辑器窗口，可以通过如下操作：①在工作空间浏览器窗口中选中数组变量；②，在鼠标右键快捷菜单中选择"Open Selection"命令或单击工具栏上的"Open Selection"按钮，即可打开数组编辑器窗口。同样，双击工作空间浏览器窗口中的某个数组变量，也可打开数组编辑器窗口，在该窗口中可以对该数组变量进行编辑。同时，对于大数组可以使用数组编辑器进行输入操作。

【例 1-5】 在命令窗口中创建变量 A,并对其赋值[1,2,3;4,5,6]。

```
>>A=[1,2,3; 4,5,6];
```

双击工作空间浏览器窗口中的变量 A,则弹出如图 1-11 所示的"Array Editor-A"窗口,在该窗口中可以对变量 A 的值进行编辑。

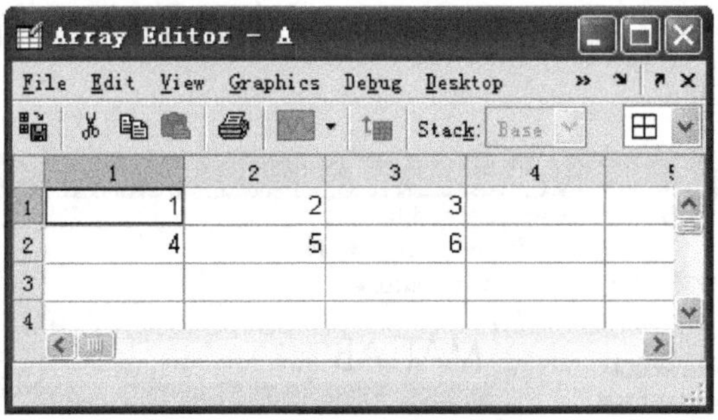

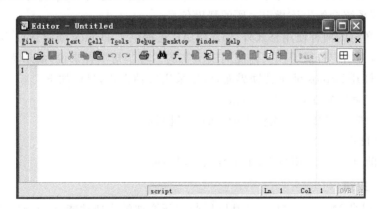

图 1-11 数组编辑器窗口

6. M 文件编辑/调试器窗口

与数组编辑器窗口相同,M 文件编辑/调试器窗口也未在 MATLAB 界面中显示,该窗口的主要功能是进行 M 文件的编辑和调试。要打开该窗口,可以采用以下几种方法。

方法 1:单击 MATLAB 界面中的  图标,或者选择"File"→"New"→"M-file"命令,即可打开空白的 M 文件编辑器。

方法 2:单击 MATLAB 界面上的  图标,或者选择"File"→"Open…"命令,在弹出的"Open"对话框中填写所选文件名,单击"打开"按钮,就可出现相应的 M 文件编辑器。

方法 3:用鼠标双击当前目录浏览器窗口中的 M 文件(扩展名为.m),可直接打开相应文件的 M 文件编辑器。

例如,使用方法 1 打开一个空白的 M 文件编辑器,其结果如图 1-12 所示。对于该窗口的详细使用过程,详见第 5 章 5.1.3 节的相关内容。

图 1-12 M 文件编辑器

7. 帮助/导航窗口

MATLAB 语言的优点之一就是其提供的强大帮助系统,MATLAB 7.0 的帮助功能非常全面,用户可以通过快捷方便的帮助系统来迅速掌握 MATLAB 的强大功能。帮助/导航窗口详尽地展示了 MATLAB 的在线帮助系统。该窗口可以通过如下三种方法打开。

方法 1：单击工具栏的 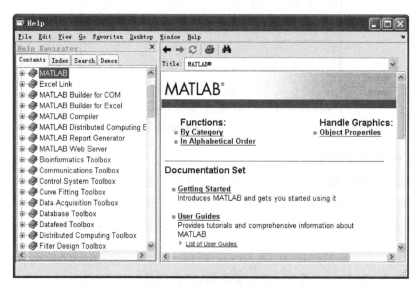 图标。

方法 2：选择"Help"→"MATLAB Help"命令。

方法 3：在命令窗口中键入命令"Helpwin/helpdesk/helpbrowser"。

不管通过以上哪种方式，均可打开如图 1-13 所示的帮助/导航窗口。在该窗口中，可以通过树形菜单在具体的分类下找到所需的帮助信息，也可以在 Search 分页中通过输入的关键字查询所需的帮助信息。

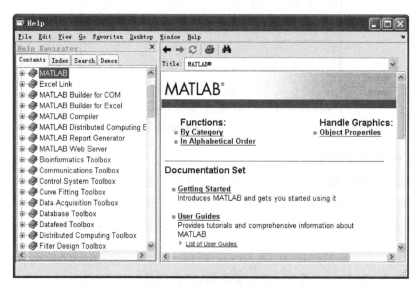

图 1-13　帮助/导航窗口

对于帮助系统的使用，系统提供了多种方式，除了通过帮助/导航窗口浏览外，也可通过系统提供的 Help 命令来打开所需的帮助信息。Help 命令有两种使用格式：一种是在键入 Help 命令时不在其后列出主题，则系统会列出所有主要的帮助主题，每个帮助主题与 MATLAB 搜索路径的一个目录名相对应；另一种方式是在键入 Help 命令时在其后列举出所要的主题，则系统会给出该指定主题的帮助信息。

除了以上介绍的两种使用格式外，MATLAB 还提供了 Demos 演示帮助界面，该界面的操作非常方便，为用户提供了图文并茂的演示实例。对于初学者来说，演示程序是一个很好的学习过程。打开 Demos 演示帮助界面，可以采用多种方式，具体如下。

（1）直接在命令窗口运行指令 demo。

（2）单击快捷按钮"Start"按钮下的"Demos"图标。

（3）选择"Help"→"Demos"命令。

（4）在帮助/导航浏览窗口中，单击"Demos"分页。

8．"Start"按钮

"Start"按钮是 MATLAB 6.5 及其以后版本新增加的快捷功能，位于 MATLAB 界面的左下角。其用法与 Windows 操作系统中的开始按钮相同，单击该按钮即可弹出下一级菜单，如果该菜单还有下一级菜单，则其后会出现一个向右的三角符号，将鼠标放在该菜单上，即可显示其下一级菜单。如果菜单后面有"..."，则表示单击此类菜单后将弹出一个相应界面。

1.5 MATLAB 的用户文件格式

MATLAB 语言支持多种文件格式。为了帮助初学者快速掌握该语言,下面对各种文件格式及其功能进行详细介绍。

1. 程序文件

程序文件即 M 文件,其文件的扩展名为.m。程序文件包括脚本文件和函数文件,通过 M 文件编辑/调试器生成。MATLAB 各工具箱中的函数大部分都是 M 文件。

2. 数据文件

数据文件即 MAT 文件,其文件的扩展名为.mat,它用来保存工作空间中的数据变量。数据文件可以在工作空间浏览器中进行相应操作或通过在命令窗口中输入"save""load"等指令来实现数据的存取操作。

3. 可执行文件

可执行文件即 MEX 文件,其文件的扩展名为.mex,MEX 文件是一种"可在 MATLAB 环境中调用的 C(或 Fortran)语言的衍生程序"。也就是说,MEX 文件的源代码文件是由 C 语言或 Fortran 语言编写的,经 MATLAB 编译器处理后生成的二进制文件。

4. 图形文件

图形文件的扩展名为.fig,可以在"File"菜单中创建和打开,也可由 MATLAB 的绘图命令和图形用户界面窗口产生。

5. 模型文件

模型文件的扩展名为.mdl,是由 Simulink 工具箱建模生成的模型文件。另外,与.mdl 文件同时生成的还有.s 仿真文件。

1.6 变量、运算符、标点符号

MATLAB 作为一种程序语言,与其他程序语言相同,在编写程序时也需要用到变量、运算符及标点符号,下面就对 MATLAB 语言所支持的标点符号、运算符及变量的命名规则等分别进行介绍。

1.6.1 变量

变量,顾名思义,就是其值可以变化的量。在 MATLAB 中,对变量的命名及其使用有如下几个约定。

(1) 在 MATLAB 中,区分大小写,即变量名区分字母的大小写。例如,"A"和"a"是两个不同的变量。

(2) 变量的命名不能超过 63 个字符,第 63 个字符后的所有字符将会被忽略,对于 MATLAB 6.5 以前的版本,其变量名不能超过 31 个字符。

(3) 变量名必须以字母开头,变量名的组成可以是任意字母、数字或下划线,但不能含有空格和其他标点符号(如♯、%等)。例如,"2a""a%B"等都是不合法的变量名。

(4) MATLAB 语言中的关键字(如 for、while 等)不能作为变量名,在 MATLAB 中已经为此类关键字指定了特定功能。

1.6.2 基本运算符

在 MATLAB 中,表达式的书写规则与一般手写算式基本相同。表达式由变量名、运算符和函数名组成。其中,所有运算都定义在复数域上。常用的运算符见表 1-6。

表 1-6　运算符

运算符号	符号名称	MATLAB 表达式
＋	加	x＋y
－	减	x－y
*	乘	x * y
/或\	除	x/y 或 x\y
ˆ	幂	aˆb

从表 1-6 中可知,在 MATLAB 中,除法运算分为左除运算和右除运算,分别用符号"/"和"\"表示。例如,表中的除法表达式 x/y 和 x\y,若 x、y 为标量,则运算 x/y 表示数学上的运算 x÷y,而 x\y 则表示 y÷x;若 x、y 为矩阵 A、B,则 x/y 表示数学上的 AB^{-1},用 MATLAB 语句表示为 A * inv(B),$x\y$ 表示数学上的 $B^{-1}A$,用 MATLAB 语句表示为 inv(B) * A。对于表 1-6 中所列举的运算符,为了方便矩阵的各种运算,在 MATLAB 中同样定义有点运算,即在运算符前加小数点,具体见后面章节介绍。

1.6.3 标点符号

为了方便用户的编程及使用,在 MATLAB 语言中,可使用多种标点符号,每种标点符号都被赋予了特殊的功能,表 1-7 中列举了常用标点符号及其功能。

表 1-7　常用标点符号及其功能

标点符号	功能	标点符号	功能
:	有多种应用功能	%	注释标记
,	分隔矩阵各列或函数参数	=	赋值运算符
()	指定运算的优先级	'	字符串的标示符
[]	定义矩阵	…	续行符号
{}	构造单元数组	.	小数点
;	分隔行或不显示运行结果	@	用在函数名前形成函数句柄;用在目录名前形成用户对象类目录

习　题　1

1. 在命令窗口中输入以下几行命令。

```
a=[1 2 3; 4 5 6;7 8 9];
b=[1 1 1;2 2 2;3 3 3];
c='计算';
d=a+b*i
```

2. 打开工作空间浏览器窗口查看其中的变量。

3. 双击工作空间中的变量"d",在出现的数组编辑器窗口中,查看该变量的值并对其进行修改操作。

4. 打开历史命令窗口,选择上面的四行命令,并将其保存为一个.m文件。

5. 将磁盘上的一个目录加入到搜索路径中,并将其设置为当前的工作目录。

6. 在命令窗口中,通过 Help 命令查询 fft2() 函数的功能及使用方法。

7. 在联机演示系统(Demos)中,查询并运行"MATLAB"下的"Graphics"中的"Examples of Images and Colormaps"演示程序。

第2章 MATLAB 的矩阵运算

2.1 矩阵的基本操作

2.1.1 矩阵的生成

矩阵的生成有以下三种方法：①通过矩阵构造符[]直接生成矩阵；②通过 MATLAB 提供的函数生成矩阵；③通过冒号表达式生成矩阵。矩阵的元素可以是实数，也可以是复数。

1. 直接生成矩阵

采用矩阵构造符[]将矩阵的各元素括起来，同一行的元素之间用空格或逗号分隔开，行与行之间用分号或回车符分隔开。

【例 2-1】 直接生成一个 3×3 的矩阵。

```
>>A=[1 2 3;4 5 6;7 8 9]
A=1    2    3
   4    5    6
   7    8    9
```

对于比较大的矩阵，同一行的内容可以利用续行符号"…"，将一行的内容分为两行来输入。例 2-1 中的命令也可以写成如下形式。

```
>>A=[1 2 3;4 5...
          6;7 8 9]
```

2. 使用函数生成特殊矩阵

采用 MATLAB 中的一些函数来生成特殊矩阵，具体的方法如下。

1) 单位矩阵函数 eye()

(1) 函数功能：生成的矩阵主对角线上元素为 1，其他元素全为 0。

(2) 函数的调用方法如下。

```
A=eys(n)              %生成一个 n×n 的单位矩阵
A=eys(m,n)            %生成一个 m×n 的单位矩阵
```

【例 2-2】 生成单位矩阵。

```
>>A=eye(3)
A=    1    0    0
      0    1    0
      0    0    1
>>B=eye(3,2)
B=    1    0
      0    1
      0    0
```

2) 零矩阵函数 zeros()

(1) 函数功能：生成的矩阵的所有元素为 0。

(2) 函数的调用方法如下。

```
A=zeros(n)              %生成一个 n×n 的零矩阵
A=zeros(m,n)            %生成一个 m×n 的零矩阵
```

3）1 矩阵函数 ones()

（1）函数功能：生成的矩阵的所有元素为 1。

（2）函数的调用方法如下。

```
A=ones(n)              %生成一个 n×n 的 1 矩阵
A=ones(m,n)            %生成一个 m×n 的 1 矩阵
```

4）随机矩阵函数 rand()

（1）函数功能：生成的矩阵元素是由计算机在(0,1)范围内随机产生的。

（2）函数的调用方法如下。

```
A=rand(n)              %生成一个 n×n 的随机矩阵
A=rand(m,n)            %生成一个 m×n 的随机矩阵
```

【例 2-3】 生成一个 2×3 的随机矩阵。

```
>>A=rand(2,3)
A=   0.9501    0.6068    0.8913
     0.2311    0.4860    0.7621
```

5）魔方矩阵函数 magic()

（1）函数功能：生成的矩阵每行、每列及两条对角线上的元素和都相等。

（2）函数的调用方法如下。

```
A=magic(n)             %生成一个 n×n 的魔方矩阵
```

【例 2-4】 生成一个 3×3 的魔方矩阵。

```
>>A=magic(3)
A=   8    1    6
     3    5    7
     4    9    2
```

6）对角矩阵函数 diag()

（1）函数功能：已有一个向量，该函数能将向量所有元素构成一个对角矩阵；已有一个方阵，该函数能将方阵主对角元素构成一个向量。

（2）函数的调用方法如下。

```
A=diag(V)              %把向量 V 转换成一个对角矩阵
V=diag(A)              %得到方阵 A 主对角线元素,构成一个向量
```

【例 2-5】 已有一个向量 **V**，将其转换成对角矩阵。

```
>>V= [2 3 4 5];
>>A=diag(V)
A=   2    0    0    0
     0    3    0    0
     0    0    4    0
     0    0    0    5
```

【例 2-6】 已有一个方阵 **A**，将其主对角线元素转换成一个向量的形式。

```
>>A=[1 2 3 4; 5 6 7 8;9 10 11 12;13 14 15 16];
>>V=diag(A)
V=   1
     6
    11
    16
```

7）上三角矩阵函数 triu()和下三角函数 tril()

（1）函数功能：上（或下）三角矩阵函数保留原矩阵主对角线及以上（或下）元素，其他元素为 0。

（2）函数的调用方法如下。

```
A=triu(B)          %生成 B 矩阵的上三角矩阵
A=tril(B)          %生成 B 矩阵的下三角矩阵
```

【例 2-7】 已有一个矩阵 B，求其上三角矩阵和下三角矩阵。

```
>>B=[1 2 3;4 5 6;7 8 9];
>>A=triu(B)
A=    1    2    3
      0    5    6
      0    0    9
>>C=tril(B)
C=    1    0    0
      4    5    0
      7    8    9
```

3. 冒号表达式生成矩阵

冒号表达式格式如下。

$$s1:s2:s3$$

其中，s1 为起始数据，s2 为步长，s3 为终止数据。步长可省略，省略时默认步长为 1。

【例 2-8】 用冒号表达式生成矩阵。

```
>>A=[1:4;5:8;9:12]
A=    1    2    3    4
      5    6    7    8
      9   10   11   12
```

linspace()函数可以产生一个等分的行向量，该函数调用格式如下。

$$linspace(m,n,t)$$

其中，m 为起始数据，n 为终止数据，t 为向量长度。

logspace()函数可以产生一个对数等分的行向量，该函数调用格式如下。

$$logspace(m,n,t)$$

该函数可生成从 10^m 到 10^n 之间按对数等分的 t 个元素的行向量，若 t 省略，则其默认值为 50。

【例 2-9】 用函数生成等分向量。

```
>>x=linspace(0,2* pi,4);y=logspace(0,3,4);
x= 0   2.0944   4.1888   6.2832
y= 1      10      100     1000
```

4. 建立大矩阵

在矩阵规模较大的情况下，采用直接输入的方法不太可取，MATLAB 有两种方法建立大矩阵。

1）大矩阵可由小矩阵或向量建立

【例 2-10】 扩充小矩阵建立大矩阵。

```
>>A=[2 4 8;1 5 7;3 6 9];
>>B=[A,rand(size(A));magic(3),zeros(3,3)]
B=
    2.0000    4.0000    8.0000    0.4447    0.9218    0.4057
    1.0000    5.0000    7.0000    0.6154    0.7382    0.9355
    3.0000    6.0000    9.0000    0.7919    0.1763    0.9169
    8.0000    1.0000    6.0000         0         0         0
    3.0000    5.0000    7.0000         0         0         0
    4.0000    9.0000    2.0000         0         0         0
```

2) 建立 M 文件输入大矩阵

M 文件是一种在 MATLAB 命令窗口中运行的文本文件,选择"File"→"New"→"M-File"命令就可以建立一个新的 M 文件,可以先将矩阵按格式写入文本中,并以.m 为其扩展名进行保存。在 MATLAB 命令窗口中输入该 M 文件名,保存的大矩阵就会被输入到系统的内存中去。

【例 2-11】 建立 M 文件输入大矩阵。

```
% 新建 M 文件,写入矩阵 A,以 exp2_11.m 文件保存。
A= [602.87   438.66   439.92   370.48    35.34   717.63   478.38    50.27;
    498.31   933.38   575.15   612.40   692.67   554.84   415.37   213.96;
    683.33   451.42   608.54    84.08   121.05   305.00   643.49   212.56;
     43.90    15.76   454.36   450.75   874.37   320.04   839.24    27.19;
     16.35   441.83   715.88    15.01   960.10   628.78   312.69   190.07]
```

在命令窗口中输入以下命令就可以得到该矩阵。

```
>>exp2_11
```

利用这种方法建立大矩阵,输入方式简单并且便于修改。

2.1.2 矩阵元素的引用和赋值

生成一个矩阵之后,可以通过矩阵下标来读取和改写矩阵元素的值,即对矩阵元素进行引用和赋值。若 A 是一个 m×n 矩阵,A(i,j)可表示第 i 行第 j 列的元素。在对矩阵元素进行引用时,如果行或列的下标值(i,j)大于矩阵的维数 m×n,则 MATLAB 会提示错误;在对矩阵元素赋值时,如果行或列的下标值(i,j)大于矩阵的维数 m×n,则 MATLAB 会自动扩充矩阵,未被赋值的元素将自动填充 0。

对矩阵元素的操作是通过矩阵的下标来完成的。除了可以处理单个元素外,MATLAB还有以下几种针对子矩阵进行处理的方法。

- A(:,j):表示 A 矩阵第 j 列元素。
- A(i,:):表示 A 矩阵第 i 行元素。
- A(i1:i2,j1:j2):表示 A 矩阵从第 i1 行到第 i2 行且从第 j1 列到第 j2 列的所有元素。
- A(:):表示一个长列矢量,该矢量的元素按矩阵的列进行排列。

【例 2-12】 矩阵元素的引用和赋值。

```
>>A=[1 2 3];
>>a=A(1,2)                        %将矩阵 A 第 1 行第 2 列的元素赋值给 a
a=2
>>A(1,2)=4;                       %将 4 赋值给矩阵 A 第 1 行第 2 列的元素
>>A
A=1        4        3
```

【例 2-13】 子矩阵的引用。

```
>>A=[1 2 3 4;5 6 7 8;9 10 11 12;13 14 15 16];
>>x=A(1:3,1:2)          %取出矩阵 A 的第 1 行到第 3 行,以及第 1 列到第 2 列
x=1    2                %上的所有元素构成的子矩阵
   5    6
   9    10
>>y=A(1,:)              %取出矩阵 A 的第 1 行所有元素构成的子矩阵
y=1    2    3    4
```

2.2 运算符和特殊符号

MATLAB 运算符分为三大类:算数运算符、关系运算符和逻辑运算符。

2.2.1 算数运算符

MATLAB 的算术运算有两类:矩阵算数运算和数组算术运算。矩阵运算是按照矩阵运算规律进行的运算。数组运算是指矩阵对应元素的算术运算,也称为点运算。常用运算符及其功能的描述见表 2-1。

表 2-1　常用算数运算符及功能描述

运算符	功能描述	运算符	功能描述
+	矩阵或对应元素相加	'	矩阵转秩,矩阵是复数时,求其共轭转秩
-	矩阵或对应元素相减	.'	矩阵转秩,矩阵是复数时,不求其共轭
*	矩阵乘法	.*	矩阵对应元素相乘
\	矩阵左除,$A\backslash B=A^{-1}*B$	.\	矩阵对应元素左除
/	矩阵右除,$A/B=A*B^{-1}$	./	矩阵对应元素右除
^	矩阵乘方	.^	矩阵对应元素乘方

1. 加、减法运算

两个矩阵进行加、减运算时,这两个矩阵必须具有相同的行数、列数。如果其中一个矩阵是标量,则该标量与另一矩阵的所有元素进行加、减运算。

【例 2-14】 矩阵的加、减运算。

```
>>A=[1 2 3];B=[4 5 6];
>>C=A+B
C= 5    7    9
>>a=[1 2 3];b=3;
c=a-b
c=-2    -1    0
```

2. 乘法运算

两矩阵 A、B 进行乘法运算时,矩阵 A 的列数必须和矩阵 B 的行数相等;如果其中一个矩阵是标量,则该标量与另一矩阵的所有元素进行乘法运算。

两矩阵进行点乘运算时,两矩阵必须具有相同的行数、列数,运算时将两矩阵对应元素

相乘。

【例2-15】 矩阵的乘法运算。

```
>>A=[1 2 3;4 5 6];B=[1 2;3 4;5 6];
>>C=[1 3 5;2 4 6];D=2;
>>A*B
ans=   22   28
       49   64
>> A.*C
ans=   1    6   15
       8   20   36
>>A* D

ans=   2    4    6
       8   10   12
```

3. 乘方运算

进行乘方运算的矩阵 A 必须是方阵,当幂 p 为整数时,有以下三种运算。

(1) 当 p>0 时,A^p 表示 A 自乘 p 次。

(2) 当 p<0 时,A^p 表示 A 自乘 p 次后的逆。

(3) 当 p=0 时,A^p 表示与 A 同维数的单位矩阵。

进行点乘方运算的矩阵 A 不要求是方阵,有以下两种情况。

(1) 当幂 p 为标量时,A.^p 表示对矩阵 A 中的每一个元素求 p 次方。

(2) 当幂 B 为矩阵时,A.^B 表示对矩阵 A 中的每一个元素求 B 矩阵中对应元素次方。

【例2-16】 矩阵的乘方运算。

```
>>A=[1 2 3;4 5 6;7 8 9]; B=[2 2 2;1 1 1;1 1 1];p=2;
>>C=A^p
      C=    30   36   42
            66   81   96
           102  126  150
>>D=A.^p
      D=     1    4    9
            16   25   36
            49   64   81
>>E=A.^B
      E=     1    4    9
             4    5    6
             7    8    9
```

4. 除法运算

矩阵除法运算包括左除(\)、右除(/)和点左除(.\)和点右除(./)四种。

(1) X=A\B 是方程 AX=B 的解;X=A/B 是方程 XA=B 的解;

(2) A.\B 表示矩阵 B 与矩阵 A 对应元素相除;A./B 表示矩阵 A 与矩阵 B 对应元素相除。

【例2-17】 矩阵的除法运算。

```
>>A=[1 2;3 4];B=[2 4;6 8];
>>c=A/B                          %求方程 XA=B 的解
c=0.5000        0
          0    0.5000
>>d=A\B                          %求方程 AX=B 的解
d=2    0
    0    2
>>C=A.\B                         %B 与 A 对应元素相除
C=2    2
    2    2
>>D=A./B                         %A 与 B 对应元素相除
D=0.5000    0.5000
  0.5000    0.5000
```

【例 2-18】 已知方程组 $\begin{cases} 4x_1+7x_2+3x_3=0 \\ 2x_1-x_2+x_3=2 \\ x_1+3x_2-2x_3=11 \end{cases}$，用矩阵除法来求解线性方程组。

【解】 将该方程变换成 $\boldsymbol{AX}=\boldsymbol{B}$ 的形式，其中，$\boldsymbol{A}=\begin{pmatrix} 4 & 7 & 3 \\ 2 & -1 & 1 \\ 1 & 3 & -2 \end{pmatrix}, \boldsymbol{B}=\begin{pmatrix} 0 \\ 2 \\ 11 \end{pmatrix}$，在

MATLAB 命令窗口中输入以下命令。

```
>>A=[4 7 3;2 -1 1;1 3 -2];B=[0;2;11];
>>X=A\B
X=
     3
     0
    -4
```

根据结果可得线性方程组的解为 $x_1=3, x_2=0, x_3=-4$。

5. 转秩运算

A'表示 A 的转秩。若矩阵 A 的元素包含复数，则 A'表示求复数的共轭转秩，A.'表示求复数本身的转秩。

【例 2-19】 矩阵的转秩运算。

```
>>A=[1 2 3;4 5 6];B=[1+2i 0;1-2i 0];
>>A'
ans =  1    4
       2    5
       3    6
>>B'
ans =  1.0000-2.0000i    1.0000+2.0000i
            0                 0
>>B.'
ans=  1.0000+2.0000i    1.0000-2.0000i
           0                 0
```

2.2.2 关系运算符

矩阵的关系运算符用于比较两个同维数的矩阵的对应元素的大小关系,或者比较一个矩阵全部元素与某一标量的大小关系,比较结果的返回值为1(真)或0(假)。关系运算符及其功能描述见表2-2。

表 2-2 关系运算符及功能描述

运算符	功能描述	运算符	功能描述
<	小于	<=	小于等于
>	大于	>=	大于等于
==	等于	~=	不等于

【例 2-20】 矩阵的关系运算。

```
>>A=[1 2;3 4];B=[3 3;3 3];
>>A>B
ans=    0    0
        0    1
>>A~=B
ans=    1    1
        0    1
```

2.2.3 逻辑运算符

逻辑运算符及其功能描述见表2-3。

表 2-3 逻辑运算符及功能描述

运算符	功能描述	运算符	功能描述
&	与	&&	与
|	或	||	或
~	非	xor	异或

1. 逻辑与运算

(1)逻辑与&:A&B表示将矩阵A、B对应元素进行与操作,两个操作数均为1,运算结果为1,否则为0。

(2)逻辑与&&:A&&B表示对标量A和B进行与操作。当A为0时,运算结果为0,不再计算B的值;只有当A为非0时,才计算B的值。

2. 逻辑或运算

(1)逻辑或|:A|B表示将矩阵A、B对应元素进行或操作,两个操作数均为0,运算结果为0,否则为1。

(2)逻辑或||:A||B表示对标量A和B进行或操作。当A为非0时,运算结果为1,不再计算B的值;只有当A为0时,才计算B的值。

3. 逻辑非运算

逻辑非~:~A表示对矩阵A所有元素进行非操作,当元素值为0时,相应元素的结果为 1,否则为 0。

4. 逻辑异或运算

逻辑异或 xor:xor(A,B)表示对同维数矩阵 A 和 B 对应元素的异或运算,若 A、B 矩阵对应的元素均为 0 或均为非 0,则其相应元素结果为 0,否则为 1。

【例 2-21】 矩阵的逻辑运算。

```
>>A=[0 2 1 0];B=[0 1 0 1];a=0;
>>C1=A&B                    %A 和 B 对应元素进行与操作
C1=   0    1    0    0
>>C2=A|B
C2=   0    1    1    1
>>C3=xor(A,B)
C3=   0    0    1    1
>>C4=~A
C4=   1    0    0    1
>>b=3<2&&a+1                %逻辑与 && 左边的值为 0,右边 a+1 不再计算
b=0
```

2.2.4 运算符的优先级

MATLAB 的表达式中可以包含算术运算符、关系运算符和逻辑运算符。当一个表达式包含多种运算符时,由运算符的优先级来决定表达式求值的顺序。不同优先级的运算符遵循从高到低的原则,相同优先级的运算符遵循从左到右的原则。运算符的优先级见表 2-4。

表 2-4 运算符的优先级

运算符	优先级
括号	高
转秩(. '和')、幂(.^和^)	
正号(+)、负号(-)、逻辑非(~)	
乘(. * 和 *)、左除(\和.\)、右除(/和./)	
加(+)、减(-)	
冒号(:)	
小于(<)、小于等于(<=)、大于(>)、大于等于(>=)、等于(==)、不等于(~=)	
逻辑与(&)	
逻辑或(|)	
逻辑与(&&)	
逻辑或(||)	低

【例 2-22】 运算符的优先级。

```
>>A=[3 9 5];B=[2 1 5];
>>C=A./B.^2                 %等效于 C=A./(B.^2)
C=0.7500    9.0000    0.2000
```

```
>>C=(A./B).^2
C=2.2500   81.0000     1.0000
>>C=A+~B
C=3      9     5                        % 逻辑非的优先级高于加法的优先级
```

 ## 2.3 矩阵分析

上一节对矩阵及其运算符做了一些基本介绍,实际上,MATLAB 还提供了许多集成的矩阵分析函数,方便用户使用。

1. 矩阵的秩

矩阵 A 中线性无关的列向量的个数称为列秩,线性无关的行向量的个数称为行秩。可以证明,矩阵的列秩和行秩是相等的。MATLAB 求矩阵秩的函数调用格式如下。

$$\mathbf{rank(A)}$$

2. 矩阵的行列式

矩阵 $A=\{a_{ij}\}_{n\times n}$ 的行列式定义如下。

$$|A| = \det(A) = \sum_k (-1)^k a_{1k_1} a_{2k_2} \cdots a_{nk_n}$$

其中,$k_1,k_2,\cdots,k_n$ 是将序列 $1,2,3,\cdots,n$ 交换 k 次得到的序列。

MATLAB 求矩阵行列式的函数调用格式如下。

$$\mathbf{det(A)}$$

3. 矩阵的迹

矩阵的迹定义为矩阵对角线元素之和。MATLAB 求矩阵迹的函数调用格式如下。

$$\mathbf{trace(A)}$$

【例 2-23】 矩阵的运算。

```
>>A=[1 2 3;4 5 6;7 8 9];
>>det(A)
ans=   0
>>rank(A)
ans =   2
>>trace(A)
ans =  15
```

4. 矩阵的逆

对一个方阵 A,满足 $AC=CA=I$ 的矩阵 C 称为矩阵 A 的逆矩阵,记为 $C=A^{-1}$。MATLAB 求矩阵逆的函数调用格式如下。

$$\mathbf{inv(A)}$$

5. 矩阵的翻转

MATLAB 提供了一些矩阵翻转的函数,调用格式如下。

(1) fliplr(A):求矩阵 A 的左右翻转矩阵。

(2) flipud(A):求矩阵 A 的上下翻转矩阵。

(3) rot90(A):求矩阵 A 逆时针旋转 90°的矩阵。

【例 2-24】 求矩阵 A 的翻转。

```
>>A=[1 2 3;4 5 6;7 8 9];
>>rot90(A)
ans=    3    6    9
        2    5    8
        1    4    7
>>fliplr(A)
ans=    3    2    1
        6    5    4
        9    8    7
```

6. 矩阵的特征值和特征向量

对一个方阵 A，满足 $Av=\lambda v$，则称 λ 为特征值，v 为特征向量。MATLAB 求矩阵特征值和特征向量的函数调用格式如下。

(1) d＝eig(A)：求方阵 A 的特征值。

(2) d＝eig(A,B)：求方阵 A 和方阵 B 的广义特征值。

(3) [V,D]＝eig(A)：求方阵 A 的特征值矩阵 D 和特征向量矩阵 V，满足 AV＝DV。

(4) [V,D]＝eig(A,'nobalance')，若矩阵 A 中有较小的元素，"禁止平衡"程序的运行，可以减小计算的误差。

(5) [V,D]＝eig(A,B)。

(6) [V,D]＝eig(A,B,flag)。

【例 2-25】 求矩阵 A 的特征值和特征向量。

```
>>A=[1 2 3;4 5 6;7 8 9];
>>[V,D]=eig(A)
V=  -0.2320   -0.7858    0.4082
    -0.5253   -0.0868   -0.8165
    -0.8187    0.6123    0.4082
D=  16.1168         0         0
          0   -1.1168         0
          0         0   -0.0000
```

习   题   2

1. 用矩阵函数生成一个 3 阶单位矩阵和 4×4 魔方矩阵。

2. 已知矩阵 $A=\begin{pmatrix} 1 & 2 & 3 \\ 4 & 5 & 6 \\ 7 & 8 & 9 \end{pmatrix}$，在 MATLAB 中按顺序执行如下语句。

```
C=A(:);
A(2,3)=5;
B=A(2,1:3);
A=[A B'];
A(:,2)=[];
```

求最终的矩阵 A,B,C。

3. 已知矩阵 $A=\begin{pmatrix} 1 & 2 & 3 \\ 4 & 5 & 6 \\ 7 & 8 & 9 \end{pmatrix}$，矩阵 $B=\begin{pmatrix} 2 & 3 & 4 \\ 4 & 5 & 7 \\ 1 & 2 & 3 \end{pmatrix}$，求 $A+2B$、$A \cdot B$、$A^{-1}B$、AB^{-1}、B^2

的值。

4. 求矩阵 $A = \begin{pmatrix} 1 & 2 & 3 \\ 4 & 5 & 6 \\ 7 & 8 & 9 \end{pmatrix}$ 的转置矩阵、行列式的值和秩。

5. 求矩阵 $A = \begin{pmatrix} -1 & 2 & 10 \\ 2 & -4 & 3 \\ 4 & 6 & 5 \end{pmatrix}$ 的特征值和特征向量。

6. 已知线性方程组 $\begin{cases} x_1 + 2x_2 + 3x_3 = 5 \\ x_1 + 4x_2 + 9x_3 = -2, \\ x_1 + 8x_2 + 27x_3 = 6 \end{cases}$ 用求逆矩阵的方法来求解方程组。

第3章 MATLAB 的数据和函数的可视化

MATLAB 提供了非常丰富的绘图函数,从图形中更能直观地展现出数据所包含的规律。因此,数据和函数的可视化是一项非常重要的技术。

本章将对二维绘图、三维绘图和图形处理等内容做详细介绍。

 ## 3.1 二维绘图

二维图形的绘制是 MATLAB 处理图形的基础,也是在数值计算中广泛应用的图形方式之一。本节主要介绍基本二维绘图函数、特殊二维绘图函数和特殊坐标绘图函数。

3.1.1 基本二维绘图函数

1. plot()函数

在二维绘图中,最基本的函数是 plot()函数。

(1) **plot(y)** 此函数中,y 既可以是实数矩阵又可以是复数矩阵。当 y 为实数矩阵时,将绘制以下标为横坐标、以每列元素值为纵坐标的曲线。当 y 为复数矩阵时,将绘制以元素实部为横坐标、以元素虚部为纵坐标的曲线。

【例 3-1】 用 plot(y)绘制二维图形。

```
>>figure(1)
>>y=[1 2 3;5 8 9;3 5 7];
>>plot(y)
>>figure(2)
>>t=0:0.1:10;
>>y=cos(t);
>>plot(y)
```

输出结果如图 3-1 所示。

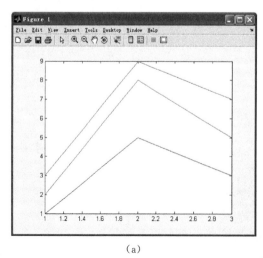

(a)

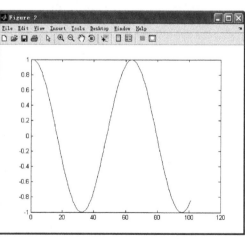

(b)

图 3-1 plot(y)绘制二维图形

（2）**plot(x1,y1,x2,y2,…)**　绘制(x_i,y_i)对应的所有曲线，x_i和y_i既可以为同型矩阵，也可以为等长向量，又可以是一个是矩阵、另一个是相匹配的向量的形式。

（3）**plot(x,y,option,…)**　绘制(x,y)对应的曲线，并由 option 参数设置曲线的线型、点标和颜色等。常见的图形设置符号的说明见表 3-1。

表 3-1　常见图形设置符号说明

符号	说明	符号	说明
—	实线	y	黄色
— —	虚线	m	紫红色
—.	点画线	c	蓝绿色
.	点	r	红色
:	点线	g	绿色
◦	圆圈线	b	蓝色
×	叉号线	w	白色
*	星号线	k	黑色

【例 3-2】　用 plot(x,y,option)绘制二维图形。

```
>>t=0:0.1:10;
>>y1=sin(t);y2=cos(t);
>>plot(t,y1,'*r',t,y2,'-.b')
```

输出结果如图 3-2 所示。

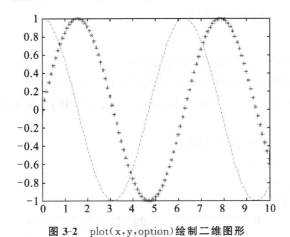

图 3-2　plot(x,y,option)绘制二维图形

2. fplot()函数

fplot()函数用于在指定的范围内绘制函数图形，其调用格式如下。

$$\mathbf{fplot(fun,lims,tol,option)}$$

调用格式中的参数含义如下。

（1）fun：需绘制的函数名。

（2）lims：规定绘制图形的横、纵坐标范围。

（3）tol：相对误差，可省略，默认值为 2e-3。

（4）option：图形的线型、点标和颜色等，如表 3-1 所示。

【例 3-3】　用 fplot 绘制 $f(x)=\sin(\cot(x))$ 函数的曲线。

【解】 先建立函数文件 exm3_1.m，文件代码如下。

```
function y=exm3_1(x)
y=sin(cot(x));
```

在 MATLAB 命令窗口中输入以下代码。

```
>>fplot('exm3_1',[-1,1])
```

输出结果如图 3-3 所示。

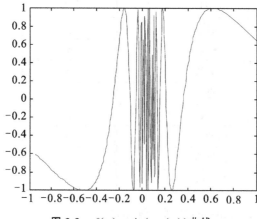

图 3-3 $f(x)=\sin(\cot(x))$ 曲线

3.1.2   特殊二维绘图函数

MATLAB 中还提供了一些二维绘图的特殊函数，用户可以使用这些函数来绘制条形图、扇形图、阶梯图、火柴杆图和彗星图等。

1. 条形图

绘制条形图的函数为 bar()，其调用格式如下。

（1）**bar(y)**   该函数用于为每一个 y 中的元素画一个条状图形。

（2）**bar(x,y)**   该函数以 x 为横坐标画出 y。若 y 为矩阵，则把矩阵分解成几个行向量，分别画出。

【例 3-4】 用 bar 函数绘制条形图。

```
>>x=-2.0:0.1:2.0;
>>bar(x,exp(-x.*x))
```

输出结果如图 3-4 所示。

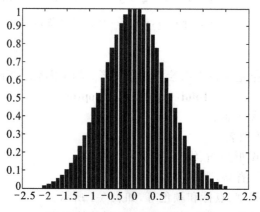

图 3-4   用 bar 函数绘制的条形图

2. 扇形图

绘制扇形图的函数为 pie(),其调用格式如下。

（1）**pie(x)**　该函数用于绘制向量 x 中各元素占元素总和的扇形图。

（2）**pie(x,explode)**　向量 explode 长度和向量 x 的长度相等,当 explode 中存在非零元素时,x 中对应位置的元素在扇形图中对应的扇形将被抽出部分。

（3）**pie(…,labels)**　该函数中字符串数组 labels 用于标注扇形图各部分,其长度和向量 x 的相等。

【例 3-5】　用 pie 函数绘制扇形图。

```
>>x=[1 3 4 5 7];explode=[0 0 0 0 1];
>>figure(1)
>>pie(x,explode)
>>figure(2)
>>pie(x,{'A','B','C','D','E'})
```

输出结果如图 3-5 所示。

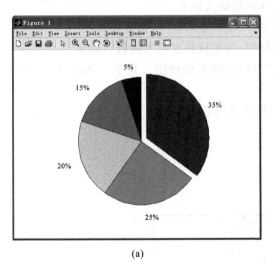
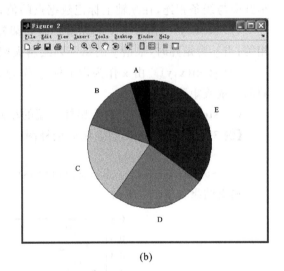

(a) 　　　　　　　　　　　　　　　(b)

图 3-5　用 pie 函数绘制的扇形图

3. 阶梯图

绘制阶梯图的函数为 stairs(),其调用格式如下。

（1）**stairs(y)**　由参量 y 的元素绘制阶梯图。当 y 为向量时,横坐标长度与 y 的长度相等;当 y 为矩阵时,根据 y 的每一列绘制阶梯图,横坐标长度与 y 的行数相等。

（2）**stairs(x,y)**　由 x 作为横坐标,y 作为纵坐标绘制阶梯图。其中,x 和 y 为大小相同的向量或矩阵。

（3）**[xa,ya]=stairs(y)**; **[xa,ya]=stairs(x,y)**　这两个函数仅返回参数 xa,ya,不绘制图形。

【例 3-6】　用 stairs 函数绘制阶梯图。

```
>>x=-2*pi:0.5:2*pi;
>>y=sin(x);
>>stairs(x,y)
```

输出结果如图 3-6 所示。

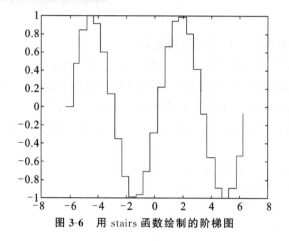

图 3-6 用 stairs 函数绘制的阶梯图

4. 火柴杆图

绘制火柴杆图的函数为 stem(),主要用于显示二维离散数据点与横轴的距离,默认用小圆圈与线条相连,在纵轴上标记数据点的值,其调用格式如下。

(1) **stem(y)** 由参量 y 的元素绘制火柴杆图。当 y 为向量时,横坐标长度与 y 的长度相等;当 y 为矩阵时,根据 y 的每一列绘制火柴杆图,横坐标长度与 y 的行数相等。

(2) **stem(x,y)** 由 x 作为横坐标,y 作为纵坐标绘制火柴杆图。其中,x 和 y 为大小相同的向量或矩阵。

(3) **stem(…,'fill')** 对火柴杆末端的小圆圈填充颜色。

【例 3-7】 用 stem 函数绘制火柴杆图。

```
>>x=0:0.2:2*pi;
>>stem(sin(x).*cos(x),'filled')
```

输出结果如图 3-7 所示。

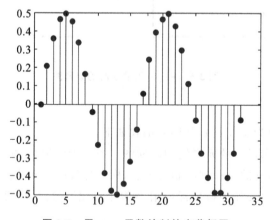

图 3-7 用 stem 函数绘制的火柴杆图

5. 彗星图

绘制彗星图的函数为 comet(),该函数的绘制过程是动态的,由彗星头沿着数据点前进的轨迹构成。其调用格式如下。

(1) **comet(x)** 动态绘制向量 x 的彗星图。

(2) **comet(x,y)** 动态绘制向量 x 与向量 y 的彗星图。

(3) **comet(x,y,p)** 指定彗星图的长度为向量 y 的长度的 p 倍,默认 p 值为 0.1。

【例 3-8】　用 comet 函数绘制彗星图。

```
>>t=0:0.1:2*pi;
>>x=sin(t);y=cos(t);
>>comet(x,y)
```

输出结果如图 3-8 所示。

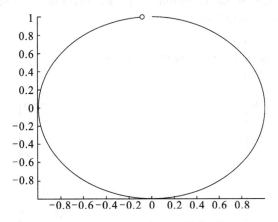

图 3-8　用 comet 函数绘制的彗星图

3.1.3　特殊坐标的二维绘图函数

特殊坐标的二维绘图可以用于某些特定的场合,本小节将介绍几种常用的特殊坐标的二维绘图函数。

1. 双纵坐标函数 plotyy()

plotyy()函数可以将函数值在不同范围内的两条曲线绘制在一个坐标中,其调用格式如下。

$$\mathbf{plotyy(x1,y1,x2,y2)}$$

绘制的图形左纵标表示(x1,y1)的曲线,右纵标表示(x2,y2)的曲线。

【例 3-9】　用 plotyy 函数绘制 $y1=\mathrm{e}^{-0.5x}\sin(\pi x)$ 和 $y2=2\mathrm{e}^{-0.05x}\sin(x)$ 的曲线。

```
>>x=0:0.01:20;
>>y1=exp(-0.5.*x).*sin(pi*x);
>>y2=2*exp(-0.05.*x).*sin(x);
>>plotyy(x,y1,x,y2)
```

输出结果如图 3-9 所示。

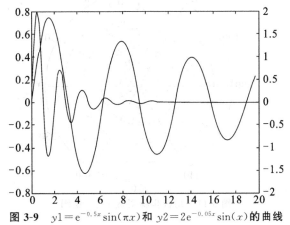

图 3-9　$y1=\mathrm{e}^{-0.5x}\sin(\pi x)$ 和 $y2=2\mathrm{e}^{-0.05x}\sin(x)$ 的曲线

2. 对数坐标函数

MATLAB 提供了三种对数坐标函数,调用形式分别如下。

（1）**semilogx**（**x1,y1,option,x2,y2,option,…**）　该函数以横轴为对数坐标绘图。

（2）**semilogy**（**x1,y1,option,x2,y2,option,…**）　该函数以纵轴为对数坐标绘图。

（3）**loglog**（**x1,y1,option,x2,y2,option,…**）　该函数的横、纵轴均为对数坐标绘图。

【例 3-10】　用 loglog 函数绘制图形。

```
>>x=logspace(-1,1);
>>loglog(x,exp(x),'.',x,exp(0.5*x),'-.')
```

输出结果如图 3-10 所示。

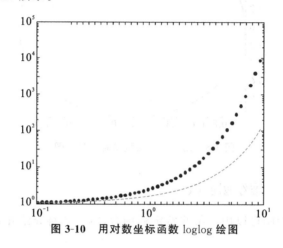

图 3-10　用对数坐标函数 loglog 绘图

3. 极坐标函数 polar()

极坐标函数 polar() 的调用格式如下。

$$polar(theta,rho,option)$$

其中,theta 为极角,rho 为矢量半径。

【例 3-11】　绘制 $\rho=\sin\theta\cos\theta$ 的极坐标图。

```
>>theta=0:0.05:2*pi;
>>rho=sin(theta).*cos(theta);
>>polar(theta,rho,'*')
```

输出结果如图 3-11 所示。

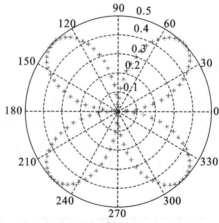

图 3-11　用极坐标函数 polar 绘图

3.2 三维绘图

MATLAB 还提供了一些三维绘图函数,这些函数可以使数据更加直观地显示,从而有利于工程计算的分析和研究。

3.2.1 基本三维绘图函数

1. plot3()函数

plot3()函数与 plot()函数用法相似,其调用格式如下。

$$\mathbf{plot3(x1,y1,z1,option,x2,y2,z2,option,\cdots)}$$

【例 3-12】 用 plot3()函数绘制三维图形。

```
>>t=0:0.1:25;
>>x=10.*sin(t);y=10.*cos(t);z=10.*t;
>>plot3(x,y,z);
>>grid;
>>xlabel('x'),ylabel('y'),zlabel('z');
```

输出结果如图 3-12 所示。

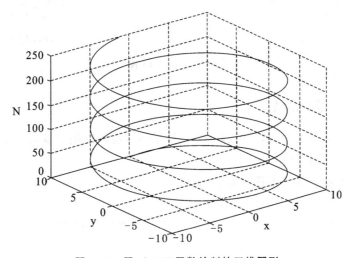

图 3-12 用 plot3()函数绘制的三维图形

2. mesh()函数

mesh()函数可用于绘制三维图形的网格图,即将相邻的数据点用网状曲面连接起来。其调用格式如下。

$$\mathbf{mesh(x,y,z,c)}$$

该函数的功能是在 x-y 平面上绘制 z 的网格图,c 是颜色矩阵,决定图形的着色。在默认情况下,c=z,表示图形的颜色和网格高度成正比。

已知二元函数 $z=f(x,y)$,则可以绘制该函数的三维曲面图。在绘图之前,先调用 meshgrid()函数将向量 x,y 转换成矩阵 x,y,再通过表达式将函数描述出来,最后用 mesh() 函数绘图。meshgrid()函数调用格式如下。

$$\mathbf{[x,y]=meshgrid(x,y)}$$

3. surf()函数

surf()函数可以把网格图填充成彩色曲面图,使图形更立体。其调用格式如下。

$$\text{surf}(x,y,z)$$

【例3-13】 绘制函数 $z=x^2+y^2$ 的网格图和曲面图。

```
>>[x,y]=meshgrid(-3:0.1:3,-2:0.1:2);
>>z=x.^2+y.^2;
>>figure(1),mesh(x,y,z)
>>figure(2),surf(x,y,z)
```

输出结果如图3-13所示。

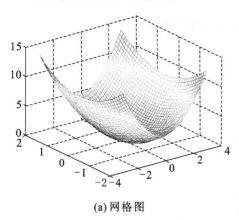
(a) 网格图

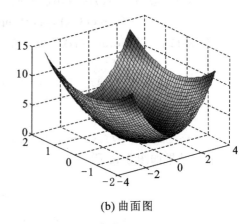
(b) 曲面图

图3-13 例3-13图

3.2.2 特殊三维绘图函数

二维特殊图形如条形图、扇形图、阶梯图、彗星图等也可以用三维形式绘制,其函数分别为 bar3()、pie3()、stem3()和 comet3()。

【例3-14】 绘制三维条形图和扇形图。

```
>>x=[1 2 3 4 5];y=[2 3 4 5 6];
>>figure(1),bar3(x,y,0.25)        %条形宽度修改为0.25
>>figure(2),pie3(x)
```

输出结果如图3-14所示。

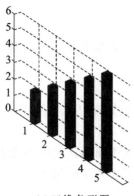
(a)三维条形图

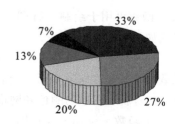
(b)三维扇形图

图3-14 例3-14图

 # 3.3 图形处理

在图形绘制的基础上,有时候还需要对图形进行一些处理,包括添加标注、图形窗口的分割等,本节将对图形处理的一些辅助功能进行介绍。

3.3.1 二维图形处理

1. 图形标注处理

图形标注的函数有以下几种。

1)坐标轴添加标注

(1) xlabel('string') 该函数用于对 x 轴添加标注。

(2) ylabel('string') 该函数用于对 y 轴添加标注。

2)图形标题添加标注

title('string') 该函数用于对当前图形添加标题标注。

3)坐标系中添加文本

(1) text(x,y,'string') 该函数用于在点(x,y)处添加文本标注。

(2) gtext('string') 使用该函数时,添加文本标注的位置由鼠标确定,按左键或右键放置标注。

4)坐标系中添加图例

legend('string1','string2',…) 该函数可为曲线添加图例,按绘图顺序添加字符串到相应曲线符号之后,图例默认位置在图形右上角,可用鼠标拖动改变其位置。

【例 3-15】 图形标注处理函数使用示例。

```
>>x=0:0.1:2*pi;
>>y1=sin(x);y2=cos(x);
>>plot(x,y1,'r-.',x,y2,'b.')
>>xlabel('x');ylabel('y');title('正余弦曲线');
>>legend('sin(x)','cos(x)')
>>text(0,0,'zero point')
```

输出结果如图 3-15 所示。

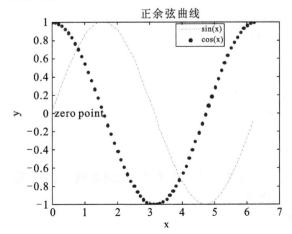

图 3-15 图形标注处理示例图

41

2. 图形显示处理

图形显示的函数有以下几种。

1）坐标系刻度的显示/关闭

axis()函数，其调用格式如下。

（1）axis on 用于显示坐标线、刻度线。

（2）axis off 用于关闭坐标线、刻度线。

（3）axis([xmin xmax ymin ymax zmin zmax]) 用于设置 x,y,z 轴上坐标显示范围。

2）坐标系网格的显示/关闭

（1）grid on 用于显示网格。

（2）grid off 用于关闭网格。

3）坐标系边框的显示/关闭

（1）box on 用于显示边框。

（2）box off 用于关闭边框。

4）图形保持功能的开启/关闭

（1）hold on 用于开启图形保持，可以在同一窗口绘制多个图形。

（2）hold off 用于关闭图形保持。

5）图形窗口的分割

subplot()函数，其调用格式如下。

subplot(m,n,p) 用于将图形窗口分割成 m 行 n 列个子图，p 为当前子窗口的编号，编号顺序为从上至下，从左至右。

【例 3-16】 图形显示处理函数使用示例。

```
>>subplot(2,2,1);
>>x=-pi:0.1:pi;y=cos(x);
>>plot(x,y,'r-.')
>>grid on
>>subplot(2,2,2);
>>plot(x,sin(2*x))
>>axis off
>>subplot(2,2,3);
>>plot(x,exp(x))
>>axis([-2 2 0 10])
>>subplot(2,2,4);
>>plot(x,sin(x))
>>hold on
>>plot(x,cos(x),'*')
```

输出结果如图 3-16 所示。

3.3.2 三维图形处理

二维图形处理中的标注处理和显示处理对三维图形同样有效，除此之外，三维图形处理还包括图形剪裁、视角变化等。

1. 图形剪裁处理

在三维图形中，可以将需要剪裁部分的数据设为 NaN，即没有数值，这些数据部分不会

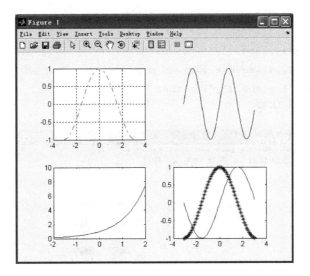

图 3-16　图形分割和显示处理示例图

在图形中显示出来,从而达到剪裁的目的。

【例 3-17】　剪裁 $f=\sin x \cdot \cos y$ 中函数值大于 0.5 的部分。

```
>>1∈x=0:0.1:2.*pi;
>>[x,y]=meshgrid(x);
>>z=sin(x).*cos(y);
>>[i,j]=find(z>0.5);
>>z(i,j)=NaN*z(i,j);
>>mesh(x,y,z)
```

输出结果如图 3-17 所示。

2. 图形视角变化

MATLAB 提供了设置视角的函数 view(),能从不同的视角观察图形,其调用格式如下。

view(az,el)

其中,az 为方位角,el 为视角。系统默认值为 az= $-37.5°$,el=30°。当 x 轴与观察者平行且正轴往右,y 轴与观察者身体垂直且正轴往里时,方位角 az 为 0。当 az>0 时,图形绕 z 轴顺时针旋转;当 az<0 时,绕 z 轴逆时针旋转。视角 el 是观察点与 x-y 平面构成的夹角,当观察点在 x-y 平面上时,el 为 0;当 el>0 时,往 z 轴正半轴运动产生夹角;当 el<0 时,往 z 轴负半轴运动产生夹角。

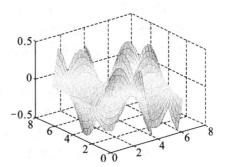

图 3-17　图形剪裁示例图

【例 3-18】　绘制函数 $f=\sin x \cdot \cos y$ 不同视角的曲面。

```
>>x=0:0.1:2.*pi;
>>[x,y]=meshgrid(x);
>>z=sin(x).*cos(y);
>>subplot(2,2,1),mesh(x,y,z)
>>xlabel('x'),ylabel('y'),zlabel('z')
>>subplot(2,2,2),mesh(x,y,z),view(0,90)
```

```
>>xlabel('x'),ylabel('y'),zlabel('z')
>>subplot(2,2,3),mesh(x,y,z),view(90,0)
>>xlabel('x'),ylabel('y'),zlabel('z')
>>subplot(2,2,4),mesh(x,y,z),view(20,30)
>>xlabel('x'),ylabel('y'),zlabel('z')
```

输出结果如图 3-18 所示。

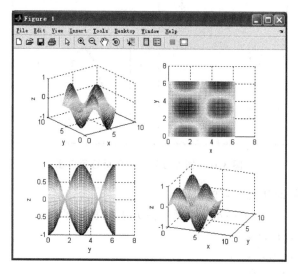

图 3-18　不同视角图

习　题　3

1. 已知向量 $x=0:0.5:10$,绘制函数 $y=\cos(x)$ 的曲线,线型为红色虚线,对图形添加 x、y 轴的坐标,图形标题和网格。

2. 按照 $\Delta x=0.1$ 的步长间隔绘制函数 $y=\sin x e^{-x}$ 在 $0 \leqslant x \leqslant 1$ 的曲线。

3. 试在同一窗口中绘制 $y_1=\sin x$,$y_2=xe^{-0.5x}$ 曲线,并在图形窗口中标注图例。

4. 在同一个图形窗口中绘制正弦、余弦、正切和余切曲线。

5. 在某次考试中,100 名学生成绩为优秀、良好、中等、及格、不及格的人数分别为 17、28、32、17、6,试用饼图对成绩分布进行统计。

6. 分别以条形图、填充图、阶梯图和火柴杆图绘制曲线 $y=2e^{-0.5x}$。

7. 绘制 $y=5x^2$ 的对数坐标图,并与直角线性坐标图进行比较。

8. 选取合适的 θ 范围,分别绘制出下列极坐标图。

(1) $\rho=\sin\theta/\theta$;(2) $\rho=1-\cos^2 3\theta$;(3) $\rho=\dfrac{\sin(2\theta)}{2-\cos^2(3\theta/2)}$。

9. 分别绘制 $z=xy$ 和 $z=\sin x\cos y$ 的网格图和曲面图。

10. 绘制 $z=\sin(xy)$ 的曲面图,并剪切下 $x^2+y^2 \leqslant 0.5^2$ 的部分。

第4章 MATLAB 的数值计算和符号计算

MATLAB 自面世之日起,其强大的数值计算功能就使其从诸多的数学计算软件中脱颖而出,广受各专业的计算人员青睐。随着对软件功能的不断开发,MathWorks 公司针对数学、物理、力学等各种科研、工程应用中提出的符号运算的问题,利用 Maple 的函数库,开发了 MATLAB 语言的符号计算工具箱(symbolic toolbox)。因此,MATLAB 软件集数值计算、符号计算和图形处理三大基本功能于一体,得到了全球各类计算人员的欢迎。

本章将对数值计算和符号计算等功能进行详细介绍。

4.1 数值计算

4.1.1 MATLAB 的数据类型

MATLAB 的数据类型主要包括数字、字符串、矩阵(数组)、单元型数据及结构型数据等。

1. 变量

1)变量

变量是程序设计语言的基本元素之一,与常规的程序设计语言不同的是,MATLAB 语言并不要求对所使用的变量进行事先声明,也不需要指定变量类型,它会自动根据所赋予变量的值或对变量所进行的操作来确定变量的类型。

在 MATLAB 语言中,变量的命名遵守如下规则。

(1) 变量名的第一个字符必须是英文字母。

(2) 变量名可以包含字母、数字、下划线,但是不能使用空格、标点。

(3) 变量名区分字母的大小写。

(4) 变量名长度不超过 63 位(MATLAB 7.0 版本),第 63 个字符之后的字符将被忽略。

2)变量的赋值格式

MATLAB 中最常用的变量赋值格式如下。

变量名=表达式;

或直接简化为如下形式。

表达式;

通过等于符号"="将表达式的值赋予变量。当按回车键时,该语句被执行。

语句被执行之后,命令窗口可以自动显示出执行的结果。如果希望结果不被显示出来,则只要在语句之后以分号";"结尾即可。此时,尽管结果没有显示出来,但它依然被赋值,并在 MATLAB 的工作空间中分配相应的存储空间。

表达式可以由运算符、特殊字符、函数名、变量名等组成,表达式的运行结果为 1 个矩阵,它通过等号将其值赋给等号左边的变量,如果省略变量名和"="号,则自动产生缺省的变量名。

【例 4-1】 判断下列变量名是否合法。

(1) a_1;(2) 1_a;(3) a+1;(4) a 1;(5) A_1;(6) abcdefg。

如果在 MATLAB 的命令窗口中键入如下命令语句：

```
>>a_1=15
```

则运行结果为：

```
a_1=
    15
```

运行结果表明，变量名 a_1 是合法的。

如果在 MATLAB 的命令窗口中键入如下命令语句：

```
>>1_a= 15
```

显示红色的运行结果为：

```
??? 1_a=15
     |
Error: Missing variable or function.
```

运行结果表明，变量名 1_a 是不合法的，不满足变量名的第一个字符必须是英文字母的规则。

可以依次在 MATLAB 的命令窗口中键入如下命令语句：

```
>>a+1=15
>>a  1=15
>>A_1=15
>>abcdefg=15
```

变量名 a+1 和 a 1 是不合法的，不满足变量名不能使用空格、标点的规则；变量名 A_1 是合法的，根据变量名的第三个规则，其与 a_1 是不同的两个变量；变量名 abcdefg 是合法的，字符长度满足变量名的第四个规则。

3）全局变量与局部变量

在 MATLAB 语言中，变量存在作用域的问题。一般情况下，变量被视为局部变量，仅仅在调用的 M 文件内有效。如果要定义全局变量，要对变量进行事先声明，在该变量前加关键字 global。全局变量习惯用大写英文字符表示。

【例 4-2】 定义变量 A,B,C 为全局变量。

```
global A B C
```

运行上述语句后，将把 A,B,C 三个变量定义为全局变量。

全局变量的作用域是整个工作空间，所有的函数都可以对它们进行存取和修改，因此定义全局变量是函数间传递数据的一个手段。

但是，全局变量在 MATLAB 程序中全程有效，破坏了函数对变量的封装，降低了程序的可读性和可靠性，在结构化程序设计中并不受欢迎。尤其当设计程序较大、子函数较多时，全局变量对于程序的调试和维护带来不便。因而，在大型的 MATLAB 程序中，会少用或慎用全局变量。

4）预定义变量

在 MATLAB 语言中，有一些系统自动生成的预定义变量，这些特殊的变量通常会有一定的含义，甚至会取一个固定的数值（见表 4-1），因而用户在编写命令和程序时，应尽量避免使用预定义变量，以免混淆。

表 4-1　预定义变量

预定义变量	含义	预定义变量	含义
ans	缺省变量名	nargin	函数输入变量的数目
eps	浮点计算的相对精度	nargout	函数输出变量的数目
Inf 或 inf	无穷大	intmax	最大正整数
i 或 j	虚数单位	intmin	最小负整数
pi	圆周率	realmax	最大正实数
NaN 或 nan	不定数	realmin	最小正实数

【例 4-3】　使用表 4-1 中的预定义变量,观察预定义变量的含义和数值。

```
>>pi
```

运行结果为:

```
ans=
    3.1416
```

当分母为 0 而分子不为 0 时,将会返回警告信息,而计算结果为 Inf;或者在计算过程中,当计算结果超出最大的浮点数范围时,也会显示结果为 Inf。

当分子、分母都为 0 时,将会返回警告信息,而计算结果为 NaN。例如:

```
>>1/0
```

运行结果为:

```
Warning: Divide by zero.
ans=
    Inf
```

又例如:

```
>>0/0
```

运行结果为:

```
Warning: Divide by zero.
ans=
    NaN
```

在 MATLAB 7.0 版本中,观察预定义变量——浮点计算的相对精度 eps 的取值。

```
>>eps
```

运行结果为:

```
ans=
    2.2204e-016
```

虚数单位 i 或 j 为 $\sqrt{-1}$,观察其表达,用二次根号函数 sqrt() 表示(sqrt() 函数的介绍见后文)。

```
>>sqrt(-1)
```

运行结果为:

```
ans=
    0+1.0000i
```

在 MATLAB 7.0 版本中,依次在命令窗口中输入如下命令,观察各种变量的取值。

```
>>intmax
>>intmin
>>realmax
>>realmin
```

它们的数据分别为 2147483647,−2147483648,1.7977e+308,2.2251e−308,各种版本会有所不同。

在一个函数的函数体中,nargin 和 nargout 分别表示有多少的输入和输出参数,如果函数的参数数目可变,则参数数目为负。nargin 和 nargout 还可以作为函数使用(nargin()函数和 nargout()函数的介绍见后文)。

2. 数字变量

在 MATLAB 中是以矩阵作为基本运算单元的,而构成数值矩阵的基本单元是数字,为了更好地学习和掌握矩阵的运算,下面先对数字的基本输入方式和数值的显示格式进行介绍。

1) 实数

对于简单的实数,可以直接在命令窗口中以平常习惯的形式进行输入,当数字较为复杂时,也可以采用科学计数法进行输入。

【例 4-4】 在命令窗口中输入下列数字变量:$A\_1=357$; $A\_2=1234000000$; $A\_3=-0.00005673$。

可以依次输入如下命令。

```
>>A_1=357
>>A_2=1234000000
>>A_3=-0.00005673
```

其中,变量 A_2 可以写成 1.234×10^9,变量 A_3 可以写成 -5.673×10^{-5},因而,还可以按如下方式输入。

```
>>A_2=1.234e9
>>A_3=-5.673e-5
```

科学计数中以 10 为底的指数形式,在 MATLAB 中用字母 e 表示。

2) 复数

MATLAB 可以在运算和函数中使用复数。复数需要借助预定义变量 i 或 j,因而有两种表达形式,即实部和虚部的形式,以及幅值和相角的形式,但是其运行结果都为实部和虚部的形式。

【例 4-5】 在命令窗口中输入数字变量 Z: $Z=1+j=\sqrt{2}e^{\frac{\pi}{4}j}$(exp()函数的介绍见后文)。

变量 Z 有多种输入方式,具体如下。

```
>>Z=1+i
>>Z=1+j
>>Z=sqrt(2)*exp(j*pi/4)
```

其运行结果都为:

```
Z=
    1.0000+1.0000i
```

3) 数字变量的运算

对于简单的数字变量,可以直接在命令窗口中以平常习惯的形式进行输入,当数字表达式较为复杂或者重复出现的数字次数太多时,可以采用先定义变量再由变量表达式进行计算的方式。

【例 4-6】　计算以下算式的值:234×2189;$1200 + \dfrac{12 \times 27}{5}$;$0.0012 \div (0.37 - 0.0315)$。

```
>>234*2189
```

运行结果为:

```
ans=
      512226
```

这里的 ans 是指用户没有对表达式设定变量时,MATLAB 自动将当前的计算结果赋给变量 ans,用户也可以按如下方式输入。

```
>>x1=234*2189
```

运行结果为:

```
x1=
      512226
```

此时,MATLAB 就把计算结果赋给指定的变量 x1 了。其他的计算表达式可以按如下的形式输入到命令窗口中。

```
>>x2=1200+12*27/5
>>x3=0.0012/(0.37-0.0315)
```

【例 4-7】　要求计算某半导体元件在电压为 3 V,4 V,5 V,6 V,7 V,8 V 时的电流值,已知元件电流随电压的变化的公式为:$i = I_{DO}\left(1 - \dfrac{u}{U_T}\right)^2$ mA。其中,$I_{DO} = 10$ mA,$U_T = 2$ V。

在 MATLAB 命令窗口中输入如下语句。

```
>>I_DO=10;               %定义饱和电流的值
>>U_T=2;                 %定义开启电压的值
>>u=3:1:8;               %定义半导体元件的电压变量
>>i=I_DO*(1-u/U_T).^2    %计算半导体元件各个电压所对应的电流值
```

运行结果为:

```
i=
    2.5000   10.0000   22.5000   40.0000   62.5000   90.0000
```

在上例中,同一行内"%"以后的内容只能起到注释的作用,对最终结果不产生任何影响;当用户不想逐行显示中间的计算结果时,可以用";"来结束一行的输入,则此时中间结果将不显示在屏幕上;当用户想查询此变量时,可以输入该变量的变量名。

由于单纯数字的运算在用 MATLAB 解决计算问题时很少用到,而且很多功能函数也已经融入矩阵运算和数组运算中,因而这里只是提醒用户在计算中注意顺序和优先级问题(相关内容详见本书的第 2 章)。

4) 数值的显示格式

在 MATLAB 语言中,计算出的数值有多种显示格式。由命令 format 来控制输出的格式,默认的数值显示格式是 format short e,即在 short 和 short e 中自动选择最佳的方式来显示。在执行运算时,MATLAB 采用双字长浮点数计算,即双精度的计算形式。例如,在默认情况下,若计算结果为整数,则就以整型来表示;若计算结果为实数,则以保留小数点后 4 位的浮点数来表示。用户还可以在命令窗口中直接输入命令语句"format + 数值格式"来进行修改,该修改仅仅对当前命令窗口有效,并且只影响计算结果的显示,并不影响其他的计算和存储。其他常见的显示格式见表 4-2,并以 sqrt(2)为例来具体展示不同的显示格式。

表 4-2　常见的数值显示格式

指令	含义	举例
format short	短格式,5 位定点数	1.4142
format long	长格式,15 位定点数	1.41421356237310
format short e	短格式,科学计数表示,5 位定点数	1.4142e+000
format long e	长格式,科学计数表示,15 位定点数	1.414213562373095e+000
format hex	十六进制格式	3ff6a09e667f3bcd
format bank	2 位十进制数	1.41

对于长短型格式显示,当数值大于 1 000 000 000 或小于 0.001 时,会自动采用科学计数的形式。

3. 字符串变量

字符和字符串运算是 MATLAB 语言中必不可少的部分,MATLAB 的运算功能十分强大,特别是增加了符号运算工具箱(symbolic toolbox)之后,其字符串函数的功能进一步得到增强。因而,此时的字符串不再是简单的字符串运算,而是 MATLAB 符号运算表达式的基本构成单元。

1) 字符串变量的赋值

在 MATLAB 中,所有的字符串都采用单引号进行设定或赋值。

【例 4-8】 创建字符串变量 S,其内容为 matrix laboratory。

在命令窗口中输入如下命令。

```
>>S='matrix laboratory'
S=
matrix laboratory
```

字符串的每个字符(包括空格)都是字符数组的一个元素,可以用 size()函数来查看字符数组 S 的维数。

```
>>size(S)
ans=
     1     17
```

以上结果说明字符串变量 S 是以行向量的形式进行存储的,当然它内部会带有字符串的标志,故在屏幕上会显示出字符。

字符串和字符数组(或矩阵)基本上是等价的。

```
>>s1=S(1:6)              %取字符串变量 S 的一部分字符
s1=
matrix
>>s2=['matrix']          %生成字符串元素的数组
s2=
matrix
```

2) 字符数组的生成

字符数组(或矩阵)可以由多个单元字符串变量构成,也可以用 char()函数来生成,但在 char()函数的输入变量中必须保证每一个字符串的长度都相等。

【例 4-9】 创建字符数组:s y m b o l i c　t o o l b o x。

```
>>s3=char('s','y','m','b','o','l','i','c',' ','t','o','o','l','b','o','x')'
s3=
symbolic toolbox
>>s4=['symbolic',blanks(1),'toolbox']        %blanks()函数为生成空格字符串函数
s4=
symbolic toolbox
```

3）字符串与数组之间的转换

字符串转换为数值代码,可以用 double() 函数来实现。字符数组转换为字符串,可以用 cellstr() 函数来实现。一些常用的字符串与数值之间的转换函数见表 4-3。

表 4-3   字符串与数值之间的转换函数表

函数名	功能	函数名	功能
num2str()	数字转换为字符串	str2num()	字符串转换为数字
int2str()	整数转换为字符串	sprintf()	在格式控制下数字转换为字符串
mat2str()	矩阵转换为字符串	sscanf()	在格式控制下字符串转换为数字

【例 4-10】   数值数组和字符串数组之间的转换示例。

```
>>A_1=[1:5];                    %生成数值数组 A_1
>>A_2=num2str(A_1);             %将 A_1 转换成字符串后赋给 A_2
>>B_1=A_1*2
B_1=
    2    4    6    8    10
>>B_2=A_2*2
B_2=
  98   64   64  100   64   64  102   64   64  104   64   64  106
```

上例表明,将数值数组转换为字符数组后,虽然表面上看形式相同,但是此时它已经不再是数字,而是字符了。其中,字符 0:10 的 ASCII 码是 48:57,空格字符的 ASCII 码是 32。数字 10 只占 MATLAB 中一个双精度存储单元,而字符 10 却占两个双精度存储单元,并构成一个单行两列的矩阵。

4）字符串的操作和执行

MATLAB 对字符串的操作与 C 语言基本相同,如表 4-4 所示。

表 4-4   字符串操作函数表

函数名	功能	函数名	功能
strcat()	链接字符串	strrep()	用其他字符串代替此字符串
strvcat()	垂直链接字符串	strtok()	寻找字符串中的记号令牌
strcmp()	字符串比较	upper()	将字符串变为大写
strncmp()	字符串的前 n 个字符进行比较	lower()	将字符串变为小写
findstr()	在其他字符串中查找此字符串	blanks()	生成空格字符串
strjust()	调整字符串的对齐方式	deblank()	删除尾部的空格字符串
strmatch()	查找可能匹配的字符串		

执行字符串的功能由 eval() 函数来实现。

【例 4-11】 执行字符串的命令示例。

```
>>C_1='1/(i^2+1)';          %生成字符串变量
>>i=1;                        %给自变量赋值
>>C_2=eval(C_1)               %执行字符串所给出的功能
C_2=
    0.5000
```

【例 4-12】 执行字符串的命令示例。

```
>>D_1='cd';
>>eval(D_1)
C:\MATLAB7\work
```

eval() 函数的输入变量可以是一个字符串变量,也可以是一个操作命令的字符串,但是必须是一个构成 MATLAB 语句的字符串,那么,eval() 函数就会执行这条命令语句。

4. 矩阵型变量

从结构上来说,矩阵(数组)是数据存储的基本单元,矩阵型变量是对矩阵的描述,但从运算的角度来看,矩阵形式的数据还可以采取多种运算形式,因而矩阵型变量也相应地可以进行多种运算。例如,向量运算、矩阵运算及数组运算等。关于矩阵的基本运算在本书第 2 章中已经做了详细的阐述,在本章后面的小节中,将对矩阵运算中的一些扩展功能进行介绍。

5. 单元型变量

单元型变量是 MATLAB 中较为特殊的一种数据类型。从本质上来说,单元型变量实际上是一种以任意形式的数组为元素的多维数组。

单元型变量的定义可以有两种方式:一种是用赋值语句直接定义;另一种是由 cell() 函数预先分配存储空间,然后对每个单元元素逐一赋值。

在直接赋值过程中,与在矩阵的定义中使用中括号不同,单元型变量的定义需要使用大括号,而元素之间由逗号隔开。

【例 4-13】 创建单元型变量的命令示例。

```
>>A=[1,2;3,4];
>>B={1:4,A,'abcd'}
B=
    [1x4 double]    [2x2 double]    'abcd'
```

MATLAB 会根据显示需要,来决定是将单元元素完全显示,还是只显示存储量来代替。单元型变量的赋值还可以先对单元元素直接赋值,用单元型变量的下标来实现。例 4-13 中单元型变量 B 还可以按如下的方式输入命令。

```
>>A=[1,2;3,4];
>>B{1,1}=1:4;
>>B{1,2}=A;
>>B{1,3}='abcd';
>>B
```

单元型变量的另一种赋值方法为:预先分配单元型变量的存储空间,然后对变量中的元素进行逐一赋值。用于实现预分配存储空间的函数为 cell()。例 4-13 中单元型变量 B 还可以按如下的方式输入命令。

```
>>A=[1,2;3,4];
>>B=cell(1,3)
>>B{1,1}=1:4;
>>B{1,2}=A;
>>B{1,3}='abcd';
>>B
```

命令 B=cell(1,3)将在工作空间中建立一个单元型变量 B,其单元元素都是空矩阵。

单元型变量元素的调用采用大括号作为下标的标识,若采用小括号作为下标标识,则只显示该元素的存储量。

【例 4-14】 显示单元型变量的命令示例。

```
>>B{2}
ans=
     1     2
     3     4
>>B(2)
ans=
    [2x2 double]
```

单元型变量的元素不是以指针方式进行存储的,如例 4-14 中,改变其元素原变量矩阵 A 的数值,并不等于改变单元型变量 B 的第二个元素的赋值。

```
>>A=[1,1;2,2];
>>B{2}
ans=
     1     2
     3     4
```

单元型变量与矩阵的另一个区别是,单元型变量可以进行嵌套,即单元型变量元素也可以是单元型变量,而矩阵型变量的元素不能是矩阵。

【例 4-15】 创建单元型变量的命令示例。

```
>>C={1:4,A,B}
C=
    [1x4 double]   [2x2 double]    {1x3 cell}
```

对嵌套中的单元型变量元素的调用,采用大括号和递进的下标标识来实现,而且这些递进中的下标标识必须都是指向单元型变量的。

```
>>C{3}              %调用单元型变量 C 的第 3 个单元元素 B
ans=
    [1x4 double]   [2x2 double]   'abcd'
>>C{3}{3}           %调用单元型变量 C 的第 3 个单元元素 B 的第 3 个元素
ans=
    abcd
>>C{2}{3}           %调用单元型变量 C 的第 2 个单元元素 A 的第 3 个元素
??? Cell contents reference from a non-cell array object.
```

由于单元型变量 C 的第 2 个单元元素 A 不是一个单元型变量,A 是一个矩阵型变量,因而不能采用这种嵌套的大括号,而需要采用矩阵元素的调用方式,具体如下。

```
>>C{2}(3)           %调用单元型变量 C 的第 2 个单元元素 A 的第 3 个元素
                    %矩阵型变量中的元素采用从左到右、先列后行的序号排列
ans=
    2
```

6. 结构型变量

结构型变量是另一种可以将不同类型数据组合在一起的 MATLAB 语言的数据类型，其与单元型变量的区别在于：结构型变量是以指针方式来传递数据的。结构型变量相当于数据库中的记录，可以存储一系列相关的数据。

在 MATLAB 语言中，结构型变量的定义也有两种方法：一种是直接赋值定义，另一种是由 struct() 函数来定义。

直接赋值时，必须使用指针操作符"."来连接结构型变量的变量名和结构中的属性名。对该属性直接赋值，MATLAB 语言会自动生成结构型变量，并使得该结构型变量包含所定义的属性。

【例 4-16】 创建结构型变量的命令示例。

```
>>A.a1='abcd';
>>A.a2=1;
>>A.a3=[1,2,3,4,5,6];
```

结构型变量 A 有 3 个属性，即 a1、a2 和 a3，键入结构型变量名 A 可以直接显示该变量的各个属性和属性值。

```
>>A
A=
    a1:'abcd'
    a2:1
    a3:[1 2 3 4 5 6]
```

结构型变量还可以通过直接对给定的变量下标进行赋值，来构成结构型数组。

【例 4-17】 创建结构型数组的命令示例。

```
>>A=[1,2,3,4,5,6];
>>B(2).a1='abcd';
>>B(2).a2=1;
>>B(2).a3=A;
>>B
B=
1x2 struct array with fields:
    a1
    a2
    a3
```

结构型数组 B 由两个结构型变量的单元元素组成，构成一个 1 行 2 列的数组。当结构型变量的单元元素多于 1 个，再键入结构型变量名 B 时，将不能完全显示各个单元元素相应的值，而只能显示该结构型数组的属性名。

从例 4-17 中可以看出，结构型数组对每一个单元元素的属性不要求完全一致，不同的元素可以赋予不同类型的值，与其他程序设计语言相比更加灵活。

结构型数组赋值时，可以只对部分元素赋值，这时未赋值的元素将被赋予空矩阵，并可以随时对该结构数组进行修改和添加。

在 MATLAB 语言中,提供了 struct()函数来定义结构型变量,并相应地赋予单元元素的值。

【例 4-18】 创建结构型变量的命令示例。

```
>>A=[1,2;3,4;5,6];
>>C=struct('c1',1,'c2',A,'c3','abcd')
C=
    c1:1
    c2:[3x2 double]
    c3:'abcd'
```

与单元型变量类似,结构型变量也可以采用嵌套型的方式进行定义。

```
>>B(2).a1='abcd';
>>B(2).a2=1;
>>B(2).a3=A;
>>C.c1=B
C=
    c1:[1x2 struct]
    c2:[3x2 double]
    c3:'abcd'
```

调用嵌套的结构型变量,可采用递进形式的指针操作符"."。

```
>>C.c1(1).a1        %调用结构型变量 C 的 c1 属性中的第 1 个结构变量的 a1 属性
                    %结构型变量 B 只有部分元素赋值,其余的元素为空矩阵
ans=
    []
>>C.c1(2).a1
ans=
    abcd
```

标点符号在 MATLAB 语言中的作用十分重要,为了保证命令的正确执行,标点符号必须在文字的英文输入状态下键入,否则将会出现语法错误。

重要的标点符号整理成表 4-5,以备查询。

表 4-5 重要的标点符号的含义

名称	符号	含义
空格		分隔输入量;分隔数组元素
逗号	,	作为要显示结果的命令的结尾;分隔输入量;分隔数组元素
分号	;	作为不显示结果的命令的结尾;分隔数组中的行
黑点	.	小数点;连接结构型变量名和结构中的属性名的指针
冒号	:	生成一维数组;用作下标时,表示该维数组的所有元素
注释号	%	其后内容为注释内容
单引号	' '	所引内容为字符串
小括号	( )	表示函数输入变量列表时用;用作数组或矩阵标识
中括号	[ ]	表示函数输出变量列表时用;输入数组或矩阵时用

名称	符号	含义
大括号	〔 〕	用作单元型变量的标识
下划线	_	用于变量名、函数名和文件名
续行符	…	将长命令分成两行输入,保持两行的逻辑连续

后续章节中进行基本的数学运算时,需要用到一些常用的函数,在此整理成表 4-6,以备查询。

表 4-6 常用的数学函数表

类别	函数名	含义	类别	函数名	含义
三角函数	sin()	正弦函数	三角函数	tan()	正切函数
	cos()	余弦函数		cot()	余切函数
指数、对数函数	exp()	自然数为底的指数函数	指数、对数函数	pow2()	2 为底的指数函数
	log()	自然数为底的对数函数		log2()	2 为底的对数函数
	log10()	10 为底的对数函数		sqrt()	平方根函数
复数函数	abs()	幅值函数	复数函数	angle()	相角函数
	real()	取复数实部函数		imag()	取复数虚部函数
	conj()	求复数共轭函数			
取整、符号函数	sign()	判断正负符号函数	取整、符号函数	round()	向靠近的整数取整
	ceil()	向正无穷取整		fix()	向负无穷取整
	floor()	向零点取整			

4.1.2 向量运算和矩阵运算

向量运算是矢量运算的基础,向量通常可以看作是单行或单列的矩阵,其基本操作和矩阵的基本操作有些类似。其中关于向量的生成、向量的基本运算,矩阵的生成、矩阵的基本运算在第 2 章中已经做了阐述,这里只做简要的说明。

1. 向量运算

1) 向量的生成

(1)最直接的方法就是在命令窗口中直接输入。格式要求:向量元素用中括号"[ ]"括起来,元素之间可用空格、逗号或分号分隔;用空格和逗号分隔生成行向量,用分号分隔生成列向量。

(2)利用冒号表达式生成向量。

(3)利用线性等分功能函数 linspace()生成向量。

(4)利用对数等分功能函数 logspace()生成向量。

(5)通过提取矩阵的元素生成向量。

【例 4-19】 生成向量的命令示例。

```
>>A1=[1,2,3,4,5]
A1=
     1     2     3     4     5
>>A2=[1 2 3 4]
A2=
     1     2     3     4
>>A3=[1;2;3]
A3=
     1
     2
     3
>>A4=1:2:10
A4=
     1     3     5     7     9
>>A5=linspace(1,50,6)
A5=
   1.0000  10.8000  20.6000  30.4000  40.2000  50.0000
>>A6=logspace(0,5,6)
A6=
     1       10      100     1000    10000   100000
>>A=[1,2,3;4,5,6;7,8,9];
>>A7=A(1,:)
A7=
     1     2     3
>>A8=A(:,2)
A8=
     2
     5
     8
>>A9=diag(A)
A9=
     1
     5
     9
```

2）向量的基本运算

（1）两个向量进行加减，要求两向量元素的个数一致。

（2）一个向量与数进行加减，每一个向量元素都与该数进行加减。

（3）一个向量与数进行乘除，每一个向量元素都与该数进行乘除。

【例 4-20】 向量基本运算的命令示例。

使用例 4-19 中生成的向量。

```
>>B1=A1+A2
??? Error using==>plus
Matrix dimensions must agree.
>>B1=A1+A4
```

```
B1=
    2    5    8   10   14
>>B2=A2-1
B2=
    0    1    2    3
>>B3=A4*10
B3=
   10   30   50   70   90
```

3）向量的点积运算

在高等数学中，向量的点积是指两个向量在其中某一个向量方向上的投影的乘积，通常用来引申定义向量的模。在 MATLAB 中，向量的点积由函数 dot() 来实现。

向量点积函数的使用方法如下。

（1）dot(a,b)　返回向量 a 和向量 b 的数量点积，a 和 b 必须同维。当 a 和 b 都为行向量时，等同于 a * b'；当 a 和 b 都为列向量时，等同于 a' * b。

（2）dot(a,b,dim)　返回 a 和 b 在维数为 dim 的点积。

【例 4-21】　向量点积运算的命令示例：计算向量 $a=(1,2,3)$ 和向量 $b=(4,5,6)$ 的点积。

```
>>a=[1 2 3];b=[4 5 6];
>>c=dot(a,b)              %两个向量对应位置的元素相乘后再求和
                         %a(1)b(1)+a(2)b(2)+a(3)b(3)
c=
    32
>>d=a*b'
d=
    32
```

4）向量的叉积运算

在数学上，向量的叉积表示过两相交向量的交点的垂直于两向量所在平面的向量。在 MATLAB 中，向量的叉积由函数 cross() 来实现。

向量叉积函数的使用方法如下。

（1）cross(a,b)　返回向量 a 和向量 b 的叉积向量，即 c＝a×b，a 和 b 必须为三维向量。返回向量 a 和向量 b 的前 3 位的叉积。

（2）cross(a,b,dim)　当 a 和 b 为 n 维数组时，返回 a 和 b 在维数为 dim 维向量的叉积。a 和 b 必须同维，并且 size(a,dim) 和 size(b,dim) 必须为 3。

【例 4-22】　向量叉积运算的命令示例。计算垂直于向量 $a=(1,2,3)$ 和向量 $b=(4,5,6)$ 的向量。

```
>>a=[1 2 3];b=[4 5 6];
>>c=cross(a,b)           %两个向量构造成三维行列式计算,c(1)=a(2)*b(3)-a(3)*b(2)
                        %c(2)=a(3)*b(1)-a(1)*b(3),c(3)=a(1)*b(2)-a(2)*b(1)
c=
   -3    6   -3
```

还可以使用以上两个函数求向量的混合积，但要注意函数的运算顺序问题，不能随意颠倒，否则将出错。

```
>>d=dot(a,cross(b,c))
d=
    54
```

2. 矩阵运算

MATLAB 原意为矩阵实验室,其所有的数值功能都是以矩阵为基本单元进行的,不论向量,还是数组都只是一种较为特殊的矩阵。因而,MATLAB 中的矩阵运算功能可谓是最全面、最强大的。

关于矩阵的生成、矩阵的基本运算在第 2 章中已经做了阐述,这里简要地举例说明。

1) 矩阵的生成

(1) 直接输入生成小矩阵。

(2) 创建 M 文件输入数据生成大矩阵。

【例 4-23】 创建一个简单的数值矩阵。

```
>>a=[1,2,3;4,5,6]
a=
    1    2    3
    4    5    6
```

【例 4-24】 创建一个带有运算表达式的矩阵。

```
>>b=[sin(pi/3),cos(pi/4);log(9),tan(6)]
b=
    0.8660    0.7071
    2.1972   -0.2910
```

M 文件是一种可以在 MATLAB 环境下运行的文本文件。它可以分为 M 命令文件和 M 函数文件两种。在此处可以用最简单形式的 M 命令文件来创建大型的矩阵。更加详细的内容将在本书第 5 章中讨论。

当矩阵的规模比较大时,直接输入容易出错,也不易修改。因而,将所要输入的矩阵按照格式先写入一个 M 命令文件中,再在 MATLAB 命令窗口中键入该文件名后,就可以将输入的大型矩阵存入内存中了。

【例 4-25】 创建 M 文件 example.m,生成一个大型的矩阵。

```
%example.m
%创建一个 M 文件输入矩阵的示例
A=[ 4966   11.6602   1121   117   18   11.9
    499   64   54.30   488.54   0.956   0.2714
    21.16   0.297   0.8385   5   0.526   10
    65.6   87.3   0.5681   0.6946   13.880   0.8
    5488.81   111   770   0.13   1730   1.73]
```

在 MATLAB 命令窗口输入如下命令。

```
>>example;              %运行 M 文件
>>size(A)               %查询矩阵 A 的维数
ans=
    5    6
```

在实际应用中,例 4-25 中的矩阵并不算是"大型"矩阵,用来输入矩阵的 M 文件通常是由用 C 语言或其他高级语言生成的已存在的数据文件,其内存的数据都有若干千比特的。

2）矩阵的基本数学运算

（1）矩阵的四则运算。

矩阵的四则运算和数字的运算是相同的，只是具体运算上有如下的具体要求。

① 作加减运算的两矩阵要求同阶。

② 作乘法运算的两矩阵要求有相邻的公共维数。若 A 为 $i \times j$ 阶，B 必须为 $j \times k$ 阶，A 和 B 才能相乘。

③ 作左除"\\"运算和右除"/"运算，含义有所不同，$A/B = AB^{-1}$，$A \backslash B = A^{-1}B$。

（2）矩阵和常数之间运算。

① 作常数与矩阵运算时，此矩阵每个元素都同此常数进行运算。

② 数加是每个元素都加上此常数，数乘是每个元素都与此常数相乘；但是数除时，常数只能作为除数，每个元素都与此常数相除。

（3）矩阵的逆运算。

矩阵的逆运算在线性代数及计算方法中都有很多的论述。在 MATLAB 中，众多复杂理论最后变成了一个简单的命令函数 inv()。

【例 4-26】 求下列矩阵 A 的逆。

$$A = \begin{pmatrix} 2 & 1 & -3 & -1 \\ 3 & 1 & 0 & 7 \\ -1 & 2 & 4 & -2 \\ 1 & 0 & -1 & 5 \end{pmatrix}$$

在命令窗口中输入如下命令。

```
>>A=[2,1,-3,-1;3,1,0,7;-1,2,4,-2;1,0,-1,5];
>>inv(A)
ans=
    -0.0471    0.5882   -0.2706   -0.9412
     0.3882   -0.3529    0.4824    0.7647
    -0.2235    0.2941   -0.0353   -0.4706
    -0.0353   -0.0588    0.0471    0.2941
```

（4）矩阵的行列式运算。

矩阵的行列式的值可由命令函数 det() 计算得出。

【例 4-27】 求例 4-26 中矩阵 A 的行列式。

```
>>A=[2,1,-3,-1;3,1,0,7;-1,2,4,-2;1,0,-1,5];
>>det(A)
ans=
    -85
```

（5）矩阵的幂运算。

矩阵的幂运算的形式与数字的幂运算相同，用运算符号"^"来表示，作幂运算的矩阵要求其维数为正方形，即矩阵的行数与列数相等。

（6）矩阵的指数运算。

矩阵的指数运算的最常用的命令函数 expm()，其他还有 expm1()。函数 expm() 完成的是以矩阵为幂的指数运算，其函数的运算过程与函数 exp() 不同，函数 exp() 完成的是每一个矩阵元素为幂的指数运算。函数 expm1() 计算的是函数 exp()-1。

【例 4-28】 计算矩阵 A 的各种指数运算，并比较不同函数的结果。

```
>>A=[1,1,0;0,0,2;0,0,-1]
A=
     1     1     0
     0     0     2
     0     0    -1
>>A1=expm(A)
A1=
    2.7183    1.7183    1.0862
         0    1.0000    1.2642
         0         0    0.3679
>>A2=expm1(A)
A2=
    1.7183    1.7183         0
         0         0    6.3891
         0         0   -0.6321
>>A3=exp(A)
A3=
    2.7183    2.7183    1.0000
    1.0000    1.0000    7.3891
    1.0000    1.0000    0.3679
```

对函数 expm() 和函数 exp() 的两种结果进行比较：A1 和 A3 对角线上的元素都是相等的,但非对角元素,包括那些对角线下方的元素,都是不同的。

对函数 expm1() 和函数 exp() 的两种结果进行比较：A2 和 A3 的元素都相差 1。

（7）矩阵的对数运算。

矩阵的对数运算由命令函数 logm() 来实现,其与函数 log() 的区别类似于指数函数。函数 logm() 完成的是以自然数为底的矩阵的对数运算,函数 log() 完成的是以自然数为底的每一个矩阵元素的对数运算。

【例 4-29】 计算矩阵 A 的两种对数运算,并比较不同函数的结果。

```
>>A=[ 2.7183,1.7183,1.0862; 0,1.0000,1.2642; 0,0,0.3679];
>>A4=logm(A)
A4=
    1.0000    1.0000    0.0001
         0         0    1.9999
         0         0   -0.9999
>>A5=log(A)
Warning: Log of zero.
A5=
    1.0000    0.5413    0.0827
     -Inf         0    0.2344
     -Inf     -Inf   -0.9999
```

对函数 logm() 和函数 log() 的两种结果进行比较：A4 和 A5 对角线上的元素都是相等的,但非对角元素是不同的,函数 log() 的自变量为零时,返回值为 -Inf。

（8）矩阵的开方运算。

矩阵的开方运算的命令函数为 sqrtm()。其与函数 sqrt() 的区别在于：函数 sqrtm() 完成的是有复杂运算过程的矩阵的开方运算,函数 sqrt()完成的是每一个矩阵元素的开方运算。

【例 4-30】 计算矩阵 A 的两种开方运算,并比较不同函数的结果。

```
>>A=[4,7,16;2,3,8;4,6,14];
>>A6=sqrtm(A)
A6=
    1.0000    2.0000    3.0000
    0.0000    1.0000    2.0000
    1.0000    1.0000    3.0000
>>A7=sqrt(A)
A7=
    2.0000    2.6458    4.0000
    1.4142    1.7321    2.8284
    2.0000    2.4495    3.7417
```

对函数 sqrtm()和函数 sqrt()的两种结果进行比较:A6 的 2 次方运算为 A,A7 的每个元素的 2 次方为 A 的每个元素。

3) 矩阵的基本函数运算

矩阵的函数运算是矩阵运算中最实用的部分,主要包括特征值的计算、奇异值的计算、条件数、各类范数、矩阵的秩与迹的计算和矩阵的空间运算等。

(1) 矩阵的特征值函数。

矩阵的特征值可以由函数 eig()和 eigs()计算。其中,函数 eig()可以给出特征值和特征向量的值,而函数 eigs()则是求稀疏矩阵的广义特征值和广义特征向量的函数。

(2) 矩阵的奇异值函数。

矩阵的奇异值函数也有两种:函数 svd()和函数 svds()。

函数 svd()是对矩阵进行奇异值分解,输入的矩阵可以不必为正方形矩阵,具体特点如下。

① 对于矩阵 $A(m \times n)$,存在 $U(m \times m)$,$V(n \times n)$,$S(m \times n)$,满足 $A=U \times S \times V$。U 和 V 中分别是 A 的奇异向量,而 S 是 A 的奇异值。

② AA' 的正交单位特征向量组成 U,特征值组成 $S'S$;$A'A$ 的正交单位特征向量组成 V,特征值(与 AA' 相同)组成 SS'。

函数 svds()和函数 svd()的使用方法相同,只是返回的是最大的 6 个特征值及其对应的特征行向量和特征列向量。

奇异值函数通常用于分析最小平方误差和进行数据压缩。

【例 4-31】 对矩阵 A 进行奇异值分解。

```
>>A=[1,2;3,4;5,6;7,8];
>>[A1,A2,A3]=svd(A)
A1=
    -0.1525   -0.8226   -0.3945   -0.3800
    -0.3499   -0.4214    0.2428    0.8007
    -0.5474   -0.0201    0.6979   -0.4614
    -0.7448    0.3812   -0.5462    0.0407
A2=
    14.2691         0
```

```
             0      0.6268
             0          0
             0          0
     A3=
         -0.6414    0.7672
         -0.7672   -0.6414
```

（3）矩阵的条件数函数。

矩阵的条件数函数可以用来判断矩阵"病态"程度,具体有以下 3 种函数:cond()用于计算矩阵的条件数的值;condest()用于计算矩阵的 1 范数条件数的估计值;rcond()用于计算矩阵的条件数的倒数值。

【例 4-32】 计算 9 阶 Hilbert 矩阵的各条件数的值。

```
>>A=hilb(9);
>>A1=cond(A)
A1=
     4.9315e+011
>>A2=condest(A)
A2=
     1.0997e+012
>>A3=rcond(A)
A3=
     9.0938e-013
```

虽然各个条件数的计算数值并不相同,但是其结论是一致的,此矩阵是严重病态的。

有时在求解矩阵的特征值时,也会遇到"病态"问题。此时,MATLAB 引入了函数 condeig()。

（4）矩阵的范数函数。

矩阵(或向量)的范数可以分为 1 范数、2 范数、无穷范数和 F 范数等,其中常用的是 2 范数,即平方和范数。实现范数功能的函数有函数 norm()和函数 normest()。函数 norm()可以计算各种范数,函数 normest()只能计算 2 范数。

【例 4-33】 矩阵的 2 范数的命令示例。

```
>>A=[1,2,3,4];
>>sqrt(1+4+9+16)        %求向量元素平方和的 2 次开方的值
ans=
       5.4772
>>A1=norm(A,2)          %矩阵 A 的 2 范数
A1=
       5.4772
>>A2=normest(A)         %矩阵 A 的 2 范数
A2=
     5.4772
```

（5）矩阵的秩函数和迹函数。

① 矩阵的秩由函数 rank()求解。

② 矩阵的迹由函数 trace()求解。

（6）矩阵的零空间函数。

求矩阵的零空间矩阵的函数为 null()。其返回值 V 用来表示方程 AV=0 的所有解。

【**例 4-34**】　矩阵的零空间函数的命令示例。

```
>>A=[1,2,3;1,2,3;1,2,3];
>>V=null(A)
V=
        0.9636             0
       -0.1482       -0.8321
       -0.2224        0.5547
>>A*V
ans=
1.0e-015 *
        0.2220        0.2220
        0.2220        0.2220
        0.2220        0.2220
>>V'*V
ans=
        1.0000       -0.0000
       -0.0000        1.0000
```

（7）矩阵的正交空间函数。

函数 orth()用来求解矩阵的一组正交基。

【**例 4-35**】　矩阵的正交空间函数的命令示例。

```
>>A=[1,2,3;4,5,6;7,8,9];
>>V=orth(A)
V=
       -0.2148        0.8872
       -0.5206        0.2496
       -0.8263       -0.3879
>>V'*V
ans=
        1.0000       -0.0000
       -0.0000        1.0000
```

（8）矩阵的伪逆函数。

在求解系数矩阵时,矩阵为严重"病态",为了避免"伪解"的产生,可以采用伪逆函数 pinv()来求解。

【**例 4-36**】　矩阵的伪逆函数的命令示例。

```
>>A=magic(4)               %生成 4 阶的魔方阵
A=
       16       2       3      13
        5      11      10       8
        9       7       6      12
        4      14      15       1
>>A1=inv(A)                %采用常规的方法求逆矩阵
Warning: Matrix is close to singular or badly scaled.
    Results may be inaccurate. RCOND=1.306145e-017.
A1=
```

```
1.0e+014*
        0.9382      2.8147    -2.8147    -0.9382
        2.8147      8.4442    -8.4442    -2.8147
       -2.8147     -8.4442     8.4442     2.8147
       -0.9382     -2.8147     2.8147     0.9382
>>A2=pinv(A)                  %采用伪逆函数求解
A2=
        0.1011     -0.0739    -0.0614     0.0636
       -0.0364      0.0386     0.0261     0.0011
        0.0136     -0.0114    -0.0239     0.0511
       -0.0489      0.0761     0.0886    -0.0864
```

（9）矩阵的通用函数。

以上所介绍的针对矩阵的函数,在实际运算中是远远不够的,对常用的其他运算,还有一种通用的函数形式。通用函数的格式如下。

$$\text{funm}(\text{A}，'\text{funname}')$$

其中,A 为输入矩阵变量,funname 为调用的函数名。

【例 4-37】 矩阵的通用函数的命令示例。

```
>>A=[1,1,0;0,0,2;0,0,-1]
>>A1=funm(A,'exp')
A1=
        2.7183      1.7183     1.0862
             0      1.0000     1.2642
             0           0     0.3679
>>A2=expm(A)
A2=
        2.7183      1.7183     1.0862
             0      1.0000     1.2642
             0           0     0.3679
```

A1 和 A2 的结果表明:两种函数形式的功能是相同的。

4）矩阵的分解函数

矩阵的分解函数包括:特征值分解函数 eig(),奇异值分解函数 svd(),LU 分解函数 lu(),Chollesky 分解函数 chol(),QR 分解函数 qr()等。

5）矩阵的一些特殊操作

（1）矩阵的变维。

实现矩阵的变维有两种方法:":"和函数 reshape()。前者主要对两个矩阵之间的运算,后者主要针对一个矩阵的操作。

函数 reshape()的调用格式如下。

$$\text{reshape}(\text{A},\text{M},\text{N})；$$

其中,A 为输入矩阵变量,A 变维成 M * N 阶的矩阵。

用":"进行变维操作,必须预先定义矩阵的维数。

【例 4-38】 矩阵的变维函数的命令示例。

```
>>A=[1:12];
>>A1=reshape(A,2,6)           %矩阵 A 变维成 2 行 6 列的矩阵 A1
```

```
                            %A的元素按照从左至右、先列后行的次序进行重排
    A1=
         1    3    5    7    9    11
         2    4    6    8    10   12
>>A2=zeros(3,4);            %定义矩阵A2的维数
>>A2(:)=A(:)                %将A的所有元素按照定义的维数进行重排
    A2=
         1    4    7    10
         2    5    8    11
         3    6    9    12
```

（2）矩阵的变向。

矩阵的变向操作函数有：矩阵的旋转函数 rot90()，矩阵的左右翻转函数 fliplr()，矩阵的上下翻转函数 flipud()，矩阵对指定维进行翻转的函数 flipdim() 等。

（3）矩阵的抽取。

矩阵的抽取操作函数有：抽取对角线元素的函数 diag()，抽取上三角矩阵的函数 tril()，抽取下三角矩阵的函数 triu()。

（4）矩阵的扩展。

矩阵的扩展操作有两种方法：一种是利用对矩阵标识的赋值，一种是利用小矩阵的组合来生成大矩阵。

【例 4-39】 矩阵的扩展的命令示例。

```
>>A=[1,2;3,4;5,6];
>>A1(3:5,4:5)=A            %将矩阵A扩展成5*5阶的矩阵
    A1=
         0    0    0    0    0
         0    0    0    0    0
         0    0    0    1    2
         0    0    0    3    4
         0    0    0    5    6
```

赋值命令的格式如下。

$$A1(m1:m2,n1:n2)=A;$$

扩展后的矩阵 A1 是一个 m2×n2 阶的矩阵，参数要求（m2−m1+1）为 A 的行维数，（n2−n1+1）为 A 的列维数。

矩阵 A1 除了赋值子阵和已存在的元素外，其余元素默认为 0。

```
>>A2=[A(2:4);eye(2),zeros(2,1)]    %矩阵A2由3部分组合而成
                                   %抽取矩阵A的从2到4号元素作为第一行
                                   %添加2阶单位矩阵和2行1列的零矩阵构成
    A2=
         3    5    2
         1    0    0
         0    1    0
```

利用小矩阵的组合生成大矩阵时，必须要严格注意矩阵大小的匹配。

4.1.3 多项式运算

多项式函数也是 MATLAB 提供的基本运算功能之一。

1. 多项式的描述

MATLAB 中多项式按照降幂排列,降幂多项式在 MATLAB 中可以用行向量来表示。因而多项式的系数按照降幂的顺序直接输入,如果有缺项,则该项系数为 0。

对于多项式的一般形式 $f(x)=a_nx^n+a_{n-1}x^{n-1}+\cdots+a_1x^1+a_0$,使用降幂系数的行向量来表示为 $P=[a_n,a_{n-1},\cdots,a_1,a_0]$,这样就把多项式的问题转化为向量问题。

1）多项式系数向量的直接输入

【例 4-40】 输入所列的多项式:(1)x^3-5x^2+6x-7;(2)$x^5-12x^3+25x+16$。

在命令窗口输入如下命令。

```
>>P1=[1,-5,6,-7];
>>A1=poly2sym(P1)          %将多项式向量表示为符号形式的函数
A1=
    x^3-5*x^2+6*x-7
>>A2=poly2str(P1,'x')      %将多项式向量表示为字符串形式的函数
A2=
    x^3-5 x^2+6x-7
>>P2=[1,0,-12,0,25,16];
>>A3=poly2str(P2,'x')
A3=
    x^5-12 x^3+25x+16
```

2）特征多项式的输入

多项式的创建还可由矩阵求其特征多项式来获得,采用函数 poly() 来实现。

n 阶矩阵一般会产生 n 次多项式,用函数 poly() 生成的特征多项式的首项系数为 1。

【例 4-41】 求解矩阵的特征多项式。

```
>>A=[1,2,3;4,5,6;7,8,9];
>>P=poly(A)
P=
    1.0000  -15.0000  -18.0000  -0.0000
>>A3=poly2str(P,'x')
A3=
    x^3-15 x^2-18 x-1.8553e-014
```

3）根向量多项式的输入

由给定的根向量也可以产生多项式,也由函数 poly() 来实现。如果必须生成实系数的多项式,则其中的复数根必须是共轭复数根。

【例 4-42】 给定根向量,创建多项式。

```
>>root1=[-1,-2,-3];
>>P1=poly(root1);
>>A1=poly2str(P1,'x')
A1=
    x^3+6 x^2+11 x+6
>>root2=[-5,-3+4j,-3-4j];
>>P2=poly(root2);
>>A2=poly2str(P2,'x')
A2=
    x^3+11 x^2+55 x+125
```

2. 多项式的运算

1）求多项式的值

求多项式的值有两种形式，对应两种函数：一种在输入变量值代入多项式计算时以数组为单元的函数 polyval()；一种是以矩阵为计算单元，进行矩阵运算的函数 polyvalm()。

函数 polyval()和 polyvalm()的调用格式为：**polyval（P，A）**和**polyvalm（P，A）**。

其中，P 为输入的多项式向量，A 为要代入的变量值。

【例 4-43】 对同一多项式及变量值分别计算矩阵计算值和数组计算值。

```
>>P=[1,2,3,4,5];
>>A=[1,1;1,1];
>>A1=polyval(P,A)
A1=
    15    15
    15    15
>>A2=polyvalm(P,A)        %计算 A^4+2*A^3+3*A^2+4*A+5*E 这个矩阵多项式
A2=
    31    26
    26    31
```

2）求多项式的根

求多项式的根有两种方法：一种是采用函数 roots()，求解多项式的所有的根；一种是通过建立多项式的伴随矩阵 compan()，再求特征值 eig()的方法得到多项式的所有根。

【例 4-44】 用两种方法求解方程 $2x^4-5x^3+6x^2-x+9=0$ 的所有根。

```
>>P=[2,-5,6,-1,9];
>>A1=roots(P)
A1=
      1.6024+1.2709i
      1.6024-1.2709i
     -0.3524+0.9755i
     -0.3524-0.9755i
>>A2=compan(P)
A2=
    2.5000   -3.0000    0.5000   -4.5000
    1.0000        0         0         0
        0    1.0000         0         0
        0        0    1.0000         0
>>A3=eig(A2)
A3=
      1.6024+1.2709i
      1.6024-1.2709i
     -0.3524+0.9755i
     -0.3524-0.9755i
```

3）多项式的乘除

多项式的乘法采用函数 conv()来实现，多项式的除法采用函数 deconv()来实现。函数 conv()的调用格式如下。

$$P=conv（P1，P2）$$

该函数表示多项式 P1 和多项式 P2 相乘。该函数可以进行嵌套使用，如 conv（conv（P1，P2），P3）和 conv（conv（P1，P2），conv（P3，P4））等表达式。

【例 4-45】　求解多项式相乘的结果：$(2x^4-5x^3+6x^2-x+9)(x^2+1)$。

```
>>P1=[2,-5,6,-1,9];P2=[1,0,1];
>>P=conv(P1,P2);
>>A=poly2str(P,'x')
A=
    2 x^6-5 x^5+8 x^4-6 x^3+15 x^2-1 x+9
```

函数 deconv（）的调用格式如下

$$[Q，R]=deconv（P1，P2）$$

该函数表示多项式 P1 除以多项式 P2，商为 Q，余数为 R，即有 P1=P2＊Q＋R。

【例 4-46】　求解多项式相除的结果：$\dfrac{2x^4-5x^3+6x^2-x+9}{x^2+1}$。

```
>>[Q,R]=deconv(P1,P2);
>>Q0=poly2str(Q,'x')          %商 Q 表示为字符串形式
Q0=
    2 x^2-5 x+4
>>R0=poly2str(R,'x')          %余数 R 表示为字符串形式
R0=
    4 x+5
```

4）多项式的求导

多项式求导的函数 polyder（）的调用格式如下。

$$Dp=polyder（P）$$

该函数表示：对多项式 P 求导，得到 Dp。

【例 4-47】　求解多项式 $(2x^4-5x^3+6x^2-x+9)(x^2+1)$ 的导数。

```
>>P1=[2,-5,6,-1,9];P2=[1,0,1];
>>P=conv(P1,P2);
>>A1=poly2str(P,'x')
A1=
    2 x^6-5 x^5+8 x^4-6 x^3+15 x^2-1 x+9
>>Dp=polyder(P)
>>A2=poly2str(Dp,'x')
A2=
    12 x^5-25 x^4+32 x^3-18 x^2+30 x-1A2
```

5）多项式的因式分解

多项式因式分解的函数 residue（）的调用格式如下。

$$[r，p，k]=residue（num，den）$$

说明：对分式 $\dfrac{b_mx^m+b_{m-1}x^{m-1}+\cdots+b_1x^1+b_0}{a_nx^n+a_{n-1}x^{n-1}+\cdots+a_1x^1+a_0}$ 进行因式分解，分子多项式为 num，分母多项式为 den，返回值有余数向量 $r=[r_1,r_2,\cdots,r_n]$，极点向量 $p=[p_1,p_2,\cdots,p_n]$，常数项多项式 k，可以表示为 $\dfrac{num}{den}=\dfrac{r_1}{x-p_1}+\dfrac{r_2}{x-p_2}+\cdots+\dfrac{r_n}{x-p_n}+k(x)$。

【例 4-48】 分解因式 $\dfrac{(s+4)(s+3)(s+1)}{s^3+s+1}$。

```
>>P1=[1,4];P2=[1,3];P3=[1,1];
>>num=conv(conv(P1,P2),P3)
num=
    1    8    19    12
>>den=[1,0,1,1];
>>[r,p,k]=residue(num,den)
r=
   3.4904-7.0225i
   3.4904+7.0225i
   1.0192
p=
   0.3412+1.1615i
   0.3412-1.1615i
  -0.6823
k=
   1
```

函数 residue() 也可以反过来使用,其调用格式如下。

$$[\mathbf{num},\mathbf{den}]=\mathbf{residue}(\mathbf{r},\mathbf{p},\mathbf{k})$$

说明:将部分分式的形式转化为分子分母形式的多项式。

验证上例,可输入如下命令。

```
>>[num,den]=residue(r,p,k)
num=
   1.0000    8.0000    19.0000    12.0000
den=
   1.0000    0.0000    1.0000    1.0000
```

6) 多项式的拟合

多项式拟合又称为曲线拟合,其目的就是在众多的样本点中进行拟合,找出满意样本点分布的多项式。这在分析实验数据,将实验数据做解析描述时非常有用。拟合多项式的函数 polyfit() 的调用格式如下。

$$\mathbf{P}=\mathbf{polyfit}(\mathbf{x},\mathbf{y},\mathbf{n})$$

说明:P 为求出的多项式,x 和 y 为样本点向量,n 为所求多项式的阶数。

【例 4-49】 用 5 阶多项式对 $\left[0,\dfrac{\pi}{2}\right]$ 上的正弦函数进行曲线拟合。

```
>>x0=0:pi/20:2*pi;y0=sin(x0);
>>x=0:pi/20:pi/2;y=sin(x);
>>P=polyfit(x,y,5);
>>y_5=P(1)*x0.^5+P(2)*x0.^4+P(3)*x0.^3+P(4)*x0.^2+P(5)*x0+P(6);
>>plot(x0,y0,'b-',x0,y_5,'r*')
```

```
>>legend('原曲线','拟合曲线')
>>axis([0,2*pi,-1.5,1.5])
```

运行上述程序所得的图形如图 4-1 所示。由于拟合的区间在 $\left[0,\dfrac{\pi}{2}\right]$，因而所得曲线在此区间与原曲线拟合得很好，而在区间外，两曲线相差较大。

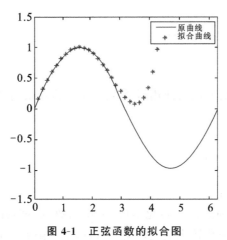

图 4-1 正弦函数的拟合图

4.2 符号计算

在 MATLAB 中实现符号计算功能主要有以下 3 种途径。

（1）通过调用各种功能函数进行常用的符号运算，包括符号表达式与符号矩阵的基本操作、符号矩阵的运算、符号微积分运算、符号线性方程求解、符号微分方程求解、符号数学函数、符号函数图形等。

（2）为一些特殊专业的用户保留 maple.m、mpa.m 两个函数，它们为与 Maple 的接口，以期实现更多功能。

（3）为习惯计算器的用户提供了符号函数计算器功能，可以运行不超过 2 个符号函数的基本运算和微积分运算功能。

4.2.1 符号表达式的生成

在数值计算中，包括输入、输出及中间过程，变量都是数值变量。而在符号运算中，变量都是以字符形式进行保存和运算的，即使是数字也被当作字符来处理。

符号表达式包括符号函数和符号方程，两者的区别在于前者不包括等号，两者的创建方式相同。最简单易用的创建方法和字符串变量的生成方法相同。

【例 4-50】 创建符号函数和符号方程的命令示例。

```
>>fun1='log(x)'
fun1=
    log(x)
>>eqa1='a*x^2+b*x+c=0'
eqa1=
    a*x^2+b*x+c=0
```

用这种方法创建的符号表达式对空格很敏感，因而不要在字符间乱加空格符，否则在其他地方调用此表达式时会出错。

在 MATLAB 中,符号表达式被看作 1×1 阶的符号矩阵,因而也可以用函数 sym()来创建。

```
>>fun2=sym('sin(x)')
fun2=
    sin(x)
>>eqa2=sym('sin(x)^2=0')
eqa2=
    sin(x)^2=0
```

另一种创建符号函数的方法为使用函数 syms(),其效果与其他方法相同,但不能用来创建符号方程。

```
>>syms x
>>fun3=sin(x)+cos(x)
fun3=
    sin(x)+cos(x)
```

符号函数还可以由多项式向量转化生成,采用函数 poly2sym()来实现,也可以反过来实现将只有多项式符号的函数转化生成多项式向量,采用函数 sym2poly()来实现。

```
>>P1=[1,2,3,4,5];
>>fun4=poly2sym(P1,x)
fun4=
    x^4+2*x^3+3*x^2+4*x+5
>>fun5=sym('x^5-7*x^3+11*x+16');
>>P2=sym2poly(fun5)
P2=
    1    0    -7    0    11    16
```

4.2.2 符号和数值之间的转换

符号函数运算的目的是得到精确的数值解,这样就需要对得到的解析解进行数值转换。在 MATLAB 中,采用函数 digits()和函数 vpa()来实现符号和数值之间的转换。在实际应用中也会与替换函数 subs()配合使用。

(1) digits(D)　函数设置有效数字个数为 D 的近似解精度。

(2) P=vpa(S)　符号表达式 S 在 digits()设置下的精度的数值解。

(3) P=vpa(S,D)　符号表达式 S 在 digits(D)精度下的数值解。

(4) F=subs(S,x,y)　将符号表达式中的 x 变量替换为 y 变量。

【例 4-51】 符号函数和数值之间转换的命令示例。

设函数为 $f(x)=x-\cos(x)$,求此函数在 $x=\pi$ 点的值的各种精度的数值近似形式。

```
>>syms x
>>f=x-cos(x)
f=
    x-cos(x)
>>f1=subs(f,'pi',x)
f1=
    pi+1
```

```
>>digits(15)
>>P=vpa(f1)
P=
    4.14159265358979
```

4.2.3　符号函数的运算

本节主要介绍针对函数的复合函数运算和反函数运算。

1. 复合函数运算

若函数 $z=z(y)$ 的自变量 y 又是 x 的函数 $y=y(x)$，则求 z 对 x 的函数的过程称为复合函数运算，由函数 compose() 来实现。

(1) compose(f,g)　返回当 f=f(x),g=g(y) 时的复合函数 f(g(y))，自变量为 y。

(2) compose(f,g,t)　返回复合函数的自变量为 t。

(3) compose(f,g,x,z)　返回复合函数 f(g(z))，x 为 f 的独立变量。

(4) compose(f,g,x,y,z)　返回复合函数 f(g(z))，x 为 f 的独立变量，y 为 g 的独立变量。

【例 4-52】 复合函数运算的命令示例。

```
>>syms x y z t u
>>f=1/(1+x^2);
>>g=sin(y);
>>h=x^t;
>>m=exp(-y/u);
>>Z1=compose(f,g)
Z1=
    1/(1+sin(y)^2)
>>Z2=compose(f,g,t)
Z2=
    1/(1+sin(t)^2)
>>Z3=compose(h,g,x,z)
Z3=
    sin(z)^t
>>Z4=compose(h,g,t,z)
Z4=
    x^sin(z)
>>Z5=compose(h,m,x,y,z)
Z5=
    exp(-z/u)^t
>>Z6=compose(h,m,t,u,z)
Z6=
    x^exp(-y/z)
```

2. 反函数运算

若函数 $f=f(x)$，则有一函数 g，使得 $g(f(x))=x$，此函数为函数 f 的反函数。

反函数运算由函数 finverse() 来实现。

(1) g=finverse(f)　符号函数 f 的反函数。

(2) g=finverse(f,y)　符号函数 f 的反函数，返回的自变量为 y。这里的 y 是一个符号，为表达式的向量变量，需要使得 g(f(y))＝y。当 f 有多个变量时，最好采用这种形式。

【例 4-53】　反函数运算的命令示例。

```
>>syms x y
>>f=x^2+y;
>>g=finverse(f)
Warning: finverse(x^2+y) is not unique.
>In sym.finverse at 43
g=
    (- y+x)^(1/2)
```

由于没有指明自变量，MATLAB 给出警告信息，并以默认变量 x 给出结果。

```
>>g1=finverse(f,y)
g1=
    -x^2+y
```

4.2.4　符号矩阵的生成

在 MATLAB 中创建符号矩阵的方法和创建数值矩阵的形式类似，只不过需要用到符号定义函数 sym()，下面介绍创建符号矩阵的几种形式。

1. 使用 sym() 函数直接创建符号矩阵

此方法和直接创建数值矩阵几乎完全相同。矩阵元素可以是任何不带等号的符号表达式，各个符号表达式的长度可以不同，矩阵元素之间可以用空格或逗号分隔，矩阵行向量之间用分号分隔。

【例 4-54】　符号矩阵的生成的命令示例。

```
>>f=sym('[1/a+x,sin(x),cos(x)/(b+x);9,exp(x^2+y^2),log(tan(y))]')
f=
    [      1/a+x,        sin(x),cos(x)/(b+x)]
    [          9, exp(x^2+y^2),  log(tan(y))]
```

2. 使用矩阵组合的方法创建符号矩阵

【例 4-55】　符号矩阵的生成的命令示例。

```
>>f1=['[1/a,sin(x)]';'[1  ,exp(x)]']
f1=
    [1/a,sin(x)]
    [1  ,exp(x)]
```

此方法仿照字符串矩阵的直接输入法，不需要调用 sym() 函数，但是要保证同一列的各元素字符串具有相同的长度，因而较短字符串的前后需要用空格符来补充。

```
>>f2=[f;'[exp(-x),3,x^3+y^3]']
f2=
    [      1/a+x,        sin(x),cos(x)/(b+x)]
    [          9,exp(x^2+y^2),  log(tan(y))]
    [     exp(-x),            3,     x^3+y^3]
```

若组合的符号矩阵中一部分子矩阵使用过 sym() 函数，则效果会沿用，不需要添加空格符。

3. 数值矩阵转化为符号矩阵

在 MATLAB 中，数值矩阵不能直接参与符号运算，可以先转化为符号矩阵。数值矩阵中的元素不论在转化前使用的是何种表示方法,转化后的符号矩阵都是以最接近的精确有理形式给出。

【例 4-56】 数值矩阵转化为符号矩阵的命令示例。

```
>>A=[2/3,sqrt(2),0.11;140,1/0.123,log(3)]
A=
        0.6667      1.4142      0.1100
      140.0000      8.1301      1.0986
>>f=sym(A)
f=
    [                 2/3,         sqrt(2),                         11/100]
    [                 140,        1000/123,  4947709893870346*2^(-52)]
```

4. 符号矩阵的元素调用和修改

符号矩阵的元素调用和修改与数值矩阵的完全相同,采用矩阵下标来实现。

【例 4-57】 符号矩阵的元素调用和修改的命令示例。

对例 4-56 的元素进行调用和修改。

```
>>f(2,3)
ans=
    4947709893870346*2^(-52)
>>f(2,3)='log(9)';
>>f
f=
    [     2/3,   sqrt(2),   11/100]
    [     140, 1000/123,   log(9)]
```

4.2.5　符号矩阵的运算

1. 符号矩阵的基本运算

符号矩阵的基本运算符与数值矩阵的基本运算符是统一的,其运算规则与数值矩阵的运算规则也相同。

1) 符号矩阵的四则运算

【例 4-58】 符号矩阵的四则运算的命令示例。

```
>>f1=sym('[1/x,1/(x+1);1/(x+2),1/(x+3)]');
>>f2=sym('[x,1;x+2,0]');
>>f3=f1+f2
f3=
    [         1/x+x,     1/(x+1)+1]
    [ 1/(x+2)+x+2,       1/(x+3)]
>>f4=f1*f2
f4=
    [           1+1/(x+1)*(x+2),                       1/x]
    [ 1/(x+2)*x+1/(x+3)*(x+2),               1/(x+2)]
>>f5=f1/f2
f5=
    [                         1/(x+1),        -(x^2-x-1)/(x^2+3*x+2)/x]
```

```
                            [              1/(x+3), -(x^2+x-3)/(x^3+7*x^2+16*x+12)]
        >>f6=f1\f2
        f6=
            [      -6*x-2*x^3-7*x^2,       3/2*x^2+x+1/2*x^3]
            [ 6+2*x^3+10*x^2+14*x, -1/2*x^3-2*x^2-3/2*x]
```

2）符号矩阵的转置运算、行列式运算、逆运算、秩运算、幂运算

【例 4-59】 符号矩阵的转置运算、行列式运算、逆运算、秩运算、幂运算的命令示例。

```
        >>f7=f1'
        f7=
            [     1/conj(x), 1/(2+conj(x))]
            [ 1/(1+conj(x)), 1/(3+conj(x))]
```

转置运算除了矩阵元素转置以外，所有的变量取共轭函数 conj()。

```
        >>f8=det(f1)
        f8=
            2/x/(x+3)/(x+1)/(x+2)
        >>f9=inv(f2)
        f9=
            [         0,     1/(x+2)]
            [         1, -1/(x+2)*x]
        >>f10=rank(f2)
        f10=
            2
        >>f11=f1^2
        f11=
            [     1/x^2+1/(x+1)/(x+2),1/x/(x+1)+1/(x+1)/(x+3)]
            [ 1/(x+2)/x+1/(x+3)/(x+2),1/(x+1)/(x+2)+1/(x+3)^2]
```

3）符号矩阵的指数运算、对数运算

符号矩阵的"数组指数"运算由函数 exp()来实现，"矩阵指数"运算由函数 expm()来实现。符号矩阵的"数组对数"运算由函数 log()来实现，"矩阵对数"运算由函数 logm()来实现。

2. 符号矩阵的分解

符号矩阵的分解函数和数值矩阵的分解函数基本上也是相同的，同样包括特征值分解函数 eig()，奇异值分解函数 svd()，约当标准型函数 jordan()，三角抽取函数 tril()、triu()，对角线抽取函数 diag()等。

【例 4-60】 符号矩阵的各种分解的命令示例。

```
        >>f1=sym('[x+1,x-1;x+2,x-2]');
        >>[x1,y1]=eig(f1)
        x1=
            [             1, -(x-1)/(x+2)]
            [             1,            1]
        y1=
            [ 2*x,   0]
            [   0,  -1]
        >>syms t real
        >>f2=sym('[t,t^2;t^3,t^4]')
```

```
>>S=svd(f2)
S=
                       0
    (t^2+t^4+t^6+t^8)^(1/2)
>>f3=sym('[1,1,2;0,1,3;0,0,2]')
f3=
    [ 1, 1, 2]
    [ 0, 1, 3]
    [ 0, 0, 2]
>>[x2,y2]=jordan(f3)
x2=
    [ 5, -5, -5]
    [ 3,  0, -5]
    [ 1,  0,  0]
y2=
    [2, 0, 0]
    [0, 1, 1]
    [0, 0, 1]
>>f4=sym('[x*y,x^2,y^2;x+4,sin(y),sqrt(x+y);3*y,log(y),exp(t)]')
f4=
    [    x*y,     x^2,       y^2]
    [    x+4,  sin(y),sqrt(x+y)]
    [    3*y,  log(y),    exp(t)]
>>x3=tril(f4)
x3=
    [    x*y,       0,       0]
    [    x+4,  sin(y),       0]
    [    3*y, log(y), exp(t)]
>>x4=triu(f4)
x4=
    [    x*y,     x^2,       y^2]
    [      0,  sin(y), sqrt(x+y)]
    [      0,       0,    exp(t)]
>>x5=diag(f4)
x5=
      x*y
    sin(y)
    exp(t)
```

3. 符号矩阵的空间运算

符号矩阵的空间运算函数包括：列空间运算函数 colspace() 返回列空间的基，零空间运算函数 null() 返回由奇异值分解所得的零空间的正交基等。

【例 4-61】　符号矩阵的空间运算的命令示例。

```
>>f=sym('[1,1,2;0,1,3;0,0,2]')
>>colspace(f)
```

```
ans=
    [ 1, 0, 0]
    [ 0, 1, 0]
    [ 0, 0, 1]
>>A=sym('[1,2,3;1,2,3;1,2,3]')
A=
    [ 1, 2, 3]
    [ 1, 2, 3]
    [ 1, 2, 3]
>>Z=null(A)
Z=
    [ -2, -3]
    [  1,  0]
    [  0,  1]
>>A*Z
ans=
    [ 0, 0]
    [ 0, 0]
    [ 0, 0]
```

4. 符号矩阵的简化

在 MATLAB 的符号工具箱中,提供了符号矩阵的因式分解、展开、合并、简化及通分等符号操作函数。

因式分解函数 factor()的调用格式如下。

factor(A)

此函数对符号矩阵 **A** 的各个元素进行因式分解。如果 **A** 包含的所有元素为整数,则计算最佳因式分解式。分解大于 2^{52} 的整数时可以采用 factor(sym('N'))的形式。

符号函数展开函数 expand()的调用格式如下。

expand(A)

此函数对符号矩阵 **A** 的各个元素的符号表达式进行展开。经常用于多项式、三角函数、指数函数、对数函数的展开。

合并系数函数 collect()的调用格式如下。

collect(A,t)

将符号矩阵 **A** 中的各元素的 t 的同幂项系数进行合并,则调用格式如下。

collect(A)

此函数可对由 syms()函数返回的默认变量进行同类项合并。

符号简化函数有 simple()函数和 simplify()函数。

简化函数 simple()的调用格式如下。

simple(A)

此函数对表达式 A 会尝试各种不同的算法简化,以显示 A 表达式的长度最短的简化形式。若 A 为一矩阵,则结果为全矩阵的最短形,而不是每个元素的最短形。此函数的一般简化示例如表 4-7 所示。

表 4-7 符号简化函数示例表

输入的符号表达式	输出的符号表达式	采用的符号函数
cos(x)^2＋sin(x)^2	1	simplify
2＊cos(x)^2－sin(x)^2	3＊cos(x)^2－1	simplify
cos(x)^2－sin(x)^2	cos(2＊x)	combine(trig)
cos(x)＋(－sin(x)^2)^(1/2)	cos(x)＋i＊sin(x)	radsimp
cos(x)＋i＊sin(x)	exp(i＊x)	convert(exp)
(x＋1)＊x＊(x－1)	x^3－x	collect(x)
x^3＋3＊x^2＋3＊x＋1	(x＋1)^3	factor
cos(3＊acos(x))	4＊x^3－3＊x	expand

简化函数 simplify() 的调用格式如下。

$$simplify(A)$$

此函数可简化符号矩阵 A 的每一个元素。

分式通分函数 numden() 的调用格式如下。

$$[N, D]＝numden(A)$$

此函数将符号表达式 A 中的各元素转化为分子和分母都是整数系数的最佳多项式型。

【例 4-62】 符号矩阵的化简运算的命令示例。

```
>>syms x y z
>>f1=factor(x^9-1)
f1=
    (x-1)*(x^2+x+1)*(x^6+x^3+1)
>>f2=factor(sym('12345678901234567890'))
f2=
    (2)*(3)^2*(5)*(101)*(3803)*(3607)*(27961)*(3541)
>>f3=expand((x+1)^3)
f3=
    x^3+3*x^2+3*x+1
>>f4=expand(sin(x+y))
f4=
    sin(x)*cos(y)+cos(x)*sin(y)
>>f5=collect(x^2*y+y*x-x^2-2*x)
f5=
    (y-1)*x^2+(y-2)*x
>>f6=collect(x^2*y+y*x-x^2-2*x,y)
f6=
    (x^2+x)*y-x^2-2*x
>>f7=simple(cos(x)^2+sin(x)^2)
f7=
    1
>>f8=simplify(exp(x*log(sqrt(y+z))))
f8=
```

```
       (y+z)^(1/2*x)
    >>[N,D]= numden(1/x+1/y+1/z)
    N=
       y*z+x*z+x*y
    D=
       x*y*z
```

4.2.6 符号函数的微积分

微积分是大学教学、科研及工程应用中最重要的基础知识,MATLAB 的符号工具箱可以使用户完成各种微积分计算。

1. 符号函数的极限

符号函数的极限的求解可由 limit()函数来实现。其调用格式如下。

(1) limit(F,x,a) 用于计算符号表达式 F 在 x→a 条件下的极限值。

(2) limit(F,a) 用于计算符号表达式 F 由 findsym(F)返回的独立变量趋向于 a 的极限值。

(3) limit(F) 用于计算符号表达式 F 在 a=0 时的极限值。

(4) limit(F,x,a,'right')或 limit(F,x,a,'left') 用于指定取极限的方向为 right 或 left。

【例 4-63】 符号函数的极限运算的命令示例。

```
    >>syms x a b c
    >>limit(sin(x)/x)
```

执行结果为:ans=1

```
    >>limit((x-2)/(x^2-4),2)
```

执行结果为:ans=1/4

```
    >>limit((1+2*b/x)^(3*x),x,inf)
```

执行结果为:ans=exp(6*b)

```
    >>limit(1/x,x,0,'right')
```

执行结果为:ans=Inf

```
    >>limit(1/x,x,0,'left')
```

执行结果为:ans=-Inf

```
    >>limit((sin(x+c)-sin(x))/c,c,0)
```

执行结果为:ans=cos(x)

```
    >>limit([(1+a/x)^x,exp(-x)],x,inf,'left')
```

执行结果为:ans=[exp(a),   0]

2. 符号函数的积分

符号函数的积分函数 int()的调用格式如下。

(1) int(F,x,a,b) 用于计算符号表达式 F 对符号自变量 x 从 a 到 b 的定积分。

(2) int(F,a,b) 用于计算符号表达式 F 对默认符号变量从 a 到 b 的定积分,a 和 b 为双精度数或符号数。

(3) int(F,x) 用于计算符号表达式 F 对符号自变量 x 的不定积分,x 为数量符号量。

(4) int(F) 用于计算符号表达式 F 对由 findsym(F)返回的符号自变量的不定积分。

【例 4-64】 符号函数的积分运算的命令示例。

```
>>syms x t
>>F=[cos(x*t),sin(x*t);-sin(x*t),cos(x*t)];
>>A=int(F,t)
A=
[ 1/x*sin(x*t),  -cos(x*t)/x]
[  cos(x*t)/x, 1/x*sin(x*t)]
>>A1=int(F,t,0,1)
A1=
[     sin(x)/x, -(cos(x)-1)/x]
[ (cos(x)-1)/x,     sin(x)/x]
```

3. 符号函数的微分

符号函数的微分函数 diff() 的调用格式如下。

(1) diff(F,'x')或 diff(F,sym('x'))　用于对自变量 x 求符号表达式 F 的微分。

(2) diff(F)　用于对由 findsym(F)返回的符号自变量求符号表达式 F 的微分。

(3) diff(F,'x',n)　用于对自变量 x 求符号表达式 F 的 n 次微分,n 为正整数。

(4) diff(F,n)　用于对由 findsym(F)返回的符号自变量求符号表达式 F 的 n 次微分。

【例 4-65】　符号函数的微分运算的命令示例。

```
>>syms x t
>>D1=diff(sin(x^2))
D1=
2*cos(x^2)*x
>>D2=diff(x^2+t^2,x)
D2=
2*x
>>D3=diff(t^6,5)
D3=
720*t
```

4.2.7　符号方程的求解

1. 符号代数方程的求解

在 MATLAB 的符号工具箱中提供了线性方程的求解函数 linsolve(),不过在 MATLAB 7.0 及以后的版本中,linsolve() 已经被分到数值的求解中,不能再定义符号函数。

函数 solve() 可以解决符号方程组的求解,此方法可以得到方程组的精确解。

所得的解析解都可以用函数 vpa() 转换成浮点近似数值。

数值求解函数 linsolve() 的调用格式如下。

```
X=linsolve(A,B)
```

此函数用于求解线性方程组 AX=B 的解,若 A 为 m×n 阶,B 为 n×k 阶,则 X 为 m×k 阶矩阵。

符号求解函数 solve() 的调用格式如下。

```
g=solve(eq)
```

此函数用于求解符号方程 eq 的解,g 为输出的单一方程的解,待求变量为默认的符号自变量。

```
g=solve(eq,var)
```

此函数用于求解符号方程 eq 的解,g 为输出的单一方程的解,待求变量为 var。

```
g=solve(eq1,eq2,…,eqn)
```

此函数用于求解符号方程组(eq1,eq2,…,eqn)的解,g 为输出的方程组的解,待求变量为默认的符号自变量。g 为一结构型符号变量,有时也会把命令写成:[g1,g2,…,gn]＝solve(eq1,eq2,…,eqn)的形式。

```
g=solve(eq1,eq2,…,eqn,var1,var2,…,varn)
```

此函数用于求解符号方程组(eq1,eq2,…,eqn)的解,g 为方程的解,待求变量为(var2,…,varn)。g 为一结构型符号变量,有时也会把命令写成:[g1,g2,…,gn]＝solve(eq1,eq2,…,eqn,var2,…,varn)的形式。

【例 4-66】 对线性方程组进行求解的命令示例。

已知矩阵 A 和 B 分别为 $A=\begin{pmatrix} 2 & -1 & 3 \\ 7 & 9 & 25 \\ -24 & 1 & 71 \end{pmatrix}$,$B=\begin{pmatrix} 1 \\ -11 \\ 9 \end{pmatrix}$,求方程 $Ax=B$ 的解。

```
>>A=[2,-1,3;7,9,25;-24,1,71];
>>B=[1;-11;9];
>>X=linsolve(A,B)
X=
     -0.2231
     -1.2398
      0.0688
```

【例 4-67】 用符号求解函数进行求解方程和方程组的命令示例。

```
>>g1=solve('a*x^2+b*x+c')
g1=
    1/2/a*(-b+(b^2-4*a*c)^(1/2))
    1/2/a*(-b-(b^2-4*a*c)^(1/2))
>>g2=solve('a*x^2+b*x+c','a')
g2=
    -(b*x+c)/x^2
>>g3=solve('10*x-y=9','-x+10*y-2*z=7','-2*y+10*z=6')    %只能显示出解的结
                                                           构形式
g3=
    x: [1x1 sym]
    y: [1x1 sym]
    z: [1x1 sym]
>>[x,y,z]=solve('10*x-y=9','-x+10*y-2*z=7','-2*y+10*z=6')    %可以直接显
                                                             示解的内容
x=
    473/475
y=
    91/95
z=
    376/475
```

```
>>vpa([x;y;z])                        %转换成浮点近似数值
ans=
    .9957894736842105263157894736842
    .9578947368421052631578947368421
    .7915789473684210526315789473684
```

2. 符号微分方程的求解

求常微分方程的符号解可使用函数 dsolve(),其调用格式如下。

```
g=dsolve('eq1,eq2,…', 'cond1,cond2,…', 'v')或r=dsolve('eq1','eq2',…,'
cond1','cond2',…,'v')
```

此函数以代表微分方程的(eq1,eq2,…)及初始条件的(cond1,cond2,…)的符号方程为输入参数,多个方程或初始条件可以在一个输入变量内联立输入,并且以逗号间隔,也可以分立输入每一个方程或初始条件。

符号方程中默认的独立变量为 t,也可以把 t 变为其他的符号变量。字符 D 代表对独立变量的微分,通常指 d/dt,紧跟的数字表示高阶微分的阶次,如 D2 表示二阶微分。紧跟次微分操作符的任何变量都可以作为被微分量,如 D3y 表示对 $y(t)$ 做三阶微分运算。

特别要注意的是,用户所定义的符号变量不能再包括字符 D。

初始条件可以由方程的形式给出,如 $y(a)=b$,或 D$y(a)=b$,y 为被微分量,a,b 为常数。

如果初始条件的数目小于被微分量的数目,则结果中包含不定常数 C1,C2 等。

【例 4-68】 求解符号微分方程的命令示例。

```
>>g1=dsolve('Dx=-a*x')
g1=
    C1*exp(-a*t)
>>g2=dsolve('Dx=-a*x','x(0)=1')
g2=
    exp(-a*t)
>>g3=dsolve('Du=v,Dv=w,Dw=-u','u(0)=0,v(0)=0,w(0)=1')
g3=
        u: [1x1 sym]
        v: [1x1 sym]
        w: [1x1 sym]
>>[x,y,z]=dsolve('Du=v,Dv=w,Dw=-u','u(0)=0,v(0)=0,w(0)=1')
x=
    1/3*exp(-t)+1/3*3^(1/2)*exp(1/2*t)*sin(1/2*3^(1/2)*t)-1/3*exp(1/2*
t)*cos(1/2*3^(1/2)*t)
y=
    -1/3*exp(-t)+1/3*3^(1/2)*exp(1/2*t)*sin(1/2*3^(1/2)*t)+1/3*exp(1/2*
t)*cos(1/2*3^(1/2)*t)
z=
    1/3*exp(-t)+2/3*exp(1/2*t)*cos(1/2*3^(1/2)*t)
```

4.2.8 符号函数的绘图

符号函数的绘图可以由函数 fplot()和 ezplot()来实现。

函数 fplot()的调用格式如下。

```
fplot(fun,lims)
```

此函数用于绘制一元函数 fun=f(x)在 x 轴区间 lims=[xmin,xmax]的函数图。例如，lims=[xmin,xmax,ymin,ymax]，则 y 轴也被限制。

```
fplot(fun,lims,tol)
```

若 tol<1，则此函数用来指定相对误差精度，默认值为 tol=0.002。

```
fplot(fun,lims,n)
```

若 n>=1，则此函数用来指定以最少 n+1 个点来绘图，默认值为 n=1，最大步长不小于(1/n)·(xmax—xmin)。

```
fplot(fun,lims,'LineSpec')
```

此函数用于用指定的线型绘制图形。

```
[X,Y]=fplot(fun,lims,…)
```

此函数只返回绘图的点的向量，而不绘出图形。

【例 4-69】 绘制符号函数图形的命令示例。

```
>>fplot('tanh',[-2 2])            %函数图形如图 4-2(a)所示
>>fplot('tanh',[-2 2],'r*')       %函数图形如图 4-2(b)所示
>>[X,Y]=fplot('tanh',[-2 2]);     %返回的变量 X,Y 的值可在工作空间中查询
```

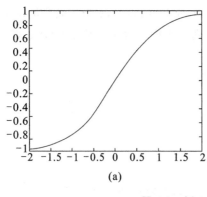 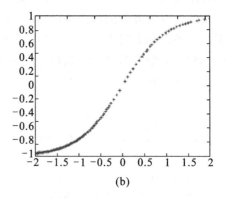

(a) (b)

图 4-2　例 4-69 符号函数图形

函数 ezplot()的调用格式如下。

```
ezplot(fun)
```

此函数可以绘制一元函数 fun=f(x)的波形，其 x 轴的范围为[−2π,2π]，也可以绘制二元函数 fun=f(x,y)的波形，其 x 轴和 y 轴的范围都为[−2π,2π]。

```
ezplot(fun,[min,max])
```

此函数用于绘制一元函数 fun=f(x)的波形，其 x 轴的范围为 [min,max]。

```
ezplot(fun,[xmin,xmax,ymin,ymax])
```

此函数用于绘制二元函数 fun=f(x,y)的波形，其 x 轴范围为 [xmin,xmax]，y 轴范围为[ymin,ymax]。

```
ezplot(x,y)
```

此函数用于绘制参数形式函数 x=x(t),y=y(t)的波形，参变量 t 的范围为[0,2π]。

```
ezplot(x,y,[tmin,tmax])
```

此函数用于绘制参数形式函数 x=x(t),y=y(t)的波形，参变量 t 的范围为[tmin,tmax]。

```
ezplot(…,fign)
```

此函数用于在指定标号 fign 的窗口中绘制图形。

【**例 4-70**】　绘制符号函数图形的命令示例。

```
>>ezplot('cos(x)')              %函数图形如图 4-3(a)所示
>>ezplot('cos(x)',[0,pi])       %函数图形如图 4-3(b)所示
```

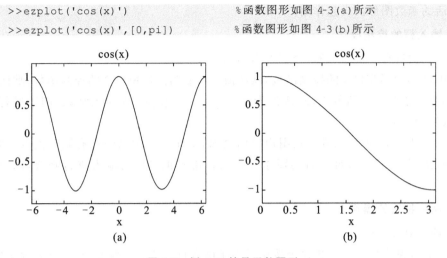

图 4-3　例 4-70 符号函数图形

4.2.9　图示化函数计算器

对于一些习惯于使用计算器或只是想做一些简单的符号运算及图形处理的用户，MATLAB 提供了图示化符号函数计算器。

在 MATLAB 的命令窗口中键入 funtool，即可进入图示化符号函数计算器的用户界面，如图 4-4 所示。

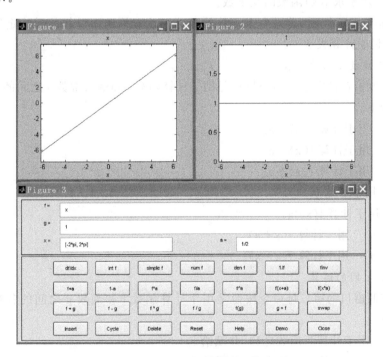

图 4-4　图示化符号函数计算器

图示化符号函数计算器由 3 个窗口组成，即 2 个图形窗口 Figure No. 1 和 Figure No. 2，以及 1 个函数运算控制窗口 Figure No. 3。

在任何时候两个图形窗口只有一个处于激活状态,函数运算控制窗口上的任何操作都只对激活的函数图形窗口起作用。

1. 输入框的控制操作

在控制窗口有 4 个输入框,分别为 f,g,x,a。

其中:f 为图形窗口 1 的控制函数,默认值为 x;g 为图形窗口 2 的控制函数,默认值为 1;x 为 f 函数自变量的取值范围,默认值为[-2 * pi,2 * pi];a 为输入常数,用于进行各种计算,默认值为 1/2。

对于这些变量,如果在进入到用户界面之前,工作空间中已经存有同名的变量值,则计算器会直接调用此变量,否则自动赋予默认值。用户也可以对输入进行修改,图形会随之改变。

2. 命令按钮的操作

1)函数自身的运算

在函数控制窗口的第一排命令按钮是用于函数自身的运算操作的,其具体含义如下。

(1) df/dx　用于计算函数 f 对 x 的导函数。

(2) int f　用于计算函数 f 的积分函数。

(3) simple f　用于对 f 函数进行最简化运算。

(4) num f　用于取 f(x)表达式的分子,并赋给 f。

(5) den f　用于取 f(x)表达式的分母,并赋给 f。

(6) 1/f　用于求 f(x)函数的倒数函数。

(7) finv　用于求 f(x)函数的反函数。

在计算 int f 和 finv 时,若是由于函数的不可积或非单调而引起的无特定解,则函数栏会返回 NaN,说明计算失败。

2)函数与常数之间的运算

在函数控制窗口的第二排命令按钮是用于计算函数 f 和输入常数 a 之间的各种运算的,其具体含义如下。

(1) f+a　用于计算 f(x)+a。

(2) f-a　用于计算 f(x)-a。

(3) f * a　用于计算 f(x) * a。

(4) f/a　用于计算 f(x)/a。

(5) f^a　用于计算 f(x)^a。

(6) f(x+a)　用于计算 f(x+a)。

(7) f(x * a)　用于计算 f(a * x)。

3)两函数之间的运算

在函数控制窗口的第三排命令按钮是用于计算函数 f 和函数 g 之间的各种运算的,其具体含义如下。

(1) f+g　用于计算两函数之和,并赋给 f。

(2) f-g　用于计算两函数之差,并赋给 f。

(3) f * g　用于计算两函数之积,并赋给 f。

(4) f/g　用于计算两函数之比,并赋给 f。

(5) f(g)　用于计算复合函数 f(g(x))。

（6）g＝f　用于 f 函数赋值给 g。

（7）swap　用于使得 f 函数表达式与 g 函数表达式交换。

4）几个相同的操作按钮

在函数控制窗口的第四排命令按钮是用于进行函数计算器的各种操作的控制键，其具体含义如下。

（1）insert　用于把当前图形窗口 1 中的函数插入到计算器内含的典型函数表中。

（2）cycle　用于在图形窗口 1 中依次演示计算器内含的典型函数表中的函数图形。

（3）delete　用于从内含的典型函数表中删除当前图形窗口 1 中的函数。

（4）reset　用于符号函数计算器的功能重置。

（5）help　用于符号函数计算器的在线帮助。

（6）demo　用于符号函数计算器的功能演示。

（7）close　用于关闭符号函数计算器界面。

习　题　4

1．假设信息学院及机电学院在下列各年度的人口统计如表 4-8 及表 4-9 所示。

表 4-8　信息学院各年度的人口统计

年份 ＼ 类别	大一新生	学士毕业生	硕士毕业生	博士毕业生
2011	98	94	80	5
2012	105	97	87	6
2013	121	110	89	8

表 4-9　机电学院各年度的人口统计

年份 ＼ 类别	大一新生	学士毕业生	硕士毕业生	博士毕业生
2011	99	98	85	10
2012	113	101	87	12
2013	120	115	80	15

试用一个三维矩阵 A 表示上述数据。

2．由上题，用矩阵 A 来算出下列各数值。

（1）信息学院在 2011、2012、2013 年之间的每年平均新生、学士毕业生、硕士毕业生及博士毕业生的个数。

（2）信息学院和电机学院在各个年度的新生总数。

（3）3 年来电机学院和信息学院共毕业了多少位硕士生？

（4）3 年来电机学院和信息学院共有多少毕业生？

（5）在哪一年，机电学院和信息学院合计有最多的硕士毕业生？

（6）在哪一年，机电学院和信息学院的学士毕业生差额最大？

（7）在哪几年，机电学院收的新生数量比信息学院多？

（8）信息学院三年来每年的学士毕业生对大一新生的比例平均值为何？

3. 假设一异质数组 **A** 的内容如表 4-10 所示。

表 4-10　异质数组 **A** 的内容

张惠妹	听海	1998
周华健	花心	1992
王杰	一场游戏一场梦	1988
孙燕姿	超快感	2000

试将此异质数组 **A** 转成结构数组 song，其中：

song(1). singer＝'张惠妹'

song(1). name＝'听海'

song(1). year＝'1998'

…

4. 此题用到上题的结构数组 song。

（1）请将结构数组 song 按歌星名字内码来排序。

（2）请将结构数组 song 按年代来排序。

（3）请取出所有歌星的名字，存成一个字符串异质数组。

（4）请取出所有的年代，存为一个向量。

5. 编写一个函数 quadzero. m，其输出格式如下：root＝quadzero(abc)。其中，abc 是一个 3×1 的向量，代表一个一元二次方程式的系数（降序排列），而 root 则是此方程式的根所形成的向量。若 abc(1) 不是 0，则 roots 的长度为 2；若 abc(1) 是 0，则可能有一解（root 的长度为 1）或无解（root 为空矩阵）。注意：程序必须套用 $ax^2+bx+c=0$ 的公式来解此题，而不可以直接使用 roots 命令来解此题。

6. 试用 residue 命令来计算下列表达式的部分分式展开：$\dfrac{3S^2+5S+2}{(S+1)^3(S^2+1)}$，同时再利用 residue 命令来验算所得答案是否正确。

第5章　MATLAB 的程序设计

5.1　M 文件基础

MATLAB 提供了丰富的函数库,借助系统函数提供的功能,用户可以实现各种不同的应用需求。同时,对于函数库中未提供的其他功能,用户可以自己编写应用程序来实现。

在 MATLAB 的命令窗口中,用户可以输入各种合法的命令,而且在每条命令输入结束后能够快速得到其执行结果。这对于单条命令的操作来说非常方便,但通常在解决某些实际问题,尤其是一些较为复杂的问题时,常常需要多条命令才能实现,此时如果在命令窗口中操作,则比较麻烦,如代码的保存、修改、查看等操作。为了方便处理这些比较复杂的问题,MATLAB 提供了 M 文件。将多条命令放在一个程序文件中,称为 M 文件。用户通过编写扩展名为.m 的 M 文件,可以实现一些比较复杂的功能。

MATLAB 所提供的编写应用程序的功能,可通过高级程序设计语言 M 语言来实现。该语言是一种解释性语言,利用该语言编写的代码和其他高级语言所写的代码的执行方式不同,它不需要经过编译生成中间代码,每条命令在执行结束后即可得到该条语句的执行结果,对于程序中的错误也可及时发现。

一个 M 文件由若干 MATLAB 的命令组合在一起构成,这些命令可以完成某个具体功能。M 文件是纯文本格式的文件,其文件的扩展名为.m。M 文件分为两类:一类称为 M 脚本文件,另外一类称为 M 函数文件。

5.1.1　M 脚本文件

M 脚本文件中的命令格式和前后位置,与在命令窗口中输入的没有任何区别,其实质为将要在 MATLAB 命令窗口中直接输入的语句,放在一个以.m 为扩展名的文件中。MATLAB 在运行脚本文件时,只是简单地按照先后顺序从文件中一条一条读取命令,然后将命令依次送到 MATLAB 命令窗口中去执行。脚本文件运行时所产生的变量都驻留在MATLAB 的工作空间中,在没有用 clear 命令清除工作空间中的变量之前,用户可以很方便地在工作空间中查看程序中的变量。同样,脚本文件中的命令可以访问工作空间中的所有数据。因此,在 M 脚本文件中,对变量进行命名时应尽量避免与工作空间中已有变量同名,以免由于变量的相互覆盖而造成结果错误。

通常在编写脚本文件时,为了提高程序的可读性,在程序中可以加入多条注释命令。注释命令并不执行,因此可以使用中文来表述。注释命令可以是对程序功能的说明,也可以是对输入输出数据的说明。注释命令以"％"开头,可以放在一行的首部,也可以放在一条程序语句的后面,系统在执行时,碰到"％"时将不会执行其后的内容。

【例 5-1】　从键盘输入一个数值,判断其值的情况。如果其值大于零,则对变量 Y 的值赋予 1;如果值小于零,则对变量 Y 的值赋予 -1;否则将 0 值赋予变量 Y。其用脚本文件实现的程序如下。

```
%eg51.m
%Positive and negative judgments
X=input('please input a number:');
if  X>0
    Y=1;
elseif  X<0
        Y=-1;
else
        Y=0;
end
```

5.1.2　M 函数文件

M 函数文件的第一行必须以关键字"function"开头,该行称为函数声明行,其格式如下。

function [输出变量列表]＝函数名(输入变量列表)

其中,输入输出变量均为该函数中的局部变量,输入变量列表是指传递给该函数的数据,输出变量列表是指该函数要输出的数据。

M 函数文件的典型结构如下。

(1) 函数声明行,以关键字"function"开头,后面接函数名及输入输出总量列表。

(2) 注释行,以"%"开头,后面可以接大写函数名、函数功能的简要描述等。注释行主要用于关键词查询和 help 在线帮助。

(3) 在线帮助文本,以"%"开头的连续多行。其内容可以包括函数输入输出总量的解释和函数调用格式等。help FunName 用于显示第一注释行和在线帮助文本的内容。

(4) 编写和修改记录,与注释行间用"空行"分隔。以"%"开头,标明该文件的作者、编写日期、版本信息等。

(5) 函数体,与前面的注释以"空行"分隔,由完成函数功能的命令行组成。

其中,"函数声明行"和"函数体"是 M 函数文件的必要组成部分,其他部分仅为增加可读性和方便使用而设定。

M 函数文件在运行过程中产生的变量都存放在函数本身的工作空间中,当文件执行完最后一条命令或遇到"return"命令时,则结束该函数文件的运行,同时函数工作空间的变量就被清除。函数的工作空间随具体的 M 函数文件调用而产生,随调用结束而删除,是独立的、临时的。在 MATLAB 的运行过程中可以产生任意多个临时的函数工作空间。M 函数文件一经建立,就可以像库函数一样被其他 M 文件调用。

下面以系统提供的函数 fft2.m 为例来说明 MATLAB 函数文件的各个组成部分。在命令行输入以下内容。

```
>>type fft2
```
则显示函数文件 fft2.m 的完整内容,列举如下。

```
function f=fft2(x,mrows,ncols)
%FFT2 Two-dimensional discrete Fourier Transform.
%FFT2(X) returns the two-dimensional Fourier transform of matrix X.
%If X is a vector, the result will have the same orientation.
%
%FFT2(X,MROWS,NCOLS) pads matrix X with zeros to size MROWS-by-NCOLS
%before transforming.
```

```
%
%Class support for input X:
%float: double,single
%
%See also FFT,FFTN,FFTSHIFT,FFTW,IFFT,IFFT2,IFFTN.
%Copyright 1984-2004 The MathWorks, Inc.
%$ Revision: 5.13.4.2 $  $Date: 2004/03/09 16:16:17 $

if ndims(x)==2
   if nargin==1
       f=fftn(x);
   else
       f=fftn(x,[mrows ncols]);
   end
else
   if nargin==1
       f=fft(fft(x,[],2),[],1);
   else
       f=fft(fft(x,ncols,2),mrows,1);
   end
end
```

读者可以参照前面 MATLAB 函数文件的组成,对 fft2.m 文件进行分析。

M 函数文件和 M 脚本文件都是以 .m 为扩展名保存的,但二者在使用上有着明显的区别。M 脚本文件一般作为主程序使用,而 M 函数文件可由其他 M 文件来调用,在 M 脚本文件中可以调用 M 函数文件。

【例 5-2】　对例 5-1 用函数实现。

```
function  Y=fun1(X)
%fun1.m
%Positive and negative judgments
%x is input element
%Y is output element
if  X>0
   Y=1;
elseif  X<0
    Y=-1;
else
    Y=0;
end
```

例 5-1 和例 5-2 实现的功能相同,但在运行时其操作过程不同。例 5-1 可以直接在命令行输入文件名 eg51;而例 5-2 则需要先对 x 赋值,然后再调用函数名或文件名来运行。例如,若 x 值为 5,则运行时需要输入以下命令。

```
>>x=5;
>>y=fun1(x)
```

运行结果为 y=1。

5.1.3 M 文件编辑器

为了方便用户编辑 M 文件,MATLAB 也提供了一个编辑器,称为 meditor,它也是系统默认的 M 文件编辑器。M 文件编辑器界面的打开方法,见第 1 章 1.4.3 节中的相关内容,除了 1.4.3 节所讲方法可以打开 M 文件编辑器外,也可以通过 edit 命令打开。不管使用哪种方法,都会弹出与图 5-1 类似的界面。

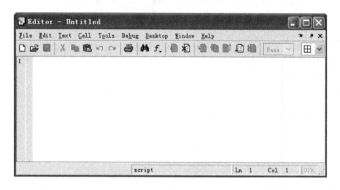

图 5-1 M 文件编辑器

该界面由标题栏、菜单栏、工具栏、状态栏等几个部分组成,其中菜单栏的一些功能通过工具栏也可以实现。本书就菜单栏中常用的"File"和"Debug"两个菜单进行详细介绍。

图 5-2 所示为"File"菜单及其子菜单,其各子菜单的功能如下。

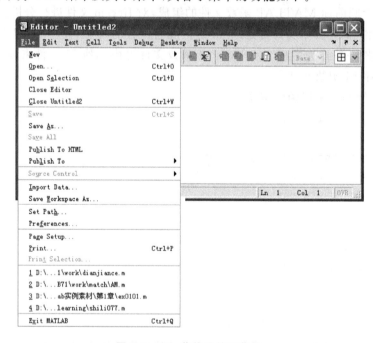

图 5-2 File 菜单及其子菜单

(1) New 及其子菜单 允许用户建立一个新的文件(M 文件)、新的图形窗(Figure)、新的变量(Variable)、仿真模型文件(.mdl)和图形用户界面文件(GUI)。

(2) Open... 从指定的相应路径和文件名打开一个已经存在的文件。

(3) Close Editor 关闭 M 文件编辑器。

（4）Save　保存正在编辑的 M 文件。

（5）Save as...　将正在编辑的 M 文件以别的文件名保存。

其他命令和 MATLAB 主窗口中文件菜单的子菜单功能相同，详见 1.4.1 节。

Debug 菜单及其子菜单如图 5-3 所示，各子菜单功能如下。

（1）Run　运行当前文件并显示结果。

（2）Step　根据设置的断点进行单步调试。

（3）Step In　在单步调试时，遇到被调用函数，会进入被调用函数内部调试。

（4）Step Out　在单步调试时，遇到被调用函数，不进入被调用函数内部调试，而直接执行下面的语句。

（5）Go Until Cursor　文件的执行从文件开始执行到当前光标所在位置。

（6）Set/Clear Breakpoint　断点的设置与清除，为单步调试服务。

（7）Enable/Disable Breakpoint　使当前光标所在处的断点失效或起效。

（8）Clear Breakpoints in All Files　清除文件中的所有断点。

（9）Stop if Errors/Warnings...　设置在程序运行时，程序中存在错误或一些非法命令，在系统给出警告的情况下程序该做出的一些反应。

图 5-3　Debug 菜单及其子菜单

5.1.4　局部变量和全局变量

局部变量（local variables）是指在函数体内部使用的变量，其作用范围仅仅在本函数内。全局变量（global variables）是指在不同的函数工作空间和 MATLAB 工作空间中可以共享使用的变量。

当使用 global 指令指定全局变量时，必须对每个共享该变量的函数和基本工作空间进行专门的 global 定义。如果某个函数使全局变量的内容发生改变，那么其他函数空间及基本工作空间的同名变量也随之改变，除非所有和全局变量有关的工作空间都被删除，否则全局变量始终存在。全局变量在使用前必须声明为全局变量。

M 脚本文件中的变量是全局变量，运行完毕后变量仍保存在工作空间中，可以进行访问；M 函数内部定义的变量是局部变量，只能在函数内部访问，如果要将函数内部的变量声明为全局变量，可以使用 global 指令。为了区分全局变量与其他变量，通常将全局变量用大写字母表示。

例如,对例 5-2 进行如下修改。

```
function y=fun2
%fun2.m
global x;
if x<0
    y=-1;
elseif x==0
    y=0;
else
    y=1;
end
```

则要运行该函数时,在指令窗口中执行指令改为如下形式。

```
>>global x;x=5;
>>y=fun2
```

同样可以得到 y=1 的运行结果。

利用全局变量可以实现函数间参数的传递,但是会破坏函数的封装性,因此在设计程序时一般不提倡使用全局变量。

5.2 MATLAB 程序控制流程

控制流在任何程序设计语言中都极其重要,因为它不仅可以简化程序代码,而且可以使程序富有条理性,方便程序员编写程序和阅读程序。MATLAB 提供了多种控制流结构,分别为顺序结构、选择(分支)结构、循环结构及其他程序结构。针对不同的结构,MATLAB 提供了相应的语句,例如,用于循环的 For、While 语句,用于分支的 If…Else…End 语句和 switch…case…otherwise 语句。由于这些结构经常包含多条 MATLAB 命令,故经常在 M 文件中使用流程控制语句,而不是直接在 MATLAB 命令窗口中使用。

5.2.1 顺序结构

顺序结构是指程序的执行顺序和代码的先后次序一致,即采取从第一条命令开始,到最后一条命令结束,按由前至后的顺序依次执行程序中的各条指令。

【例 5-3】 绘制一条正弦函数曲线。

本例用顺序结构实现,其代码具体如下,图 5-4 所示是程序运行后所绘制的正弦曲线结果。

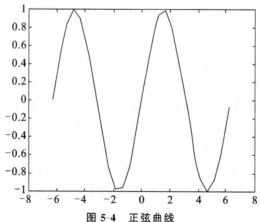

图 5-4 正弦曲线

```
clc
clear
x=-2*pi:0.5:2*pi;
y=sin(x);
plot(x,y);
```

5.2.2 选择结构

为了判断某一条件是否满足,并根据不同的判断结果来选择不同的解决问题的策略,就需要使用选择结构。所谓选择结构就是指根据给定的不同条件来选择执行不同的程序代码。在 MATLAB 中,条件判断可以使用的关键词有 if、else、elseif 和 end。其典型语句有 if…else…end 和 switch…case…otherwise 两种。下面就详细介绍这两种语句及其功能。

1. 条件执行语句 if

条件执行语句 if 有以下 3 种格式。

1) 格式一

if   表达式
   语句段

end

格式一的工作流程如图 5-5 所示。其执行过程如下:程序执行到该语句时,首先判断关系表达式的值,如果其值为真,则执行其后语句段;否则就跳过语句段,执行 end 后面的语句。

【例 5-4】 请编写一个判断是否收税的程序。具体要求为:如果工资大于 3000 元,则给出需要收税的提示信息,否则不给出提示信息。本例的参考代码如下。

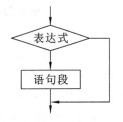

图 5-5   if…end 流程图

```
%该函数判断用户是否需要交税
x=input('please input your salary:');
if x>3000
    disp('you need to pay tax');
    end
```

在该程序运行时,如果用户输入的数值大于 3000,则 if 后面的判断条件为真,此时程序运行结果为提示信息“you need to pay tax”;如果用户输入的数值小于等于 3000,则 if 后面的判断条件为假,程序运行结束时将不会给出任何提示信息。

2) 格式二

if   表达式
   语句段 1
else
   语句段 2
End

格式二的工作流程如图 5-6 所示。其执行过程如下:当程序执行到该语句时,首先判断关系表达式的值,如果其值为真,则执行表达式后面的语句段 1,否则跳过语句段 1,执行 else 后面的语句段 2。

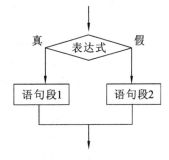

图 5-6   if…else…end 流程图

【例 5-5】 请编写一个判断是否收税的程序。具体要求为:如果工资大于 3000 元,则给出需要交税的提示信息,否则给出不需要交税的提示信息。本例的参考代码如下。

```
%该函数判断用户是否需要交税
x=input('please input your salary:');
if x>3000
    disp('you need to pay tax');
else
    disp('you need not to pay tax');
end
```

该程序运行时,不管用户输入的数值是否大于 3000,都会给出一条提示信息。

3) 格式三

if   **表达式** 1
    语句段 1
elseif **表达式** 2
    语句段 2
else
    语句段 3
end

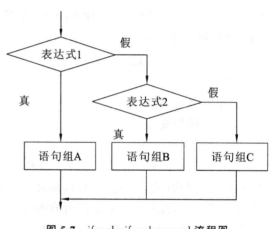

图 5-7   if…elseif…else…end **流程图**

格式三的工作流程如图 5-7 所示。其执行过程如下:首先判断关系表达式 1 的值,若其值为假,再判断关系表达式 2 的值,如果所有的条件表达式都不成立,则执行语句段 3,如果某个关系表达式的值为真,则执行该关系表达式对应的语句段,执行完该语句段后,程序接着执行 end 后面的语句。

在该格式中,elseif,else 均可省略。如果二者都省略,此时该结构就变成了格式一所示的结构。如果省略 elseif 而不省略 else,此时该结构就变成了格式二所示的结构。

【例 5-6】 根据学生的分数,判断学生所在的等级,其等级用优、良、中、差四级来表示。成绩在 90 分以上为优,80～89 分为良,60～79 分为中,低于 60 分为差。

本例需要根据不同的分数段给出不同的等级,有了选择结构,解题的思路就变得非常清晰了。本例的参考代码如下,其中成绩用百分制表示。

```
%根据分数判断等级
clc
clear
score=input('请输入学生成绩:');
if score>100 | score<0
    disp('input error');
elseif score>=90
    disp('优');
elseif  score>=80&score<90
    disp('良');
elseif  score>=60 & score<80
    disp('中');
```

```
    else
        disp('差');
    end
```

　　该程序的执行过程如下：首先要求用户输入学生的成绩，如果输入成绩不在 0 到 100 分之间，则给出输入错误的信息；否则，根据输入成绩判断成绩所在范围，给出相应的等级。例如：输入成绩为 85 分，则成绩范围满足第二个 elseif 后面的判断条件（score>=80&score<90），则执行其后语句"disp('良')"，即给出该生为"良"的判断结果，在该语句执行完后，程序接着执行 end 后面的语句。

　　与 C 语言及其他程序设计语言类似，if 的语句结构也可以嵌套使用。下面的形式就是一种嵌套结构的形式。

　　　　If 条件表达式 1
　　　　　　If 条件表达式 2
　　　　　　　　语句段 1
　　　　　　else
　　　　　　　　语句段 2
　　　　　　end
　　　　else
　　　　　　if　条件表达式 3
　　　　　　　　语句段 3
　　　　　　else
　　　　　　　　语句段 4
　　　　　　end
　　　　end

　　嵌套结构的执行过程如下：首先对条件表达式 1 进行判断，如果结果为真，再对条件表达式 2 进行判断，如果条件表达式 2 的结果为真，则执行语句段 1，否则执行语句段 2，语句段 1 或语句段 2 执行完成后，程序接着执行该嵌套结构最后一个 end 后面的语句；在对条件表达式 1 进行判断时，如果结果为假，则接着判断条件表达式 3，如果条件表达式 3 的结果为真，则执行语句段 3，如果条件表达式 3 的结果为假，则执行语句段 4，语句段 3 或语句段 4 执行完成后，程序接着执行该嵌套结构中最后一个 end 后面的语句。

　　2. 条件选择语句 switch

　　条件选择语句 switch 的一般格式如下。

　　　　switch 开关表达式
　　　　　　case　表达式 1
　　　　　　　　语句段 1
　　　　　　case　表达式 2
　　　　　　　　语句段 2
　　　　　　otherwise
　　　　　　　　语句段 3
　　　　　　end

　　在该结构中，开关表达式只能是标量或字符串。case 后面的表达式可以是标量、字符串、元胞数组等。

该语句的执行过程如下:将开关表达式依次与 case 后面的表达式进行比较,如果表达式 1 不满足,则与下一个表达式 2 比较,如果都不满足则执行 otherwise 后面的语句段 3,一旦开关表达式与某个表达式相等,则执行其后面的语句段,该语句段执行结束,程序自动跳出 switch 结构,继续执行 end 语句后面的指令,各个语句段中不需要 break 指令。

如果 case 后面的表达式是元胞数组,那么只要开关表达式的值与元胞数组中任一个元素值相等,就执行其后的语句段。

因而,例 5-5 同样可以用 switch…case…end 语句实现,具体代码如下。

```
for i=1:10
    a(i)=89+i;
    b(i)=79+i;
    c(i)=69+i;
    d(i)=59+i;
end
c=[d,c];
score=input('请输入学生成绩');
switch score
    case 100
        disp('优秀');
    case num2cell(a)
        disp('优秀');
    case num2cell(b)
        disp('良好');
    case num2cell(c)
        disp=('及格');
    otherwise
        disp('不及格');
end
```

5.2.3 循环结构

循环结构是指按照给定的条件,重复执行指定的代码。该结构一般用于有规律的重复运算。在 MATLAB 中实现循环的语句有 for 循环控制语句和 while 循环控制语句两种。

1. for 循环控制语句

循环控制语句 for 的基本结构如下。

for 循环变量＝表达式 1:表达式 2:表达式 3

  循环体

  end

其中,循环变量的取值由表达式 1 和表达式 3 的值限定,通常由表达式 1 给出循环变量的初值,该语句一般只执行一次,表达式 3 给出循环变量的终止值,表达式 2 是循环变量的增量(表达式 2 可以省略,此时增量的值为 1)。for 循环控制语句具有灵活、简便的优点,但不足之处是,使用 for 循环控制语句需要预先知道循环体执行的次数。

for 循环结构的语句的执行过程如下:首先将表达式 1 的值赋给循环变量,执行循环体;循环体执行结束后执行表达式 2,将表达式 2 的结果与表达式 3 的结果对比,如果小于表达式 3,则将表达式 2 的结果赋给循环变量,再执行循环体。重复以上步骤,直到表达式 2 的结果大于表达式 3,循环结束,程序转到 end 之后的语句继续执行。

【例 5-7】 从键盘输入 10 个学生的成绩,并求其平均分。

```
disp('please input ten score of students:');
sum=0;
for i=1:10
    score=input('please input score:');
    sum=sum+score;
end
average=sum/10
```

2. 循环控制语句 while

循环控制语句 while 的结构如下。

> **while 表达式**
> > **循环体**
>
> **end**

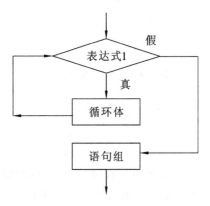

图 5-8　while 循环结构流程图

while 循环结构的执行过程如图 5-8 所示。其执行过程如下:如果表达式为逻辑真,则执行循环体;一旦表达式为逻辑假,就结束循环。表达式可以是向量,也可以是矩阵。如果表达式为矩阵,则当所有的元素都为真才执行循环体;如果表达式为 NaN,则 MATLAB 认为是假,不执行循环体。

在该结构中,循环变量的初值一般放在 while 之前给定,而循环变量值的修改语句一般放在循环体中。

对于例 5-6,可以用 while 循环控制语句来实现,具体代码如下。

```
disp('please input ten score of students:');
sum=0;
i=1;
while(i<=10)
    score=input(input score:');
    sum=sum+score;
    i=i+1;
end
average=sum/10;
```

在使用循环时,end 必须和 for、while 成对出现,不可省略。特别是出现循环嵌套时,尤其要注意 for/while 和 end 的配对问题。

5.2.4　try…catch…end 结构

try…catch…end 语句通常也将其称为试探语句,其具体格式如下。

> **try**
> > **语句段 1**
>
> **catch**
> > **语句段 2**

    end

该语句的执行过程如下:首先试着执行语句段1,如果语句段1出错(语法或其他错误),则程序再试着执行语句段2;如果语句段1能正确执行,则该语句结束,程序转向执行 end 之后的语句,如果语句段1和语句段2都出错,则该语句段没有任何执行结果。

【例5-8】 求两个矩阵的乘法。其参考程序如下。

```
%矩阵乘法
a=magic(5);
b=[1,2,3;4,5,6;7,8,9];
try
    c=a*b
catch
    c=a(1:3,1:3)*b
end
```

该程序的执行结果为:

```
c=
   120   162   204
    92   127   162
   119   142   165
```

从结果可以看出,程序执行的是 catch 后面的语句 c=a(1:3,1:3)*b,显然程序在试探执行 try 之后的语句 c=a*b 时,发现矩阵的大小不满足矩阵相乘的条件,因此转去执行 catch 后面的语句,将 a 的子矩阵与 b 矩阵相乘,得到 c 矩阵。

5.2.5　其他流程控制命令

1. break 命令

break 命令一般与 if、for、while 等语句结合使用,其功能是包含该指令的语句块提前结束,即语句块执行到 break 命令时结束。如果用在循环语句中,可以使包含 break 命令的 for 或 while 语句强制终止,立即跳出该结构,执行 end 后面的命令。

2. continue 命令

continue 命令一般用在循环结构中,用于结束本次 for 或 while 循环,即结束本次循环中 continue 语句后尚未执行的代码,接着执行下次循环条件的判断语句。

【例5-9】 求50到100之间第一个能被21整除的整数。

```
%求第一个能被21整除的整数
for n=50:100
    if rem(n,21)~=0
        continue
    end
    break
end
n
```

该程序的思路如下:用 for 循环语句在50到100之间寻找能被21整除的整数,其中用到 rem 求余函数来判断是否能被21整除,如果一个数能被21整数,即条件"rem(n,21)~=0"为假,则执行 break 语句,结束整个循环,输出找到的该整数;如果该数不能被21整除,即条件"rem(n,21)~=0"为真,此时执行"continue"命令,继续下一次循环,直到执行到最大数 100 时结束。

3. pause 命令

pause 命令用来使程序运行暂停,等待用户按任意键继续。其使用方法有如下两种格式。

```
(1) pause;
(2) pause(n);
```

第一种格式,pause 后面不带参数,则程序一直等待,直到用户按下任意键后继续执行。第二种格式,pause(n),即给定等待时间,该命令是让程序暂停 n 秒后再继续执行。

4. keyboard 命令

keyboard 命令将程序的"控制权"交给键盘,等待用户从键盘输入命令,一旦接收到用户输入的命令为 return 命令时,程序的"控制权"才交回程序。

5. input 命令

input 命令用来接收用户从键盘输入的数值、字符串和表达式。其用法有如下两种格式。

```
(1) a=input('input a number:');
(2) a=input('input a number:','s');
```

第一种格式,即在 input 中未指定第二个参数,此时程序将键盘的输入作为数值类型,并将其赋给变量 a;第二种格式是在 input 中指定第二个参数,此时程序将键盘的输入以字符串的形式赋给变量 a。

6. return 命令

return 命令用来终止当前命令的执行,并且立即返回到上一级调用函数;或者等待键盘输入命令结束,从而可以提前结束程序的运行。

7. error/lasterr 命令

error/lasterr 命令可以显示出错信息/显示最新出错原因,同时终止程序运行。

8. warning/lastwarn 命令

本命令可以显示警告/显示 MATLAB 自动给出的最新警告,同时程序继续运行。

【例 5-10】 输入学生的姓名和年龄,在用户按键后给出错误提示信息。

```
R=input('What is your name:','s')
S=input('How old are you? ')
pause(3)
pause
error('Youare not my student')
```

9. errordlg、warndlg 命令

errordlg、warndlg 命令可以以对话框的形式给出出错、警告信息。分别举例如下。

```
errordlg('File not found','File Error');
```

该语句的运行结果如图 5-9 所示。

```
warndlg('password wrong','error');
```

该语句的运行结果如图 5-10 所示。

图 5-9　出错对话框　　　　　　　图 5-10　警告对话框

5.3　子函数和私用函数

在一个 M 函数文件中,可以包含多个函数,第一个出现的是主函数,其他则为子函数。通过函数文件名调用函数时,调用的是主函数,主函数必须放在函数文件的第一部分,其函数名应该与文件名相同,子函数的次序无任何限制。

子函数不能被其他文件中的函数调用,只能被同一文件中的函数(可以是主函数或子函数)调用,子函数的优先级仅次于内装函数。

在同一文件中,主函数和子函数变量的工作空间相互独立,参数的传递最好通过输入/输出变量进行;除了 global 定义的全局变量外,子函数中的变量都是全局变量。

【例 5-11】　编写一个求图像方差和信噪比的函数。

其参考代码如下。

```
function [snr,diff]=mainfunc(I)    %主函数
%mainfun 计算信噪比和方差
snr=estsnr(I);            %调用子函数
diff=variance(I);              %调用子函数
function snr=estsnr(x)      %子函数
%计算图像 x 的信噪比
[n,m]=size(x);
c=ones(5,5)/25;
a=conv2(x,c);
al=a(3:n+2,3:m+2);
v=(double(x)-double(al)).^2;
a=conv2(double(v),double(c));
v=a(3:n+2,3:m+2);
b=10*log10(max(max(v))/min(min(v)));
snr=1.04*b-7;
function h=variance(x)
%计算 I 的方差
I=double(x);
minput=mean2(I);
[m,n]=size(I);
B=zeros(m,n);
for i=1:m
 for j=1:n
  B(i,j)=[I(i,j)/255-minput/255]^2;
 end
end
h=mean2(B);
```

运行例 5-11,在 MATALB 命令行窗口中,键入如下指令。

```
I=imread('pout.tif');
>>[snr,diff]=mainfunc(I)
snr=
    35.9329
diff =
    0.0083
```

在该例的实现中,编写一个 mainfunc.m 文件,其中包含有三个函数 mainfunc()、estsnr()和 variance(x)。mainfunc( )为主函数,estsnr()和 variance(x)为子函数,被 mainfunc()调用。

私用函数是指 MATLAB 安装目录中位于 private 目录下的 M 函数文件,私用函数只能被 private 目录的直接父目录上的 M 函数文件调用。它不能被其他任何目录上的任何 M 函数文件、M 脚本文件或 MATLAB 指令窗中的命令所调用,也不能被直接父目录上的 M 脚本文件调用。用户也可以根据需要,创建自己的私用函数,私用函数的创建方法和普通 M 函数的创建方法完全相同,用户只需将需要设置为私用的函数复制到一个 private 子目录中,则这些函数就只能被那些位于父目录中的 M 函数调用了。

例如,假设在 MATLAB 的搜索路径中包含路径"\myproject",在该路径下包含一个文件夹 private,则所有位于"\ myproject \ private"路径下的函数,只能被其上一层路径"\myproject"中的函数文件调用。由于私有函数作用范围的特殊性,不同父路径下的私有函数可以使用相同的函数名。由于 MATLAB 搜索函数时优先搜索私有函数,所以如果同时存在私有函数名 func1. m 和非私有函数名 func1. m,则私有函数 func1. m 被优先执行。

5.4　调试和剖析

M 文件编写完成后,即可启动运行。但在程序运行时,由于程序员的一些失误,通常会造成程序运行错误。概括起来,常见的错误主要有以下两种。

(1)语法错误。此类错误主要指变量名、函数名不合法,标点符号使用不正确。遇到此类错误,MATLAB 会终止程序运行,给出出错信息。此类错误比较好排除,一般可根据出错提示信息找到问题并进行解决。

(2)逻辑错误。此类错误主要是指程序运行结果与预期结果不符。原因可能是多方面的,包括对算法理解不正确、误用指令、程序流程控制不合理等。此类错误排解比较困难,需要跟踪调试,通过一些中间结果来发现问题。

为了尽快找到程序中的错误,可以借助不同的调试方法,常用的调试方法有以下两种。

1. 直接调试法

直接调试法的具体步骤如下。

(1)删除语句结尾处的分号";",这样可显示该语句的执行结果,根据显示结果,来判断该语句是否正确。

(2)在适当的位置利用命令显示变量值,例如直接以变量名作为一行或利用 disp 命令等。

(3)利用 echo on 和 echo off 命令显示执行的脚本指令行,判断程序流是否正确。

(4)利用 keyboard 和 return 命令,暂停文件执行,从而可以观察及修改中间变量。

2. 调试器

最简便的调试方法是使用 MATLAB 提供的图形化的调试器,MATLAB 将 M 文件调试器和 M 文件编辑器集成在一起,其调试功能主要利用菜单"Debug"及工具栏上的调试按钮来完成,如图 5-3 所示。

工具栏上的"stack"菜单可以实现不同工作空间的跳转,以便观察和操作不同工作空间的变量。

【例 5-12】 新建一个 M 文件,输入几行命令,结果如图 5-11 所示。

图 5-11   M 文件编辑窗口

在图 5-11 中,选择"File"→"Save as…"命令或单击工具栏上的保存按钮,将文件保存在磁盘中,如命名为"fenge. m"。此时,工具栏上的"Set/Clear Breakpoint"按钮及"Debug"菜单中的"Set/Clear Breakpoint"选项变为可用。将光标移动到第 4 行,单击工具栏上的"Set/Clear Breakpoint"按钮,即在此处设置一个断点,同时在该句前面出现一个红色的点,如图 5-12 所示。

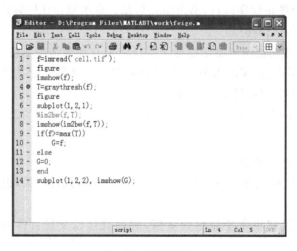

图 5-12   设置断点

运行该程序,则在图 5-12 中的第 4 行前面出现一个向右箭头,该箭头表示程序运行到此处,如图 5-13 所示。

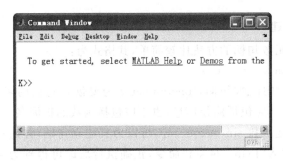

图 5-13　运行窗口

同时命令窗口的提示符"＞＞"前出现一个"K"标识，如图 5-14 所示。

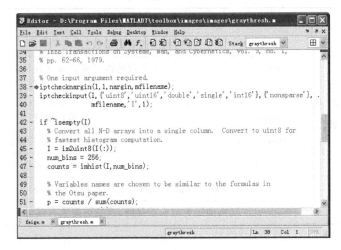

图 5-14　单步调试命令窗口

单击"Step in"按钮或选择"Debug"→"Step in"命令，则程序会进入"graythersh. m"函数，如图 5-15 所示。接着执行该函数，继续单击"step"按钮，在碰到函数时按"step in"按钮，则进入函数内部执行。如果不想进入函数内部，则单击"step out"按钮，不断重复该过程，直到程序的最后一个语句运行结束。

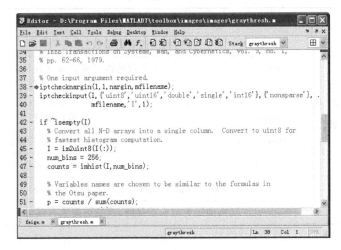

图 5-15　进入 graythersh. m 函数执行界面

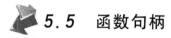

通过图形化的调试器,在程序的单步运行过程中,可查看中间变量的运行结果,从而可以发现程序中的错误,它对逻辑错误的排解非常有益。

5.5 函数句柄

函数句柄(function handle)是 MATLAB 的一种数据类型,它保存着函数的路径、函数名、类型及可能存在的重载方法。函数句柄提供了一种间接访问函数的手段,从而使函数调用像变量调用一样方便灵活。

函数句柄具有如下优点:提高了函数调用的速度和可靠性;方便地实现了函数间的互相调用;减少了程序设计中的冗余;扩大了子函数和私有函数的可调用范围;能迅速获得同名重载函数的位置、类型信息。

5.5.1 函数句柄的创建

函数句柄必须通过专门的定义创建,其创建过程比较简单,只要是当前搜索路径上的函数,即可为其创建句柄。常用的创建方法为:在提示符@后面添加相应的函数名或使用 str2func()函数创建。

1. 用提示符@创建

用@提示符创建函数句柄的方法比较简单,其格式为:

```
fhandle=@functionname
```

其中,fhandle 为所创建的函数句柄,functionname 为要创建句柄的函数名。在定义函数句柄时,所指定的函数名不应包括路径信息,也不应包括函数的扩展名。

对于系统中的内建函数 sin(),cos()等,可以为其建立句柄,并通过句柄对其进行访问。例如,在命令窗口中输入"hsin＝@sin"命令,正确执行后即可得到为 sin()函数创建的句柄 hsin,可通过 class()函数来查看"hsin"的类型,通过 size()函数查看其大小,同时通过 functions()函数来查看 hsin 的内容。

functions()函数用于查看句柄的内容时,它只能接受 1×1 的函数句柄数组,并返回一个单结构,该结构包含若干个域,具体见表 5-1 所示。

表 5-1 函数句柄内容

域名			说　　明
function			句柄所代表的函数名
type	函数类型	simple	无重载的内建函数及无法判断类型的函数
		subfunction	子函数
		private	私有函数
		constructor	matlab 类的对象构造函数
		overloaded	有重载的函数
file			非重载数据类型所对应的源代码及路径
methods			仅当函数类型为重载时,返回结构才有该域

2. 用 str2func() 函数创建

str2func() 函数创建函数句柄的格式为：

```
fhandle=str2func('functionname')
```

其中，fhandle 为所创建的函数句柄，functionname 为要创建句柄的函数名。

前面介绍的是系统内建函数 sin() 建立函数句柄的方法，同样也可使用 str2func() 函数来建立，其语句为：

```
fhandle=str2func('sin')
```

其中，fhandle 即为 sin() 函数建立的句柄。下面通过实例来介绍为自建函数创建句柄的过程。

【例 5-13】　建立如下函数文件并将其保存在"G:\matlab\book\func1.m"中。

```
function func1(x,y)
subplot(1,2,1)
plot(x,y,'r:');
subplot(1,2,2)
x2=reshape(1:21,7,3);
plot(x2)
```

为该函数创建句柄 hfun，在命令窗口中输入如下语句。

```
>>hfun=str2func('func1');
```

用 class() 函数查看 hfun 的类型，用 size() 函数查看其大小，其在命令窗口中的操作过程及结果如下所示。

```
>>class(hfun)
ans=
function_handle
>>size(hfun)
ans=
     1     1
```

5.5.2　函数句柄的使用

对于创建了句柄的函数，用户即可通过句柄来调用该函数。由于句柄中包含了函数的路径信息，因此不管函数是否在当前搜索路径上，也不管它是子函数还是私有函数，只要其句柄存在，那么该函数就能够被正确地执行。同时，如果要对该函数进行多次调用，使用句柄可以省去搜索路径的时间，提高了程序的执行效率。

函数句柄的使用可通过 feval() 函数来实现，具体实现过程如下。

假设函数的结构如下：

```
[argout1,argout2,…argoutn]=funname(argin1,agrin2,…,arginn)
```

其中，funname 为函数名，argin1，agrin2，…，arginn 为函数的输入参数，argout1，argout2，…，argoutn 为函数的输出参数。

首先，为函数 funname() 建立句柄 hfun，其语句为：

```
hfun=@ funname 或 hfun=str2func('funname')
```

其次，借助 feval 函数，通过句柄 hfun 来实现对函数 funname 的调用，其调用语句为：

```
[argout1,argout2,…argoutn]=feval(hfun,argin1,agrin2,…,arginn)
```

该语句正确执行后，可以得到通过句柄操作实现函数直接调用的结果。对例 5-12 中为自建

函数建立的句柄,可以通过下面的语句来使用句柄:

```
>>feval(hfun,1:10,[1:10]/3)
```

该语句正确执行后,可实现自建函数 func1()的功能,其执行结果如图 5-16 所示。

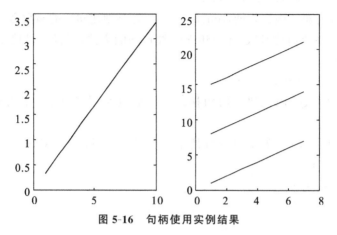

图 5-16 句柄使用实例结果

5.6 文件操作

文件是一种重要的数据输入/输出方式,MATLAB 提供了一系列输入/输出函数,专门用于文件的操作。在 MATLAB 中,文件的操作主要有三个步骤:首先是打开文件,其次是文件的读/写操作,最后是关闭文件。MATLAB 中的文件输入/输出函数是以 C 语言标准库函数中的输入/输出函数为基础开发的,因此这些函数与 C 语言的输入/输出函数类似。

5.6.1 文件的打开

文件的打开使用 fopen()函数,其调用格式为:

```
fid=fopen(文件名,打开方式)
[fid,message]=fopen(文件名,打开方式)
```

其中,fid 是一个非负整数,称为文件句柄,其值由操作系统设定,其他函数可以利用它对该数据文件进行操作,若文件打开失败,则 fid 的返回值为−1;Message 用于返回文件打开操作的结果信息,如打开失败,则会给出可能的错误原因。文件名用字符串的形式表示。文件数据格式有两种,一种是二进制文件,另一种是文本文件,在打开文件时需要指定文件格式类型,即指定是二进制文件还是文本文件。常见的打开方式见表 5-2。

表 5-2 文件打开方式

打开方式	说 明
'r'	以只读方式打开文件,默认值,文件必须存在(否则打开失败)
'w'	以写入方式打开或新建文件,若文件已存在,则原内容将被覆盖,否则新建一个
'a'	以写入方式打开或新建文件,若文件存在,则在文件末尾追加,否则新建一个
'r+'	以读/写方式打开文件,文件必须存在
'w+'	以读/写方式打开或新建文件,若文件已存在,则原内容将被覆盖,否则新建一个
'a+'	以读/写方式打开或新建文件,若文件存在,则在文件末尾添加,否则新建一个

【例 5-14】　用 fopen()函数打开文件"test.dat",并返回结果信息。

其参考程序及运行结果如下。

```
>>[fid,message]=fopen('test.dat','r')
fid=
    -1
    message=
No such file or directory
```

从返回结果 fid＝－1 可知,该文件打开失败,同时从 message 所给信息可知,所要打开的文件在当前的搜索路径下并不存在。

【例 5-15】　用 fopen()函数打开文件"test1.dat",并返回结果信息,"test1.dat"在当前路径下。

其参考程序及运行结果如下。

```
>>[fid,message]=fopen('test1.dat','r')
fid=
    3
message=
    ''
```

从返回结果 fid＝3 可知,其值 3 为一个大于 0 的数,表示该文件打开成功。

5.6.2　文件的关闭

为了节约系统资源,文件在进行完读/写等操作后,应及时关闭。在 MATLAB 中,关闭文件用 fclose()函数,其调用格式为:

```
status=fclose(fid)
```

该函数用来关闭 fid(文件的句柄,见 fopen()函数)所表示的文件。status 表示关闭文件操作的返回代码,若关闭成功,则返回值为 0,否则返回值为－1。如果要关闭所有打开的文件,则 fclose 函数的调用格式为:

```
status=fclose('all')
```

5.6.3　二进制文件的读/写

1. 二进制文件的读取

fread()函数可以用来读取二进制文件的数据,并将所读数据存入矩阵。其调用格式为:

```
A=fread(fid)
A=fread(fid, count)
A=fread(fid, count, precision)
```

其中,A 用于存放读取的文件数据,fid 为文件句柄,count 为所读取的数据元素个数。count 为可选项,若不设定则读取整个文件内容,若设定时,则其值可以是下列值中的一种。

(1) n:表示读取前 n 个元素到一个列向量。

(2) inf:表示读取整个文件。

(3) [m,n]:表示读数据到 m×n 的矩阵中,数据按列存放。

precision 代表读写数据的类型,为可选项,如果要设定该项,其值如表 5-3 所示,并将其与 C 语言中的类型进行了对比;如果不选中该项,则 MATLAB 中默认的精度值为 uchar(8

位字符型)。

表 5-3　精度类型

MATLAB	C	说明
'schar'	'signed char'	有符号字符型(8 位)
'uchar'	'unsigned char'	无符号字符型(8 位)
'int8'	'integer * 1'	整型(8 位)
'int16'	'integer * 2'	整型(16 位)
'int32'	'integer * 4'	整型(32 位)
'int64'	'integer * 8'	整型(64 位)
'uint8'	'integer * 1'	无符号整型(8 位)
'uint16'	'integer * 2'	无符号整型(16 位)
'uint32'	'integer * 4'	无符号整型(32 位)
'uint64'	'integer * 8'	无符号整型(64 位)
'float32'	'real * 4'	浮点型(32 位)
'float64'	'real * 8'	浮点型(64 位)
'double'	'real * 8'	浮点型(64 位)

【例 5-16】　建立一个按顺序存放 26 个大写英文字母的文件"alphabet. txt",并将其存放在当前工作路径中。用 fread()函数以默认精度在该文件中读取前 4 个元素,并将其保存在 RESULT 中。

其参考程序如下。

```
fid=fopen('alphabet.txt', 'r')
RESULT=fread(fid, 4)
disp(char(RESULT'))
fclose(fid)
```

其运行结果如下。

```
fid=
    3
RESULT=
    65
    66
    67
    68

ABCD

ans=
    0
```

在该例中,首先以只读方式打开文件,然后通过 fread()函数将文件中的前 5 个元素读取到 RESULT 中,由于在 fread()函数中没有指定读取精度,因此系统根据默认的方式

uchar 进行读取，并将结果以数字的方式进行显示，为了能够以字母的方式进行显示，因此使用了转换函数 char，将 RESULT 中的数值转换成 ASCII 字符，同时为了方面阅读，将 RESULT 进行了转置。

【例 5-17】 例 5-15 中，如果在读取时不指定读取数据的大小，并设定读取精度为 uint8。则其参考程序如下。

```
fid=fopen('alphabet.txt','r');
c=(fread(fid,'uint8'))'
fclose(fid);
```

运行后的结果为：

```
c=
  Columns 1 through 18
    65    66    67    68    69    70    71    72    73    74    75    76    77
    78    79    80    81    82
  Columns 19 through 26
    83    84    85    86    87    88    89    90
```

同样，在该例中，为了显示方便，对读取的元素在存入 C 之前进行了转置运算。

2. 写二进制文件

fwrite() 函数用于按照指定的数据类型将矩阵中的元素写入到文件中。其调用格式为：

```
count=fwrite(fid,A,precision)
```

其中，count 返回所写的数据元素个数，fid 为文件句柄，A 为要写入文件的数据元素，precision 用于控制所写数据的类型，其形式与 fread() 函数相同。

【例 5-18】 将矩阵 A＝[1,2,3;4,5,6;7,8,9] 写入文件 juzhen. txt 中。

其参考程序如下。

```
clc
A=[1,2,3;4,5,6;7,8,9];
fid=fopen('juzhen.txt','w');
count=fwrite(fid,A,'int32')
status=fclose(fid)
```

其运行结果如下。

```
count=
     9
status=
     0
```

为了查看写入文件中的数据，可将其读入到一个矩阵中，则可编写如下程序。

```
fid=fopen('juzhen.txt','r')
B=fread(fid,[3 3],'int32')
```

运行后，得到如下结果。

```
fid=
     3
B=
     1     2     3
     4     5     6
     7     8     9
```

从结果可以看出,矩阵 B 和矩阵 A 相同,也就是说前面写入到文件中的数据正确。

5.6.4 文本文件的读写操作

1. 读文本文件

读文本文件可用 fscanf()函数,其调用格式为:

```
[A,count]=fscanf (fid,format,size)
```

其中,A 用来存放从文件中读取的数据;count 返回所读取的数据元素个数;fid 为文件句柄;format 用于控制读取的数据格式,由%加上格式符组成,如%c、%d、%o、%u、%s 等;size 为读取的数据量,size 为可选项,如果选定,则其取值与 fread()函数中的 count 取值相同。

当要读取文本文件中的某行内容时,可使用 fgetl()函数和 fgets()函数,其具体使用方式如下。

```
tline=fgetl(fid)
tline=fgets(fid)
tline=fgets(fid,nchar)
```

两个函数的功能相似,都可以从指定文件中读取一行数据,其主要区别如下。

fgetl(fid)是读取以 fid 指定的文件中的下一行数据,不包括回车符。而 fgets(fid)是读取以 fid 指定的文件中的下一行数据,包括回车符。fgets(fid,nchar)是读取以 fid 指定的文件中的下一行数据,最多读取 nchar 个字符。

【例 5-19】 用 fgetl()实现 type 命令的功能。

其参考程序如下。

```
fid=fopen('fgetl.m');
while 1
    tline=fgetl(fid);
    if ~ ischar(tline),break,end
    disp(tline)
end
fclose(fid)
```

运行后,显示 fgetl. m 文件的内容,其结果如下。

```
function tline=fgetl(fid)
%FGETL Read line from file, discard newline character.
%    TLINE=FGETL(FID) returns the next line of a file associated with file
%    identifier FID as a MATLAB string. The line terminator is NOT
%    included. Use FGETS to get the next line with the line terminator
%    INCLUDED. If just an end-of-file is encountered then -1 is returned.
%
%    FGETL is intended for use with text files only. Given a binary file
%    with no newline characters, FGETL may take a long time to execute.
%
%    Example
%        fid=fopen('fgetl.m');
%        while 1
%            tline=fgetl(fid);
```

```
%        if ~ ischar(tline),break,end
%            disp(tline)
%      end
%      fclose(fid);
%
%   See also FGETS, FOPEN.
%   Copyright 1984-2003 The MathWorks, Inc.
%   $ Revision:5.15.4.2 $   $ Date: 2004/04/10 23:29:22 $
%
try
    [tline,lt]=fgets(fid);
    tline=tline(1:end-length(lt));
    if isempty(tline)
        tline='';
    end
catch
    if nargin~ =1
        error(nargchk(1,1,nargin,'struct'))
    end
    if isempty(fopen(fid))
        error ('MATLAB:fgetl:InvalidFID','Invalid file identifier.')
    end
    rethrow(lasterror)
end
```

2. 写文本文件

写文本文件使用 fprintf() 函数,其调用格式为:

```
count=fprintf(fid,format,A)
```

其中,A 用来存放要写入文件的数据,fid 为文件句柄,format 用来控制写入的数据格式,count 返回的值为写入文件的字节数。该函数功能可概括为:先按 format 指定的格式将数据矩阵 A 格式化,然后写入到 fid 所指定的文件。格式控制 format 与 fscanf 中相同。

【例 5-20】 将矩阵 A=[1,2,3;4,5,6;7,8,9]存入到文本文件 test. txt 中,并显示其部分及全部结果。

其参考程序如下。

```
fid=fopen('test.txt','w');
A=[1,2,3;4,5,6;7,8,9];
count=fprintf(fid,'%d %d %d\n',A)
fclose(fid);
fid=fopen('test.txt','r');
B=fscanf(fid,'%d',[1,3])
C=(fscanf(fid,'%d'))'
status=fclose(fid)
```

运行该程序,得到如下结果。

```
count=
    18
```

113

```
     B=
          1     4     7
     C=
          2     5     8     3     6     9
     status=
          0
```

在该程序中,首先用 fopen() 函数以写入的方式新建文本文件 test. txt;然后通过 fprintf 函数将矩阵 A 以格式控制'%d %d %d\n'写入到 test. txt 中,通过返回值 count 返回所写字符个数;最后通过 fscanf() 函数从文件中读取 1 行 3 列的数据保存到矩阵 B 中,读取余下的所有数据保存到矩阵 C 中,为了显示方便,这里在数据写入 C 之前进行了转置运算。

5.6.5　文件定位

MATLAB 提供了多个与文件定位操作有关的函数,下面分别对其进行介绍。

1. fseek()函数

fseek()函数用于定位文件位置指针,其调用格式为:

```
status=fseek(fid,offset,origin)
```

其中,fid 为文件句柄;offset 表示位置指针相对移动的字节数,如果 offset 取值为 0,表示指针在当前位置不移动,如果 offset 的值为一个小于 −1 的整数,则代表指针要向前移动 offset 个字节,如果 offset 的值为一个大于 1 的整数,则代表指针要向后移动 offset 个字节;origin 表示位置指针移动的参照位置,其值可为如下几种。

- 'bof'或−1: 表示文件的开始。
- 'cof'或 0: 文件的当前位置。
- 'eof'或 1: 文件的末尾。

若该函数定位成功,则 status 的返回值为 0,否则返回值为 −1。

2. ftell()函数

ftell()函数可返回文件指针的当前位置,其调用格式为:

```
position=ftell(fid)
```

其中,返回值 position 为从文件开始处到指针当前位置的字节数,若返回值为 −1 表示获取文件当前位置失败;fid 为文件指针。

3. frewind()函数

frewind()函数用于将文件指针返回到文件的开始位置,其调用格式为:

```
frewind(fid)
```

4. feof()函数

feof()函数用来测试文件指针是否在文件的结尾,其调用格式为:

```
eofstat=feof(fid)
```

其中,fid 为文件指针,如果指针指向文件结尾,则返回值 eofstat 为 1,否则 eofstat 返回 0 值。

【例 5-21】　对例 5-19 建立的 test. txt 文件,通过指针位置移动的结果,来掌握几个函数的使用。

其参考程序如下。

```
fid=fopen('test.txt','r');
fseek(fid,5,'bof');
A=fread(fid,13,'int64');
eof=feof(fid)
frewind(fid);
status=fseek(fid,2,'cof')
position=ftell(fid)
```

其运行结果为：

```
eof=
     1
status=
     0
position=
     2
```

在该例中,首先用 fopen()函数以只读方式打开文件 test.txt,接着用 fseek()函数使指针向后移动 5 个字节,然后用 fread()函数以 int64 的方式在文件中读取 13 个字节,此时指针已指向文件末尾(test.txt 总共有 18 个字节大小),所以 eof 的返回值为 1。接下来用frewind()函数将指针移动到文件首部,通过 fseek()函数使指针向后移动两个字节,此时用ftell()函数获取到当前的指针位置为 2(即 position 的返回值)。

习　题　5

1. 编写一个函数文件,实现既能把输入的角度转换为弧度,也能把输入的弧度转换为角度的功能。

2. 编写一个脚本文件,调用上一题的函数,求弧度 π/4 的角度表示。

3. 建立一个大小为 M×N 的矩阵 A,编程求 A 中非零元素的个数,要求 M 和 N 从键盘输入。

4. 用循环结构编程实现下式的计算：
$$y = 1 + x + \frac{x^2}{2!} + \frac{x^3}{3!} + \cdots + \frac{x^n}{n!}$$

5. 用分支结构实现下列分段函数：
$$f(x) = \begin{cases} 1.5 + 3x & x < 0 \\ 1.5 - \sin(x) & x > 0 \\ 0 & x = 0 \end{cases}$$

6. 将一个 3×4 的矩阵写入一个二进制文件,再从文件中读取该矩阵并显示其结果。

7. 将一个 5×5 的魔方阵写入文本文件,再从该文件的数据读入一个矩阵中,并求该矩阵的转置及矩阵的逆。

8. 通过指针位置操作函数,读取第 7 题中第二行的元素,再将指针向后移动 5 个字节,读取当前指针所在位置,并判断其是否指向文件结尾。

第6章 图形用户界面

用户界面(或称接口)是指人与机器之间交互作用的工具和方法,如我们常用的鼠标、键盘、话筒等都可作为人与机器进行信息交换的接口。图形用户界面(graphical user interface,简称 GUI)是指采用图形方式显示的计算机操作界面。编制一个好的图形用户界面,能方便用户进行各种应用操作,本章就着重介绍图形用户界面的设计原则及设计过程。

6.1 GUI 概述

GUI 是指通过窗口、菜单、按钮、光标、文字说明等对象构成的一个用户界面,用户通过鼠标或键盘来选择、激活这些对象,使界面产生某种变化,即实现用户的各类操作,如绘制图形、显示结果等。利用图形用户界面的好处就是它允许程序的使用者不具备很深厚的 MATLAB 知识或数学知识,只要使用者能熟练计算机的基本操作就可以实现相应的功能。

MATLAB 提供了两种设计图形用户界面的方法:①用传统的编写程序的方法实现图形用户界面的设计,即通过 uicontrol、uimenu、uicontextmenu、set 等函数编写 M 文件来开发 GUI;②用 MATLAB 提供的专用图形用户界面设计工具 GUIDE(graphical user interface development environment,图形用户界面开发环境)进行设计,GUIDE 主要包含一个界面设计工具集,MATLAB 集中了所有 GUI 支持的用户控件,并且为设计者提供了界面外观、属性和行为响应方法的设置方法。使用 GUIDE 创建 GUI,有简单高效的优点,并且 GUIDE 将用户设计完成的 GUI 存储在一个 FIG 文件中,同时自动生成包含 GUI 初始化和 GUI 界面布局设置代码的 M 文件。下面分别对 FIG 文件和 M 文件进行简单介绍。

(1) FIG 文件 FIG 文件为二进制文件,用于保存图形窗口所有对象的属性。用户在完成 GUI 的设计,保存图形窗口时,MATLAB 会自动生成 FIG 文件。当用户再次打开图形窗口时,系统将按照 FIG 文件中保存的对象属性,构成图形窗口。

(2) M 文件 M 文件用于存储 GUI 初始化和回调函数两部分,并不包含用户编写的代码。回调函数根据具体的交互操作来分别调用。

用户可通过 MATLAB 提供的 GUI 开发环境——GUIDE 来创建 GUI,该开发环境与 VB、VC 的开发环境类似,只需要设计者直接用鼠标把所需要的对象拖曳到目的位置,就可完成 GUI 的布局设计。除此之外,此方法在对 M 文件的管理上也比较人性化,允许设计者在需要修改设计时,快速地找到相对应的内容。与 MATLAB 之前的版本相比,此开发环境在 MATLAB 7.0 中已经得到了很大的改进和完善。由于 GUIDE 易于掌握,比较适合初学者使用,因此本章主要讲解用 GUIDE 来设计 GUI。

为了在功能实现的同时能够使用户的操作简洁明了,设计人员在设计 GUI 时通常应掌握以下几个原则。

(1) 简单性 设计界面时,应力求简捷、直观、清晰地体现出界面的功能和特征。窗口数目应尽可能少,尽量避免操作时在不同窗口间来回切换;多采用图形,少用数值;对于一些可有可无的功能,应尽量删除。

(2) 一致性 一致性包含两层含义:一是指自己设计的界面风格要尽量一致;二是指新设计的界面要与其他已有的界面风格一致。在操作时,用户一般习惯于图形区在界面左侧,控制区在界面右侧。

（3）习常性　设计界面时，应尽量使用为大家所熟悉的标志和符号，便于用户使用。

除了以上静态性能之外，还应注意界面的动态性能，即界面对用户操作的响应要迅速、连续，对持续时间较长的运算要给出等待时间提示，并允许用户中断运算。

在以上原则的支持下，设计一个完整的界面，通常需要经过如下几个步骤。

（1）对问题进行分析，明确其要实现的功能。

（2）根据需要实现的功能，在稿纸上绘制界面的草图，同时需与用户交互，对界面草图进行进一步完善。

（3）在机器上绘制静态界面。

（4）编写界面的动态功能，即界面上各个控件的驱动程序。

（5）运行界面，检查功能的正确性并不断完善。

6.2　GUI 设计向导

在 MATLAB 中，GUIDE 提供了多个模板来设计 GUI。而且在这些模板中已经包含了相关的回调函数，用户只需要修改 M 文件中对应的函数，即可实现所需功能。打开图形用户界面设计工具的方法有以下几种。

（1）通过菜单实现。在 MATLAB 的主窗口中，选择"File"→" New"→"GUI"命令。

（2）通过命令实现。在指令窗口输入"guide"命令。

（3）在主窗口的工具栏中，单击"GUIDE"按钮。

采用以上三种方式都可以打开 GUI 启动界面，如图 6-1 所示。

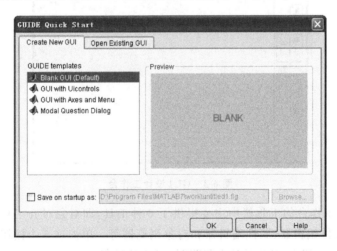

图 6-1　GUI 启动界面

在该界面中，包含两个属性页："Create New GUI"（新建界面）属性页和"Open Existing GUI"（打开已有界面）属性页。在新建界面属性页中，有四种界面模板，分别为："Blank GUI"（空白界面）、"GUI with Uicontrols"（带有控件对象的模板界面）、"GUI with Axes and Menu"（带有轴对象和菜单的模板界面）、"Modal Question Dialog"（标准询问窗口）。用户选择任何一种模板，在"GUIDE templates"（GUI 设计模板）栏右侧的"Preview"（预览）窗口中都会显示出与该模板对应的 GUI 图形。当选中其中的任意一项，并单击"OK"按钮后就会打开 GUI 设计工作台，对界面静态组成部分进行具体的操作工作都是在该工作台实现的。若打开"Open Existing GUI"属性页,则其界面如图 6-2 所示,主窗口中显示最近打开的界面文件的列表,通过单击"Browse"按钮可选定需打开的文件并将其打开。

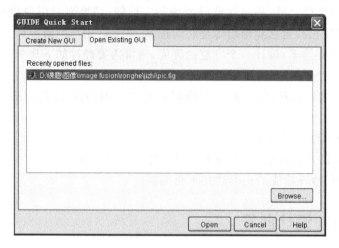

图 6-2 打开已有界面属性页

如在新建界面属性页中选择"Blank GUI(Default)"模板,然后单击"OK"按钮,就会出现如图 6-3 所示的 GUI 设计工作台。GUI 设计工作台由 4 个功能区组成,分别为:菜单栏、工具栏、控件模板栏和设计工作区。

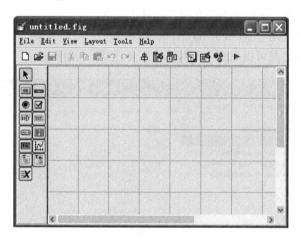

图 6-3 GUI 设计工作台

在 GUI 设计工作台的工具栏中主要提供了 6 种工具,即对象对齐工具、菜单编辑器、界面激活工具、M 文件编辑器、属性编辑器和对象浏览器等。单击这 6 个按钮就会弹出相应的窗口。下面详细地介绍用 GUI 设计向导设计 GUI 的过程。

6.2.1 创建用户菜单

在如图 6-3 所示的 GUI 设计工作台中,选择"Tools"→"Menu Editor …"命令,或者单击工具栏上的"Menu Editor"按钮,就会弹出如图 6-4 所示的菜单编辑器窗口。

在图 6-4 中,可操作的工具栏呈黑色显示,不可操作的工具栏为灰色,同时在菜单栏的显示框中给设计人员提示信息,用户可根据提示进行操作,即可建立所需菜单。如在图 6-4 中,用户单击工具栏上的"New Menu"按钮,即会在菜单栏显示框中出现一个新的菜单项

"Untitled 1"。选中该菜单项,在"UIMenu properties"(属性)框中列出菜单项"Untitled 1"的属性,如图 6-5 所示。设计人员通过各个属性项的修改,即可完成一个新的菜单项的建立工作。如果还需要建立新的菜单或建立已有菜单的子菜单,用户可分别在工具栏中单击"New Menu"和"New Menu Item"按钮。对于不需要的菜单,可先选中该菜单,再单击工具栏中的"Delete Selected Item"按钮将其删除。同样,用户也可以通过工具栏上的其他按钮实现菜单的上下移动,以及主菜单变子菜单及子菜单变主菜单的操作。

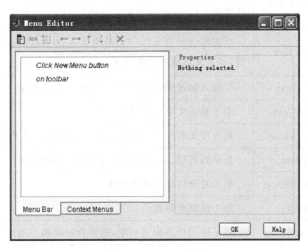

图 6-4　菜单编辑器

6.2.2　控件的功能及其使用过程

在 GUI 的设计界面中,在设计界面的左侧是系统提供的常用控件,如图 6-6 所示。各控件及其功能见表 6-1。

1. 常用控件

图 6-5　新建菜单界面

图 6-6　控件

表 6-1　控件及其功能

控件	控件属性名	功能
按钮	Push Button	响应鼠标单击事件,并调用相应的回调函数
滚动条	Slider	显示一个范围内的数值输入,用户可以移动滚动条改变数值
单选按钮	Radio Button	单击时会通过有无点切换来表示是否选中;总是成组出现,多个单选按钮互斥,一组中只有一个被选中
复选框	Check Box	单击时会用有无"√"切换来表示选中或未选中状态;总是成组出现,多个复选框可同时选用
文本框	Edit Text	可输入和编辑单行和多行文字,并显示出来
静态文本框	Static Text	用于显示文字信息,但不接受输入
弹出式菜单	Popup Menu	相当于文本框和列表框的组合,用户可以从下拉列表中选择所需项
列表框	Listbox	显示列表项,并能够选择其中的一项或多项
切换按钮	Toggle Button	单击时会以凹凸状态切换
坐标轴	Axes	用于绘制坐标轴
组合框	Panel	为了使用户界面更清晰,用组合框将相关的控件组合在一起
按钮组	Button Group	响应单选按钮及切换按钮的性能
AxtiveX 控件	ActiveX Control	添加一个 ActiveX 控件

2. 控件的创建

在可视化界面环境中创建控件相对来说比较简单,只需要在控件模板区中选中控件,然后拖放到设计工作区即可;或者选中控件,用鼠标将其拖曳至设计工作区中,即可绘制出该控件。

3. 控件的常用属性

为了使控件能够响应用户的操作,在创建控件以后,需要对控件的各种属性进行设置,否则控件无法实现用户需要的功能,大部分控件都具有以下几个属性。

（1）String 属性　用于在控件上显示字符串,主要起说明或提示作用。

（2）Callback 属性　回调函数,是对用户的某个操作进行响应的函数。

（3）Enable 属性　用来设置该控件是否有效,"on"表示有效,"off"表示无效。

（4）TooltipString 属性　当鼠标放在控件上时可以显示提示信息,一般为字符串。

（5）字体属性　包括 FontName、FontSize 等。

（6）Tag 属性　控件的标记,用于标识控件。

4. 对象对齐工具、属性编辑器和对象浏览器

对象对齐工具用来对齐用户界面中的多个控件对象。为了使设计的界面美观,常常需要对界面中的多个对象进行对齐操作,在设计界面中选择"Tools"→"Align Objects"命令,即可弹出如图 6-7 所示的对象对齐的操作对话框,设计人员可以根据需要对多个对象进行水平和垂直方向的对齐操作。

对象浏览器可以用来查看用户界面中的所有对象,在设计界面中选择"View"→"Object Browser"命令,即可弹出如图 6-8 所示的对象浏览器窗口,在此窗口中可以查看用户界面中的所有对象。

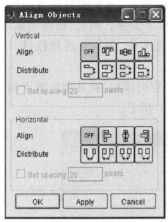

图 6-7 对象对齐操作对话框

图 6-8 对象浏览器窗口

属性编辑器可以设置和查看对象的各种属性。在设计界面中选择"View"→"Property Inspector"命令,或者在选定对象上单击鼠标右键,在弹出的快捷菜单中选择"Property Inspector"命令,即可弹出如图 6-9 所示的属性编辑器窗口,在该窗口中可以对选定对象的属性进行查看和编辑。

图 6-9 属性编辑器窗口

5. 回调函数

实现 GUI 的基本机制是对控件的属性编程。在设计界面中选定需要编写回调函数的对象,然后选择"View"→"View Callbacks"命令,或者在右键快捷菜单中选择"View Callbacks"命令,该菜单项有 5 个子菜单,都是用来编写回调函数的。当选择任一子菜单时,MATLAB 会提醒用户保存设计的界面,正确保存后系统会自动打开 M 文件编辑器/调试器,在 M 文件编辑器/调试器中可看到系统自动生成了一个与用户选择的回调函数对应的函数,用户即可在该函数中填写回调命令。

为了帮助读者对以上介绍的 GUI 设计过程有个系统的了解,下面通过一个实例来介绍 GUI 的具体设计过程。

【例 6-1】 设计一个计算器,能够实现四则运算功能。

为了实现四则运算功能,并且能够让用户方便地使用,首先需要对计算器的界面进行规划,确定所需要的控件。在该界面中,既要能接受用户的输入,又要能将运算的结果显示给用户,同时为了方便用户的操作,还需要给用户适当的提示信息。因此,根据功能需求,该界面需要的控件规划如下:一个静态文本框,一个可编辑文本框,十六个按钮控件。下面具体介绍实现该计算器 GUI 的设计步骤。

(1) 步骤 1   启动 GUIDE,在模板选择界面中选择空白模版,在其中放置上面规划的控件,对各控件的位置进行调整并分别对齐,结果如图 6-10 所示。

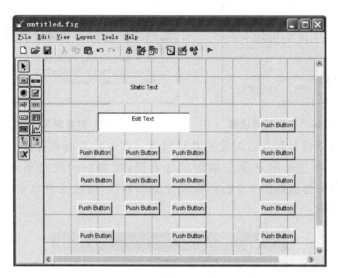

图 6-10   计算器初始界面

(2) 步骤 2   设置 GUI 的属性。

在图 6-10 的空白处双击,或者在空白处单击鼠标右键,在弹出的快捷菜单中选择"Property Inspector"命令,此时会弹出如图 6-11 所示的 GUI 的属性设置界面,在该界面中可以对界面的属性进行查看和修改。在图 6-11 中,通过拖动窗口右侧的滑动条找到"name"属性,并将其值设置为"computer",同样,将"Tag"的属性值设置为"main",将"Resize"的属性值设置为"off"。三个属性的功能分别为:设置运行时 GUI 的标题,对该界面操作时的控制句柄,不能修改该界面的大小。

图 6-11   GUI 属性设置界面

(3) 步骤 3   设置对象(控件)属性。此处以静态文本框的属性设置为例介绍对象属性的设置。先选中静态文本框,在其上双击鼠标或在右键快捷菜单中选中"Property Inspector"命令,此时会弹出与图 6-11 相类似的控件属性设置界面,同样通过拖动窗口右侧的滑动条,找到表 6-2 所列举的属性,并按表中所列的属性值进行修改。修改完成后关闭属性设置界面。

可编辑文本框主要用来显示输入和计算结果,因此其初始状态应显示数字"0",主要设置"Sting"和"Tag"两个属性,其值分别为"0"和"resultedit",其他属性可与静态文本框相同。

用户通过单击相应的数字按钮可以输入对应的数值,为了方便用户的输入,每个数字按钮上都应显示对应数字的标识。此处以按钮"0"的属性设置为例,主要设置"String"和"Tag"两个属性,其值分别为"0"和"pb0"。其余各数字按钮的设置和按钮"1"相同,其属性"String"的值依次为 1~9,属性"Tag"的值依次为 pb1~pb9。

表 6-2　静态文本框的属性

属性名	属性值	功能
FontSize	18	字体大小
Fontunits	points	字体大小的度量单位
HorizontalAlignment	center	对齐方式
String	result	待显示的字符
Tag	resulttext	文本框的句柄
Units	points	文本框的度量单位

各运算符按钮属性的设置为:其属性"String"的值依次为"+""−""x""/",属性"Tag"的值依次为"pbadd""pbsub""pbmul""pbdiv"。

清零(clear0)和计算(=)的属性"String"的值依次为"clear0""=",属性"Tag"的值依次为"pbclear""pbequ"。属性修改后,其界面显示结果如图 6-12 所示。

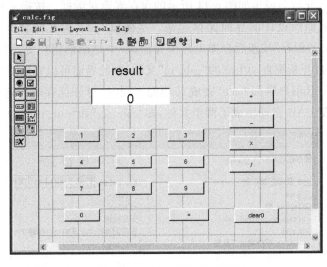

图 6-12　设置好属性后的界面

(4)步骤 4　创建菜单。创建一个"选项(option)"菜单,该菜单包含两个子菜单,分别为"计算(computer)"和"退出(exit)",其创建过程如下。

① 在 GUI 设计界面中,单击"菜单编辑器(Menu Editor)"图标,或者选择"Tools"→"Menu Editor…"命令,弹出如图 6-4 所示的空白菜单编辑对话框,再单击该对话窗最左上方的"新菜单(New Menu)"图标,则在左侧菜单显示栏将出现"Untitled 1"菜单项,单击此菜单项则在窗口右侧的菜单属性栏将会显示菜单属性设置界面,在"Label"中填写"option",在"Tag"中填写"moption",于是左侧的"Untitled 1"变成"option",表示此菜单已生成。其他选项可按系统的默认值,不进行修改。

② 创建子菜单。先选中窗口左侧的"Option"图标,再单击菜单编辑器对话框上的"新菜单项(New Menu Item)"图标,即可生成需要定义的菜单项,在窗口右侧的"Label"中填写"calc",在"Tag"中填写"mcalc"。重复该操作,建立另一个子菜单项"close"。其最后结果如图 6-13 所示,单击"OK"按钮关闭该菜单编辑界面。

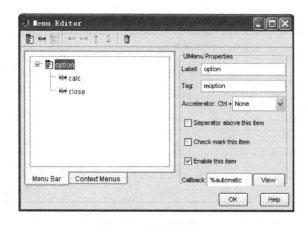

图 6-13　菜单编辑界面

(5) 步骤 5　激活界面,生成回调函数。

在 GUI 设计界面中,单击工具栏上的"运行图标",或者选择"Tools"→"Run"命令,又或者按快捷键"Ctrl+T",此时会弹出如图 6-14 所示的保存界面对话框。按提示指定保存路径及保存文件名,即可将上面所设计的界面保存起来。本例以"calc"为文件名保存在 MATLAB 的"work"路径下。单击"保存"按钮后会弹出两个界面,一个是图形用户界面"calc",另一个是 M 文件编辑器界面。打开系统自动生成的"calc.m"文件,在此界面可以完成对各个对象的回调函数的修改,以驱动图形用户界面"calc"完成其功能。同时,打开保存时指定的目录,在该目录下,可以看到由 MATLAB 自动生成了两个文件,即"calc.fig"和"calc.m"。

图 6-14　保存界面对话框

用户的所有操作都要在图形用户界面"calc"中进行,因此"calc.fig"中的所有对象都应能对用户的操作进行回应,该功能的实现需要各个对象相应的回调函数来实现。各对象的函数结构已经由系统自动生成,而各个对象的具体功能需要程序员指定,下面列举出图形用户界面"calc.fig"中各控件的参考代码。

为了对参加运算的数值进行标记,在函数 calc_OpeningFcn 中定义如下几个变量:s_in 用来存放计算表达式,s_out 用来存放可编辑文本框中要显示的数值,i 和 j 分别为 s_in 和 s_out 的计数器,flag 用来对运算符进行标记。

```matlab
% ---Executes just before calc is made visible.
function calc_OpeningFcn(hObject, eventdata, handles, varargin)
% This function has no output args, see OutputFcn.
% hObject    handle to figure
% eventdata  reserved-to be defined in a future version of MATLAB
% handles    structure with handles and user data (see GUIDATA)
% varargin   command line arguments to calc (see VARARGIN)

% Choose default command line output for calc
handles.output=hObject;
handles.s_in='';        %以字符串的形式记录计算表达式
handles.s_out='';       %以字符串的形式记录编辑框中要显示的数值
handles.i=1;            %s_in 的计数器
handles.j=1;            %s_out 的计数器
handles.flag=0;         %用来区分四则运算和函数运算的标志

% Update handles structure
guidata(hObject, handles);
```

数字按钮以数字"0"的代码为例,具体如下。

```matlab
% ---Executes on button press in pb0.
function pb0_Callback(hObject, eventdata, handles)
% hObject    handle to pb0 (see GCBO)
% eventdata  reserved-to be defined in a future version of MATLAB
% handles    structure with handles and user data (see GUIDATA)
handles.s_in(handles.i)='0';
   handles.s_out(handles.j)='0';
   handles.i=handles.i+1;
   handles.j=handles.j+1;
guidata(handles.mainfigure,handles);
   set(handles.resultedit,'string',handles.s_out)
```

运算符以"一"号为例,具体如下。

```matlab
% ---Executes on button press in pbsub.
function pbsub_Callback(hObject, eventdata, handles)
% hObject    handle to pbsub (see GCBO)
% eventdata  reserved-to be defined in a future version of MATLAB
% handles    structure with handles and user data (see GUIDATA)
if handles.flag
```

```
        handles.s_in(handles.i)=')';
        handles.flag=0;
        handles.i=handles.i+1;
        handles.j=handles.j+1;
    end
    handles.s_in(handles.i)='-';
    handles.s_out(handles.j)='-';
    handles.i=handles.i+1;
      handles.j=handles.j+1;
    guidata(handles.mainfigure,handles);
    set(handles.resultedit,'string',handles.s_out)
```

计算按键"="的代码如下。

```
% ---Executes on button press in pbequ.
function pbequ_Callback(hObject, eventdata, handles)
% hObject      handle to pbequ (see GCBO)
% eventdata   reserved-to be defined in a future version of MATLAB
% handles     structure with handles and user data (see GUIDATA)
try
    if handles.flag
        handles.s_in(handles.i)=')';
        handles.flag=0;
        handles.i=handles.i+1;
    end

    eval(['s=',handles.s_out,';']);
    set(handles.resultedit,'string',num2str(s))
catch
    errordlg('The input don''t fit the calculation')
end
```

清零按钮"clear0"的代码如下。

```
% ---Executes on button press in pbclear.
function pbclear_Callback(hObject, eventdata, handles)
% hObject      handle to pbclear (see GCBO)
% eventdata   reserved-to be defined in a future version of MATLAB
% handles     structure with handles and user data (see GUIDATA)
    handles.s_in='';
    handles.s_out='';
    handles.i=1;
    handles.j=1;
    handles.flag=0;
    guidata(handles.mainfigure,handles)
    set(handles.resultedit,'string','')
```

菜单项运算(calc)代码和运算按钮"="相同,退出(close)代码如下。

```
function mexit_Callback(hObject, eventdata, handles)
% hObject     handle to mexit (see GCBO)
% eventdata   reserved-to be defined in a future version of MATLAB
% handles     structure with handles and user data (see GUIDATA)
delete(handles.mainfigure)
```

【例 6-2】 设计如图 6-15 所示界面，其功能如下：根据输入的 x 的值，绘制其三维结果图，单击"grid on"和"grid off"按钮，可以实现网格线是否显示的功能；在菜单"options"中，包含了两个子菜单，分别为"box on"和"box of"子菜单，可分别实现命令"box on"和"box off"所对应的功能。

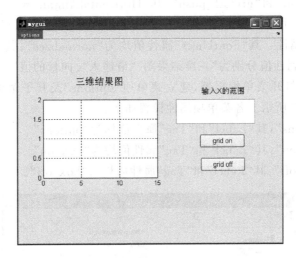

图 6-15　运行结果界面

在理解了前面介绍的界面的基础知识，以及掌握了例 6-1 的前提下，该界面的设计相对来说比较容易。为了实现所要求的功能，需要用到如下几个控件：①轴（Axes）控件，用来显示三维图形结果；②可编辑文本框（edit text），用来输入 X 的数值；③静态文本框（static text），分别用来给用户提示信息；④按钮（push button）控件，用来实现"grid on"和"grid off"的功能。

具体的设计步骤如下。

（1）打开空白界面设计模板，将上面所描述控件放入该模板中，并对其属性进行设置，结果如图 6-16 所示。

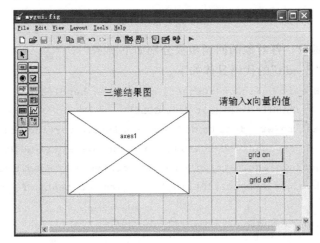

图 6-16　初始界面

图 6-16 中各个对象的属性设置如下。

① 界面属性　属性名"Name"用来设置界面的标题，其值设置为"mygui"；属性名"Resize"用来控制界面的尺寸是否可调，其值设置为"off"；属性名"Tag"用来设置界面句柄，其值设置为"figure1"。

② Axes 属性　属性名"Tag"，其值设置为"axes1"，其余按默认值进行设置。

③ Edit Text 属性　属性名"FontUnits"，其值设置为"points"；属性名"FontSize"，其值设置为"18"；属性名"Enable"，其值设置为"on"；属性名"Tag"，其值设置为"E_edit"。

④ Push Button 属性　其"String"属性值分别设为"grid on"和"grid off"；其"Tag"属性值分别为"gridon_push"和"gridoff_push"；其"HorizontalAlignment"属性值均为"center"；其"FontUnits"属性值均为"normalized"，其"FontSize"属性值均为"0.5"。

⑤ Static Text 属性　其"FontUnits"属性值均为"normalized"；其"FontSize"属性值均为"0.6"；其"String"属性值分别为"三维结果图""请输入 x 向量的值"。

（2）建立菜单。打开菜单编辑器，建立菜单项"options"及其子菜单"box_on"和"box_off"，其结果如图 6-17 所示。各菜单项属性设置如下。

① 菜单项"options"：其"Label"和"Tag"属性值均为"options"。

② 菜单项"box_on"：其"Label"和"Tag"属性值均为"box_on"。

③ 菜单项"box_off"：其"Label"和"Tag"属性值均为"box_off"。

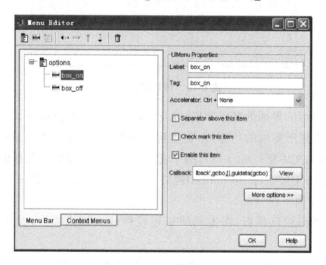

图 6-17　菜单界面

（3）编辑回调函数。各对象的回调函数分别如下所示。

可编辑文本框"E_edit"的代码具体如下。

```
function E_edit_Callback(hObject, eventdata, handles)
% hObject    handle to E_edit (see GCBO)
% eventdata   reserved-to be defined in a future version of MATLAB
% handles    structure with handles and user data (see GUIDATA)
% Hints: get(hObject,'String') returns contents of E_edit as text
% str2double(get(hObject,'String')) returns contents of E_edit as a %double

x=str2num(get(handles.E_edit,'String'))
y=x;
```

```
[xx,yy]=meshgrid(x,y);
zz=xx.^2-yy.^2;
cla
stem3(xx,yy,zz)
hold on
mesh(xx,yy,zeros(size(zz)))
hidden off
mesh(xx,yy,zz)
surf(xx,yy,zz)
colormap('copper')
hold off
```

按钮"grid on"的代码具体如下。

```
% ---Executes on button press in grid_on.
function grid_on_Callback(hObject, eventdata, handles)
% hObject     handle to grid_on (see GCBO)
% eventdata   reserved-to be defined in a future version of MATLAB
% handles     structure with handles and user data (see GUIDATA)
grid on
```

按钮"grid off"的代码具体如下。

```
% ---Executes on button press in grid_off.
function grid_off_Callback(hObject, eventdata, handles)
% hObject     handle to grid_off (see GCBO)
% eventdata   reserved-to be defined in a future version of MATLAB
% handles     structure with handles and user data (see GUIDATA)
grid off
```

菜单项"box_on"的代码具体如下。

```
%--------------------------------------------------------
function box_on_Callback(hObject, eventdata, handles)
% hObject     handle to box_on (see GCBO)
% eventdata   reserved-to be defined in a future version of MATLAB
% handles     structure with handles and user data (see GUIDATA)

    box on             %      Box on
set(handles.box_on,'enable','off')
%            Box on
set(handles.box_off,'enable','on')
%            Box off
```

菜单项"box_off"的代码具体如下。

```
%--------------------------------------------------------
function box_off_Callback(hObject, eventdata, handles)
% hObject     handle to box_off (see GCBO)
% eventdata   reserved - to be defined in a future version of MATLAB
% handles     structure with handles and user data (see GUIDATA)
box off              %      Box off
```

```
    set(handles.box_off,'enable','off')
    %      Box off
    set(handles.box_on,'enable','on')
    %      Box on
```

启动运行该界面,在编辑文本框中输入 x 的值"—3：3",回车后得到如图 6-18 所示的结果。

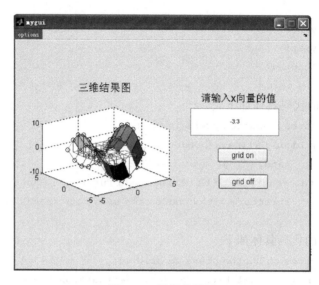

图 6-18 运行结果图

在本例中,由于只有一个 axes 控件,因此图像显示不用进行控制,默认的显示控件即为axes1。

习 题 6

1. 利用图形用户界面(GUIDE)设计一个界面,实现以下功能。

(1) 在该界面中放置一个 List 组件,该组件中有 5 个专业的名称选项。同时在该窗口中放置一个文本框,当选择 List 组件中的某个选项后,文本框中显示该专业的介绍;当双击 List 组件中的某个选项后,文本框中显示该专业的招生人数。

(2) 编制一个"选项"菜单,包含两个子菜单,分别为 "清除"和"退出"。当选择"清除"菜单时,文本框中显示的内容消失;当选择"退出"菜单时,关闭该界面。

第7章 Simulink 仿真

Simulink 是 MATLAB 中的一个软件包,能够对动态系统进行建模、仿真和动态分析,它是 MATLAB 的重要组件之一,并且具有相对独立的功能和使用方法。Simulink 支持 GUI 界面,使用鼠标进行简单的操作就可以完成模型的建立,故不需要在程序的编写上花大量时间,因此广受用户的欢迎。

7.1 Simulink 简介

7.1.1 Simulink 的启动

由于 Simulink 是基于 MATLAB 上的动态系统仿真平台,因此启动 Simulink 之前必须先运行 MATLAB。Simulink 启动有如下四种方式。

(1) 在 MATLAB 命令窗口中键入命令:Simulink。

(2) 在 MATLAB 工具栏上单击 按钮。

(3) 在 MATLAB 窗口左下角的 start 菜单栏中,选中 Simulink 子菜单中的 Library Browser 选项。

(4) 在 MATLAB 命令窗口中键入命令:Simulink3。

采用前三种方式启动 Simulink,可以得到如图 7-1 所示的 Simulink 库浏览窗口,窗口左边列出了系统中所安装的仿真工具箱,窗口右边则显示的是当前选中的工具箱中所包含的模块库,这些模块库与窗口左边对应工具箱中树状目录中列出的模块库相同。

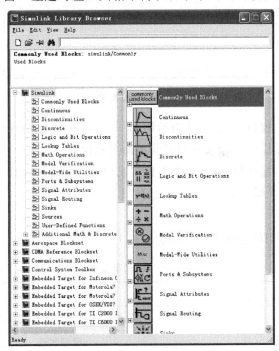

图 7-1 Simulink 库浏览窗口

采用第四种方式启动 Simulink，可以得到如图 7-2 所示的 Simulink 模块库窗口。图 7-1 和图 7-2 两种窗口模块的功能相同，用户可以根据个人喜好来选用。

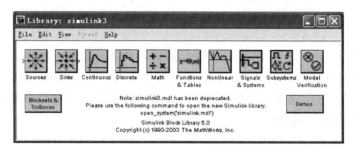

图 7-2　Simulink 模块库窗口

7.1.2　Simulink 的工作环境

在如图 7-1 所示的 Simulink 库浏览窗口中，可以单击树状目录中的模块库来查看各模块，也可以双击窗口右边的模块库的图标，或者单击图标前面的加号来查看库中的模块。当选中某一模块时，树状目录上方的介绍框中会显示出该模块的功能。

系统模型的构建和仿真是在模型编辑窗口中进行的，如图 7-3 所示。创建一个新的模型编辑窗口有以下三种方式。

（1）在 Simulink 库浏览窗口中，选择"File"→"New"→"Model"命令。

（2）在 Simulink 库浏览窗口中，单击工具栏中的▯按钮。

（3）在 MATLAB 命令窗口中，选择"File"→"New"→"Model"命令。

图 7-3　空白模型编辑窗口

新建立的模型编辑窗口为以 .mdl 为后缀的文件，默认名为 untitled，可以选择"File"→"Save"命令或单击工具栏中的▯按钮对其修改命名和保存。

进行系统模型的构建和仿真时，需要在模型窗口中进行各种操作，因此需要了解菜单栏和工具栏的功能，具体介绍如下。

1．"File"菜单栏

"File"菜单栏中常用的选项名称与功能如表 7-1 所示。

表 7-1　"File"菜单栏

名　　称	功　　能
New	新建模型（Model）或库（Library）
Model Properties	模型属性

名　　称	功　　能
Preferences	模型参数设置，主要用于用户界面的显示设置，如字体、颜色等
Print Details	生成 HTML 格式的模型报告文件，包括模块的图标、模快参数设置等

2. "Edit"菜单栏

"Edit"菜单栏中常用的选项名称与功能如表 7-2 所示。

表 7-2　"Edit"菜单栏

名　　称	功　　能
Paste Duplicate Import	粘贴、复制的输入模块
Copy Model to Clipboard	把模型复制到剪贴板
Create Subsystem	创建子系统
Mask Subsystem	封装子系统
Look Under Subsystem	查看子系统的内部构成
Refresh Model Blocks	更新输入、输出和参数设置
Update Diagram	更新模型框图外观

3. "View"菜单栏

"View"菜单栏中常用的选项名称与功能如表 7-3 所示。

表 7-3　"View"菜单栏

名　　称	功　　能
Go to Parent	在子系统内部时，返回到父系统
Toolbar	显示工具栏
Statebar	显示状态栏
Model Browser Options	展开模型浏览器
Block Data Tips Options	显示模块信息
System Requirements	系统要求设置
Library Browser	显示模块库浏览器
Zoom In	放大模块
Zoom Out	缩小模块
Fit System To View	自动显示最合适的模块大小

4. "Simulation"菜单栏

"Simulation"菜单栏中常用的选项名称与功能如表 7-4 所示。

表 7-4　"Simulation"菜单栏

名　　称	功　　能
Start	开始仿真
Stop	停止仿真
Configuration Parameters	仿真参数设置
Normal、Accelerator、External	仿真的三种模式：正常工作模式、加速模式、外部工作模式

"Simulation"菜单中的"Configuration Parameters"选项用来对仿真控制参数进行设置，选中后弹出如图 7-4 所示对话框。其参数设置包括以下几项。

（1）Solver(求解器)页面。

① Simulation time(仿真时间)栏。

Simulation time栏用来设置仿真的起止时间，默认的起始时间为 0.0 s，终止时间为 10.0 s。需要注意的是，仿真的时间与真实的时间并不一样，只是计算机仿真中对时间的一种表示，仿真运行的真实时间取决于算法的步长、模型的复杂程度及计算机的性能等。例如，10 s 的仿真时间，如果采样步长定为 0.1 s，则需要执行 100 步，若把步长减小，则采样点数增加，那么实际的执行时间就会增加。

② Solver options(求解器选项)栏。

Simulink 对模型进行仿真，实际上就是在定义的仿真时间内根据模型提供的信息计算各采样点的输入值、输出值和状态变量值。而对于不同的模型，可以选择合适的算法来计算。在"Type"下拉框中可以选择仿真步长的两种方式：Variable-step(变步长)和 Fixed-step(固定步长)。两种步长对应的算法可以在"Solver"下拉框中进行选择。

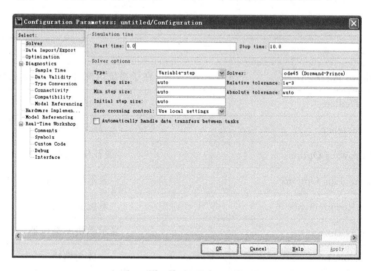

图 7-4　仿真控制参数设置对话框

变步长算法在仿真开始时以起始步长进行采样。在仿真过程中，如果系统的连续状态变化很快，算法会减小步长以提高精度。当系统连续变化很慢时，算法会增加步长以提高效率。当然，步长的变化是在保证误差不超过设置值的前提下进行的。

变步长各算法及其说明如表 7-5 所示。

表 7-5　变步长算法及说明

算法	功　　能
discrete	离散算法,当模型中没有连续状态时选用
ode45	四/五阶龙格-库塔法,适用于大多数系统,但不适用于刚性系统
ode23	二/三阶龙格-库塔法,与 ode45 类似,但算法精度没有 ode45 高
ode113	阿达姆斯预估-校正法,适用于光滑、非线性、时间常数变化范围不大的系统
ode15s	基于数值微分公式 NDFs 的变阶算法,适用于刚性系统
ode23s	基于龙格-库塔法的一种算法,专门应用于刚性系统
ode23t	适用于不要求有衰减的刚性系统
ode23tb	用 TR-BDF2 来实现的,与 ode23s 相似,比 ode15s 精度高

固定步长算法在仿真过程中是以等时间间隔来进行采样的。固定步长各算法及说明如表 7-6 所示。

表 7-6　固定步长算法及说明

算法	功　　能
discrete	离散算法,适用于无连续状态的系统
ode5	ode45 的一个定步长算法
ode4	四阶龙格-库塔法,具有一定的计算精度
ode3	ode23 的一个定步长算法
ode2	改进的欧拉法
ode1	欧拉法,最简单的算法,精度最低,仅用来验证结果

（2）Data Import/Export(数据输入/输出)页面。

通过该页面可以把 MATLAB 工作空间的数据输入到模型或把模型的结果数据输出到 MATLAB 的工作空间中。

① Load from workspace(从工作空间导入)。

当需要将 MATLAB 工作空间的数据输入到模型时,先选中"Input"选框,在编辑框中输入外部输入变量(默认为[t,u]),并单击"Apply"或"OK"按钮。

② Save to workspace(保存至工作空间)。

当需要将模型的结果数据输出到 MATLAB 的工作空间中时,可以选择 Time(时间)、States(状态)、Output(输出)和 Finial states(最终状态)四种参数,还可以修改参数的变量名。

③ Save options(保存设置)。

向 MATLAB 工作空间输出数据的设置,包括输出格式、数据量、存储名及生成附加输出数据等。其中,输出格式包括 Array(矩阵)、Structure(结构)、Structure with time(具有时间的结构)等三种。

【例 7-1】　在 Simulink 中绘制正弦函数曲线并导出时间和函数值。

建立如图 7-1(a)所示的模型,信号发生器选择正弦波信号源,双击"To Workspace"模块,修改变量名为"yout",变量保存类型为"Array"类型。启动仿真,仿真结束后,双击示波器模块"Scope",得到如图7-5(b)所示曲线。

在 MATLAB 工作空间中输入"tout,yout"命令,可得到两个列向量,第一列为时间向量,第二列为函数值向量。

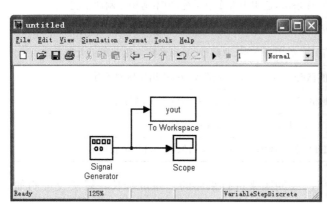

（a）仿真模型　　　　　　　　　　（b）结果显示

图 7-5　例 7-1 图

（3）Optimazition（优化）页面。

优化页面中有不同的选项来提高仿真性能及产生代码的性能。Simulation and code Generation 的设置对模型仿真及生成代码共同有效,Code Generation 的设置只对生成代码共同有效。

（4）Diagnostics（诊断）页面。

诊断页面用于设置模块在编译或仿真时碰到页面列出的特殊情况时,是否需要消息提示,以及是警告提示还是错误提示。警告提示不会终止仿真的运行,错误提示的同时会终止仿真的运行。

（5）Hardware Implementation（硬件设置）页面。

硬件设置页面主要针对于运行模型的物理硬件设置参数。

（6）Model Reference（模型参考）页面。

模型参考页面用于设置模型中的子模型或其他模型引用本模型时的参数值,便于建立仿真和生成目标代码。

（7）Real-time Workspace（实时工作空间）页面。

实时工作空间页面用于设置与"Real-time Workspace"生成代码和构建可执行文件有关的参数。

5. "Format"菜单栏

"Format"菜单栏主要用于模块的翻转,以及设置模块的字体大小、边框颜色、填充颜色、背景颜色等,其常用的选项名称与功能如表7-7所示。

表 7-7　"Format"菜单栏

名　　称	功　　能
Font	模块字体设置
Flip Block	模块翻转 180°

名　　称	功　　能
Rotate Block	模块顺时针旋转 $90°$
Show Drop Shadow	显示模块阴影
Show Port Labels	显示端口标签
Foreground Color	模块填充颜色选择
Background Color	模块背景颜色选择
Screen Color	模型背景颜色选择
Port/Signal Displays	端口/信号显示
Block Displays	模块显示
Library Link Display	库链接显示

6. "Tools"菜单栏

"Tools"菜单栏主要用来打开各种编辑器或设置对话框,用于设置与模型仿真有关的参数,其常用的选项名称与功能如表 7-8 所示。

表 7-8　"Tools"菜单栏

名　　称	功能
Simulink Debugger	打开 Simulink 调试器
Fixed-point Settings	打开定点设置对话框
Model Advisor	打开模型分析对话框
Lookup Table Editor	打开查表编辑器
Data Class Designer	打开数据类设计器
Bus Editor	打开总线编辑器
Profiler	仿真运行结束后,自动生成 HTML 格式的报告
Signal & Scope Manager	打开信号和示波器编辑器
Real-time Workspace	用于将模块转换为实时可执行的 C 语言代码
Report Generator	打开报告生成器

7. "Help"菜单栏

"Help"菜单栏的功能包括 Simulink 的帮助、模块的帮助、模块支持的数据类型帮助文件、S 函数的帮助和演示实例等。

模型窗口的工具栏如图 7-6 所示。 □ 🖙 按钮用来新建模型和打开一个已有模型;🖫🖨 ✂🗐🗐 ⇦⇨⇧ 🔍🔎 按钮用来执行保存、打印、剪切、粘贴和撤销等操作;▶ ∎ 10.0 Normal ▾ 📇 按钮分别用来启动仿真、停止仿真、设置仿真时间、设置仿真模式和准备仿真;🖩 🗎 🐾 📇 按钮分别用来产生 RTW 代码、刷新系统、更新系统和为子系统产生程序代码;🚚 📰 📰 ❀ 按钮分别用来显示 Simulink 浏览窗口、打开模块管理器、打开/隐藏模型浏览器和打开调试器。

图 7-6　模型窗口的工具栏

7.2　Simulink 模块库和模块

模块是动态系统仿真的基本单元，Simulink 中包含了大量的内置系统模块，方便用户建立动态系统模型和对系统进行仿真。本节将对 Simulink 模块库中的几类常用的基本模块进行介绍。

7.2.1　常用基本模块

在如图 7-2 所示的 Simulink 模块库窗口中，双击各个基本模块的图标，就可以看到模块中包含的子模块。

1．Sources（**源模块**）

在 Simulink 模块库窗口中双击"Sources"后，得到如图 7-7 所示的源模块，它包括以下几个子模块。

- In1：输入信号，用于子系统输入端的连接口。
- Constant：常量信号。
- Signal Generator：信号发生器，可以产生正弦波、方波、锯齿波和随意波。
- Ramp：斜坡信号。
- Pulse Generator：脉冲发生器。
- Step：阶跃信号。
- Repeating Sequence：产生规律重复的任意信号。
- Sine Wave：正弦波信号。
- Chirp Signal：产生一个频率不断增大的正弦信号。
- Ground：接地信号。
- Clock：时钟信号，显示与提供仿真时间。
- Digital Clock：数字时钟信号，在规定的采样间隔产生仿真时间。
- From File：从指定数据文件取数据。
- From Workspace：从工作空间向指定变量名取数据。
- Random Number：产生用于离散系统的高斯分布信号。
- Uniform Random Number：产生用于离散系统的均匀分布随机信号。
- Band-Limited White Noise：产生用于连续系统的带限白噪声信号。

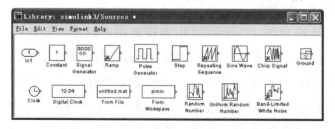

图 7-7　Sources 模块

2. Sinks(接收模块)

在 Simulink 模块库窗口中双击"Sinks"后,得到如图 7-8 所示的接收模块,它包括以下几个子模块。

- Scope:示波器。
- Floating Scope:浮动示波器。
- XY Graph:X-Y 绘图平面。
- Out1:输出端口,建立模块的对外连接口。
- Display:数字显示器。
- To File:输出结果保存于指定的.mat 文件。
- To Workspace:将输出结果保存于工作空间中。
- Terminator:接收终端。
- Stop Simulation:终止仿真。

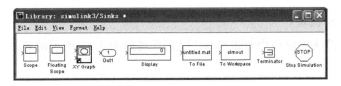

图 7-8　Sinks 模块

3. Continous(连续模块)

在 Simulink 模块库窗口中双击"Continous"后,得到如图 7-9 所示的连续模块,它包括以下几个子模块。

- Integrator:输入信号积分。
- Derivative:输入信号微分。
- State-Space:状态空间系统模型。
- Transfer Fcn:传递函数模型。
- Zero-Pole:零极点模块。
- Memory:一步采样保持即输出上一步的输入值。
- Transport Delay:输入信号延迟一个固定时间再输出。
- Variable Transport Delay:输入信号延迟一个可变时间再输出。

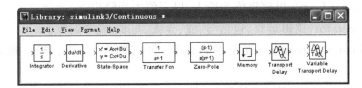

图 7-9　Continous 模块

4. Discrete(离散模块)

在 Simulink 模块库窗口中双击"Discrete"后,得到如图 7-10 所示的离散模块,它包括以下几个子模块。

- Zero-Order Hold:零阶保持器。
- Unit Delay:一个采样周期的延迟。

- Discrete-Time Integrator：离散时间积分器。
- Discrete State-Space：离散状态空间表达式。
- Discrete Filter：离散滤波器。
- Discrete Transfer Fcn：离散传递函数。
- Discrete Zero-Pole：离散零极点函数。
- First-Order Hold：一阶保持器。

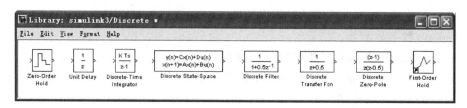

图 7-10　Discrete 模块

5. Math（数学模块）

在 Simulink 模块库窗口中双击"Math"后，得到如图 7-11 所示的数学模块，它包括以下几个子模块。

- Sum：和运算。
- Product：乘运算。
- Dot Product：点乘运算。
- Gain：增益运算。
- Slider Gain：滑动增益，增益上下限可设置，上下限之间的增益可动态调节。
- Matrix Gain：矩阵增益，增益矩阵维数可设为为 $m \times n$，输入向量维数为 $n \times 1$。
- Math Function：函数运算，包括指数函数、对数函数、求平方、求开方等常用的数学函数。
- Trigonometric Function：三角函数运算，包括正弦、余弦、正切等函数。
- MinMax：最大、最小运算。
- Abs：求绝对值。
- Sign：符号函数。
- Rounding Function：取整运算。
- Combinatorial Logic：以逻辑值为输入，以真值表为输出。
- Logical Operator：逻辑运算，包括与、或、异或、与非、或非运算。
- Bitwise Logical Operator：逐位逻辑运算，包括按位与、或、异或、取反运算和位移运算。
- Relational Operator：逻辑运算器，包括相等、不相等、小于、小于等于、大于、大于等于运算，结果为真输出 1，否则为 0。
- Complex to Magnitude-Angle：将复数信号转换为幅值和相角输出。
- Magnitude-Angle to Complex：将幅值和相角转换为复数信号。
- Complex to Real-Imag：将复数转换为实部和虚部。
- Real-Imag to Complex：将实部和虚部转换为复数。
- Algebraic Constraint：求输入函数 $f(x)=0$ 在约束条件（初值 x_0 附近）的值。

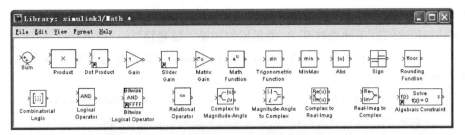

图 7-11　Math 模块

6. Functions & Tables(函数与函数表模块)

在 Simulink 模块库窗口中双击"Functions & Tables"后,得到如图 7-12 所示的函数与函数表模块,它包括以下几个子模块。

- Look-Up Table:查找模块,通过设置输入/输出对应关系表来定义输入/输出的函数关系。
- Look-Up Table(2-D):二维查找模块。
- Look-Up Table(n-D):n 维查找模块。
- Pre Look-Up Index Search:预查询索引搜索模块,寻找输入值在预设断点中的序号和间隔百分比。
- Interpolation (n-D) using PreLook-Up:二维以上预查询索引搜索模块。
- Direct Look-Up Table (n-D):n 维矩阵表格序数搜索模块。
- Fcn:自定义函数模块。
- MATLAB Fcn:利用 MATLAB 现有函数进行运算。
- S-Function:S 函数。
- Polynomial:多项式函数模块。
- S-Function Builder:S 函数生成器。

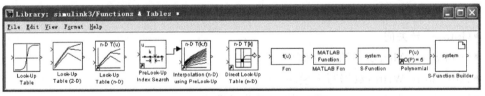

图 7-12　Functions & Tables 模块

7. Nonlinear(非线性模块)

在 Simulink 模块库窗口中双击"Nonlinear"后,得到如图 7-13 所示的非线性模块,它包括以下几个子模块。

- Rate Limiter:限制输入的斜率模块。
- Saturation:限制输入的幅值模块。
- Quantizer:对输入值进行等时间间隔处理。
- Backlash:对输入值进行非线性间隔处理。
- Dead Zone:产生死区,输入在某个范围内时输出值为 0。
- Relay:继电器模块。当输入大于开启阈值,输出为 on,小于开启阈值则输出 off,否则输出值不变。
- Switch:自动选择开关,门限值可设定。当输入端口 2 的输入值大于等于门限值时,则从输入端口 1 通过,否则从输入端口 3 通过。

● Manual Switch:手动选择开关,由鼠标控制输入端通路。

● Multiport Switch:多路控制开关,第一个输入端的值决定接通的输入端序号,排序方式为从上至下。

● Coulomb & Viscous Friction:实现 y＝sign(x) * (Gain * abs(x)＋Offset)。

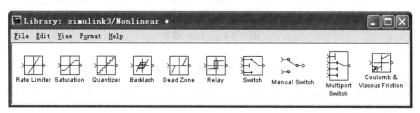

图 7-13 Nonlinear 模块

8. Signals & Systems(信号与系统模块)

在 Simulink 模块库窗口中双击"Signals & Systems"后,得到如图 7-14 所示的信号与系统模块,它包括以下几个子模块。

● Bus Creator:总线生成模块,将多路信号合并传输。

● Bus Selector:总线选择模块,对多路信号进行选择输出。

● Mux:将输入的多个向量合并成一个向量输出。

● Demux:对混合的输入向量分组输出。

● Selector:选择输出模块,对输入的向量或矩阵中的元素进行选择输出。

● Assignment:分配模块,由输入端 U2 指定 U1 端的元素输出。

● Matrix Concatenation:输入端矩阵串联输出。

● Merge:输入端信号合并输出。

● From:信号来源。

● Goto Tag Visibility:标签可视化。

● Goto:信号去向。

● Data Store Memory:数据存储模块。

● Data Store Write:数据写入模块。

● Function-Call Generator:重复执行函数子模块。

● Reshape:输入信号维数转换。

● Data Type Conversion:输入信号数据类型转换。

● Hit Crossing:用于过零检测,检测输入是上升时或下降时经过某值,还是固定为该值。

● IC:设置信号的初始值。

● Width:输入信号的宽度输出。

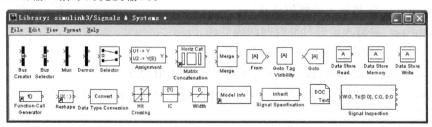

图 7-14 Signals & Systems 模块

9. Subsystems(**子系统模块**)

在 Simulink 模块库窗口中双击"Subsystems"后,得到如图 7-15 所示的子系统模块,它包括以下几个子模块。

- Atomic Subsystem:单元子系统。
- Subsystem:子系统。
- Configurable Subsystem:结构子系统。
- Triggered Subsystem:触发子系统。
- Enabled Subsystem:使能子系统。
- Enabled and Triggered Subsystem:使能和触发子系统。
- Function-Call Subsystem:函数调用触发模块的子系统。
- For Iterator Subsystem:循环子系统。
- While Iterator Subsystem:条件循环子系统。
- If:条件执行子系统。
- Switch Case:条件选择模块。

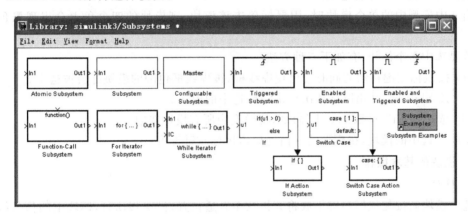

图 7-15 Subsystems **模块**

10. Model Verification(**模型检测模块**)

在 Simulink 模块库窗口中双击"Model Verification"后,得到如图 7-16 所示的模型检测模块,它包括以下几个子模块。

- Check Static Lower Bound:检查静态下限。
- Check Static Upper Bound:检查静态上限。
- Check Static Range:检查静态范围。
- Check Static Gap:检查静态偏差。
- Check Dynamic Lower Bound:检查动态下限。
- Check Dynamic Upper Bound:检查动态上限。
- Check Dynamic Range:检查动态范围。
- Check Dynamic Gap:检查动态偏差。
- Assertion:确定操作。
- Check Discrete Gradient:检查离散梯度。
- Check Input Resolution:检查输入精度。

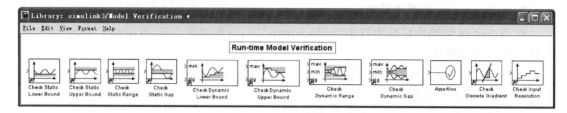

图 7-16　Model Verification 模块

7.2.2　模块操作

模块是 Simulink 建模的基本单元,建立系统模型就是将模块按照适当的方法连接在一起,本节将介绍模块的一些操作。

1. 模块的选择

在新建的模型窗口中搭建系统时,先将所需模块从模块库中查找出来,再将其图标拖曳至模型窗口中就可以复制过来。

当选中模型中的单个模块时,用鼠标单击该模块,则模块的四个角上会出现黑色的小方块。

若要选中多个模块,有如下三种方法。

(1) 按鼠标左键移动的同时会出现虚线框,被虚线框包围的模块都会被选中。

(2) 按 Shift 键,并用鼠标依次单击需要选中的模块。

(3) 选择"Edit"→"Select all"命令,将模型中所有模块选中。

要放弃选中的模块,在模型的空白处单击鼠标左键即可。

2. 模块的基本操作

1) 移动

选中模块后按住鼠标左键不放将其拖放至合适位置,模块移动时,模块上的信号线也会随着移动。

2) 复制

选中模块后按住鼠标右键将其拖曳至窗口空白处即可复制同样的模块;也可以按 Ctrl 键,同时用鼠标左键拖曳完成复制;还可以在选中模块后,采用快捷键 Ctrl＋C 复制、快捷键 Ctrl＋V 粘贴,或者选择"Edit"→"Copy"("Paste")来进行复制(粘贴)。

3) 删除

选中模块后按 Delete 键或 Backspace 键来删除模块。

4) 旋转

选择"Format"→"Flip Block"命令可将选中的模块翻转 180°,选择"Format"→"Rotate Block"命令可将选中的模块顺时针旋转 90°。

5) 改变大小

选中模块,对模块周边四个角上的黑色小方块进行拖曳可以改变模块大小。

6) 模块命名

用鼠标单击模块名,出现灰色文本框,就可以修改模块名。想隐藏模块名可以先选中模块,再选择"Format"→"Hide Name"命令来实现。

7) 属性设置

选中模块,选择"Edit"→"Block Properties"命令设置模块的属性,包括 Description、

Priority、Tag、Block Property tokens、Callback functions 等属性的设置。OpenFcn 属性是一个很有用的属性,通过它指定一个函数,当模块被双击后,Simulink 就会调用该函数并执行,这种函数被称为回调函数。

8) 模块的输入/输出信号

模块的信号可以是标量和向量两种信号。标量是单一信号;而向量是一种复合信号,它是多个信号的集合,对应着系统中的几条连线的合成。对于输入信号,模块能进行智能识别和自动匹配;对于输出信号,大多数模块默认输出为标量。

3. 模块的连接

在选择了构建系统模块所需的模块后,就需要将这些模块连接起来,其具体操作方法如下。

模块之间的信号连接是从一个模块的输出端至另一模块的输入端。将光标移动到模块的输出端,会显示成“+”字光标,此时即可将光标拖动到目标模块的输入端,完成后的连线为黑色实线且在连接点处出现一个箭头,剪头方向表示信号的流向;或者先选中信号流向在前的模块,再同时按 Ctrl 键和鼠标左键,选中信号流向在后的模块,则连线会自动连接好。

根据模型和连接方式的需要,模块之间的连接线还可以进行分支、折弯和改变粗细等操作。

1) 连线的分支

当一个信号需要传输给多个模块时,就需要在此信号中引出若干分支。在需要分支的连线上按住鼠标右键拖曳,画出另一条分支线,或者在按 Ctrl 键的同时拖曳鼠标左键画出。

2) 连线的折弯

按 Shift 键的同时用鼠标在需要折弯的连接处单击一下,就会出现圆圈状的新节点,在节点处拖曳鼠标就可以改变信号线的路径。

3) 改变粗细

在模型中可以直观地通过信号线的粗细来判断信号是标量还是向量。选择“Format”→“Ports/Signals Displays”→“Wide Nonscalar Lines”命令,则信号是标量时为细线,信号是向量时为粗线;选择“Format”→“Ports/Signals Displays”→“Signal Dimensions”命令,则可以先显示出向量的维数,具体如图 7-17 所示。

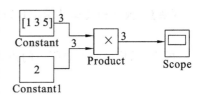

图 7-17 标量信号和向量信号的显示

7.2.3 建模步骤

一般情况下,Simulink 建模仿真的基本步骤如下。

(1) 启动 Simulink,打开模块库。

(2) 建立空白模型窗口。

(3) 根据系统数学模型或结构框图搭建系统仿真模型。

(4) 设置仿真参数,运行仿真。

(5) 输出仿真结果。

【例 7-2】 已知开环传递函数 $G(s) = \dfrac{12}{s^2 + 2s - 3}$,求闭环系统在阶跃输入下的响应曲线。

【解】 (1) 新建模型窗口,在模块库中找到阶跃输入模块 Step、传递函数模块 Transfer Fcn、和模块 Sum、示波器模块 Scope,搭建闭环系统模型。

（2）修改模块参数。

① Step 模块默认的起步时间为 1s，双击该模块，将 step time 改为 0。

② 双击 Transfer Fcn 模块，在参数对话框的"Numerator coefficient"中输入分子的多项式系数向量 12，在"Denominator coefficient"中输入分母的多项式系数向量[1 2 −3]。

③ 由于闭环系统是单位负反馈，则应改变反馈信号的符号。双击 Sum 模块，把"List of signs"中默认的符号"|＋＋"改为"|＋−"，则 Sum 模块下方的符号变成减号。

修改完参数的系统模型如图 7-18(a)所示。

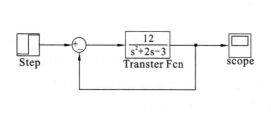

(a) 系统模式图

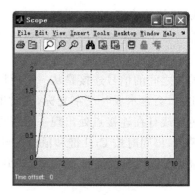

(b) 仿真结果

图 7-18　例 7-2 图

（3）运行仿真，双击 Scope 模块，得到仿真结果如图 7-18(b)所示。

【例 7-3】　飞机在飞行过程中，主要受以下作用力的控制：飞机动力 F，受到空气的阻力 f。其中，$f=v^2-v$，v 为飞机的速度。假设飞机质量 $m=50$ t，飞机动力 $F=100$ kN，建立此系统的 Simulink 模型。

【解】　根据相关运动学定理，可知

$$F-(v^2-v)=m\dot{v}$$

可建立如图 7-19(a)所示的仿真模型。

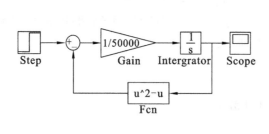

(a) 飞机速度控制系统仿真模型图

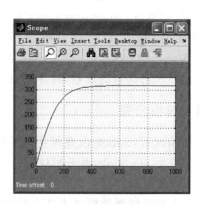

(b) 仿真结果

图 7-19　例 7-3 图

Step 模块用来产生飞机的动力，将其终值 Final Value 设为 100 000，起始时间 step time 设为 0；Gain 模块表示飞机质量的倒数（1/m），其值设为 1/50 000；Fcn 模块用来表示空气阻力，该模块输入变量名为 u，因此阻力表示为 u^2-u；Scope 模块用来显示飞机的速度。

将仿真时间设置为 1 000，运行仿真后，双击示波器可得如图 7-19(b)所示的结果。根据曲线可知,飞机在动力为 100 kN 的作用下,飞行速度从零开始,经过约 300 s 的时间稳定至 320 km/h。

7.3 Simulink 的子系统

对于简单的系统,通常可通过直接建立模块之间的相互关系构成系统模型。随着系统规模的增大,模块之间的相互关系变得更加复杂,为了使系统更为直观,可以将模型中的一些功能相关的模块组合成为一个新的模块。这种建立子系统的做法有以下几点好处。

(1) 减少模型窗口中模块间的输入、输出关系,增加系统可读性。

(2) 将功能相关的模块组合在一起,实现模块化。

(3) 子系统可以反复调用,节省建模时间。

7.3.1 子系统的建立

子系统的建立可以使系统层次化,在"上层"模型中,采用子系统来体现模块群实现的功能,而不需要了解模块之间的关系,使系统更简单;在子系统的"下层"中进行具体的模块构成。

创建 Simulink 的子系统有如下两种方法。

(1) 在模型窗口中添加子系统模块 Subsystem,在该模块中添加其包含的模块。

(2) 对已经搭建好的模块,可以直接选择将它们创建成一个子模块。

1. 通过 Subsystem 模块建立子系统

通过 Subsystem 模块建立子系统的步骤如下。

(1) 打开 Simulink 库浏览器,建立一个新的模型。

(2) 将 Simulink 模块库中"Port & Subsystem"库中的 Subsystem 模块添加到模型中。

(3) 双击 Subsystem 模块,打开 Subsystem 窗口,将需要组合的模块添加进去,窗口中的 Inport 模块表示子系统的输入端,Outport 模块表示子系统的输出端。

【例 7-4】 使用 Subsystem 模块建立子系统。

模型窗口中建立的系统仿真模型如图 7-20 所示。

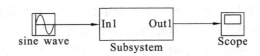

图 7-20 系统仿真模型

其子系统中的模块如图 7-21 所示,系统仿真结果如图 7-22 所示。

147

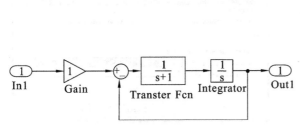

图 7-21 子系统中的模块

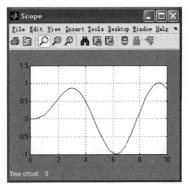

图 7-22 系统仿真结果图

2. 通过已有模块群建立子系统

如果已经创建了模块群,将它们建立为一个子系统的步骤如下。

(1) 将需要建立为子系统的模块全部选中。

(2) 选择"Edit"→"Create Subsystem"命令,或者在右键快捷菜单中选择"Create Subsystem"命令,子系统就建立完成了。

【例 7-5】 使用通过已有模块群建立子系统的方法完成例 7-4。

在模型窗口中建立完整的仿真系统结构,将需要创建成子系统的模块和连接全部选中,如图 7-23 所示。

在右键快捷菜单中选择"Create Subsystem"命令,则之前被选中的模块群建立成一个子系统模块,系统模型图如图 7-24 所示,双击子系统模块,其内部模块图与图 7-21 相同。

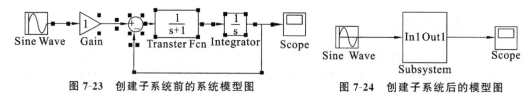

图 7-23 创建子系统前的系统模型图　　　　图 7-24 创建子系统后的模型图

7.3.2 条件子系统

前面介绍了用 Subsystem 模块或通过已有模块群建立子系统,这些子系统都是具有一定输入、输出关系的模块,也就是说,只要子系统有输入,必定会产生一定的输出。但在某些情况下,需要满足一定条件的时候子系统才能被执行,这些条件一般由控制信号来控制。在 Simulink 模块库中,有几种特殊的子系统具有这样的功能,称为条件子系统。本小节介绍其中的两种条件与系统:使能子系统和触发子系统。

1. 使能子系统(enable subsystem)

使能子系统除了输入、输出端口外,还有一个控制端口称为激活端口,当该端口的控制信号为正值时,使能子系统才能被激活,开始执行相关操作,直到控制信号变为负值时停止。使能子系统的控制信号可以是标量,也可以是向量。若控制信号是标量,则该标量为正值时子系统才会执行;若控制信号是向量,则只要向量中有一个元素是正值子系统就会执行。

使能子系统中包含的模块可以是连续的,也可以是离散的。

双击使能子系统模块编辑窗口中的 Enable 模块,如图 7-25 所示,弹出如图 7-26 所示的对话框,在其中可以设置子系统内部状态在重置时的初值。选择"held",表示子系统在开始执行时,系统内部状态值保持为上次激活的终值;选择"reset",表示子系统在开始执行时,系统内部状态值被重新设置为指定的初始值。选中"Show output port"复选框,Enable 模块将出现一个输出口来输出控制信号。选中"Enable zero crossing detection"复选框,Enable 模块则会启动探测零交叉的功能。

图 7-25 使能子系统模块编辑窗口

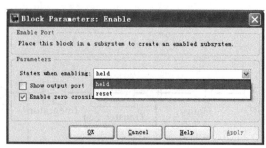

图 7-26 Enable 模块对话框

【例 7-6】 使能子系统设计示例。

（1）建立系统模型如图 7-27 所示。

（2）运行仿真，结果如图 7-28 所示。

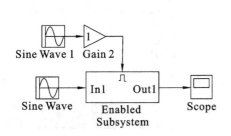

图 7-27　使能子系统模型

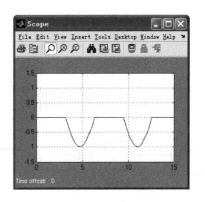

图 7-28　仿真结果

2. 触发子系统（trigger subsystem）

触发子系统除了输入、输出端口外，还有一个控制端口称为触发端口，只有当触发输入信号所定义的事件发生时，该模块才允许接收输入端信号。子系统一旦触发，输出端口的值就保持不变，直到下一次触发才能改变输出值。触发信号可以是标量，也可以是向量，当信号为标量时，满足触发条件就可以触发子系统；当信号为向量时，只要向量中有一个元素满足触发条件就可以触发子系统。

双击触发子系统模块编辑窗口中的 Trigger 模块，如图 7-29 所示。弹出如图 7-30 所示的对话框，在其中可以选择子系统触发事件的方式。触发子系统的触发方式主要有以下几种。

- rising：上升沿触发，当触发信号出现上升沿时开始执行子系统。
- falling：下降沿触发，当触发信号出现下降沿时开始执行子系统。
- either：任意沿触发，当触发信号出现上升沿或下降沿时开始执行子系统。
- function-call：函数调用触发，子系统执行与否取决于 S 函数的内部逻辑。

触发子系统的触发依赖于触发控制信号。因此，触发子系统不能指定常数值的采样时间，只能放置带继承采样时间的模块。

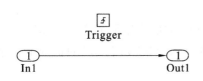

图 7-29　触发子系统模块编辑窗口

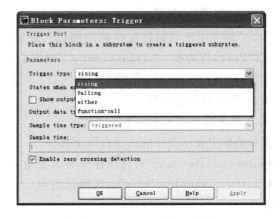

图 7-30　Trigger 模块对话框

【例 7-7】 触发子系统设计示例。

（1）建立如图7-31所示的系统模型,模块参数均为默认值。

（2）运行仿真,在示波器窗口中把子系统输出端波形改为虚线显示,结果如图7-32所示,输出端口只有在触发端口出现上升沿时输出值才会发生变化。

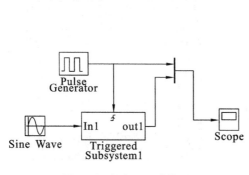

图7-31　触发子系统模型

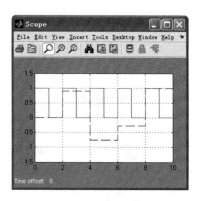

图7-32　仿真结果

7.3.3　子系统的封装

在修改模型中的子系统中的模块参数时,需要打开子系统内部模块的参数对话框,界面上的对话框会比较多;或者当一个子系统被多处使用时,需要修改参数就变得很麻烦。为了解决这类问题,Simulink对子系统提供了"mask"功能,即封装功能。封装后的子系统可以定义自己的图标、参数和帮助文档,也可以作为自定义模块添加到模块库中,完全与Simulink的其他模块一样使用。

子系统封装的一般步骤如下。

（1）创建子系统。

（2）选中需要封装的子系统,选择"Edit"→"Mask Subsystem"命令,弹出"Mask Editor"对话框。

（3）设置对话框中标签栏"Icon""Parameters""Initialization"和"Documentation"中的相关参数,单击"OK"按钮。

在封装子系统的步骤当中,最关键的部分就是参数的设置,下面对于4个标签栏的内容分别进行介绍。

1. "Icon"（图标）标签

"Icon"标签用来定制封装模块的图标。系统提供了控制图标属性的几个下拉式菜单栏,包括"Frame"（边框）、"Transparency"（透明性）、"Rotation"（旋转）和"Units"（坐标）,还提供了"Drawing commands"（绘图命令窗口）,可以在窗口中输入命令来实现在模块图标中显示文字、图形或传递函数。

1）在模块图标中显示文字

在对话框中显示文字的命令有以下几种。

● disp(variable/'text'):在图标中显示变量"variable"的值或显示字符串"text"。

● text(x,y,variable/'text'):在图标的点(x,y)处显示变量"variable"的值或显示字符串"text"。

● fprintf('string'):在图标中显示字符串。

● fprintf('format',variable):在图标中显示变量的值。

● fprintf(prot_type,prot_number,label)：为指定的"prot_type"（端口类型）、"prot_number"（端口号）添加"label"（标记）。"prot_type"包括输入端口"input"和输出端口"output"；"prot_number"是相应端口的序号；"label"是用户指定的字符串。

上述几个命令的区别在于：disp 与 fprintf 命令把内容显示在图标正中位置，而 text 命令能指定显示的位置；在显示变量值时，fprintf 命令可以根据 format 指定值的类型，而 disp 与 text 命令不具备这种功能。在模块图标中显示文字的实例如图 7-33 所示。

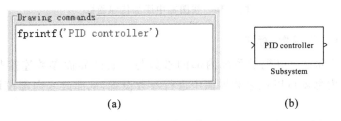

(a)　　　　　　　　　(b)

图7-33　在图标中添加文字

2）在模块图标中显示图形

除了能显示文本外，还能在模块图标中显示图形和图像。可以使用 plot 命令来实现图形的显示，使用 image 和 patch 命令来实现图像的显示，具体用法如下。

● plot(y)：横坐标用向量 y 中元素的序号。

● plot($[x_1,x_2,\cdots,x_n]$,$[y_1,y_2,\cdots,y_n]$)：由坐标为(x_1,y_1),(x_2,y_2),$\cdots$,(x_n,y_n)的点构成的曲线，如图 7-34 所示。

● image(p)：其中 p 是一个 RGB 值的三维数组。imread('image name')可以读取文件名为"image name"的图形，并将其转换为 image 命令能够直接读取的矩阵格式，如图 7-35 所示。

● patch(x,y,$[r,g,b]$)：为曲线填充颜色，形成图像。其中，x、y 为曲线的横、纵坐标，$[r,g,b]$为填充颜色的 RGB 值。

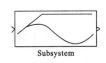

图7-34　在图标中添加图形

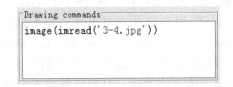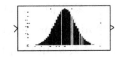

图7-35　在图标中添加图像

3）在模块图标中显示传递函数

使用 dpoly 和 droots 命令能在模块图标中显示传递函数，其具体用法如下。

● dpoly(num,den,'variable')：其中，num 和 den 为传递函数分子和分母的多项式系数向量，variable 为系统状态变量，省略时默认为 s，如图 7-36 所示。

- droots(z,p,k)：显示零极点模型，z 为零点，p 为极点，k 为增益。

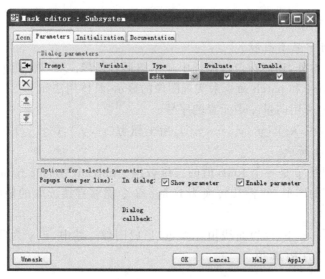

图 7-36　在图标中添加传递函数

2."Parameters"（参数）标签

"Parameters"标签可以把子系统内部的参数与封装的界面参数连接起来，在封装后不需要进入子系统内部就可以在参数界面中进行参数设置，从而改变内部模块的参数值，如图 7-37 所示。

图 7-37　Parameters 标签页面

"Dialog parameters"栏用于对变量进行设置，⬛ 按钮用来新建变量，⬛ 按钮用来删除变量，⬛ 按钮用来上移变量，⬛ 按钮用来下移变量。"Prompt"是变量的提示符，封装完子系统后，提示符中设置的内容会出现在参数界面上，用于描述参数。"Variable"是参数的变量名。"Type"用来选择参数值的输入方法，有如下三种类型：①"edit"，用户可在封装模块的对话框中输入参数值；②"checkbox"，用户可在选与不选该检查框两者间做选择；③"popup"，可在"Options for selected parameter"栏的"Popups(one per line)"中给出多条选项，每项占一行，封装后用户可以在弹出式菜单中给出的多个值中选择一个。选择"Evaluate"表示用户在封装后的参数界面中输入的参数在赋值变量前先由 MATLAB 计算出来，否则，输入的参数值不会被先计算，而是作为一个字符串赋值给变量。"Tunable"表示允许输入值在仿真过程中发生变化。

如图 7-38(a)所示，变量 p 的类型选择为"popup"，在参数设置框中输入"1""2""3""4"四个数值，设置完后，双击子系统模块，会弹出如图 7-38(b)所示的对话框。

对于"popup"类型，当选定"Evaluate"时，变量值为被选择项的序号值。例如，选择第 2 项，则变量 p 的值为 2；否则，变量值为被选择项的字符串"2"。

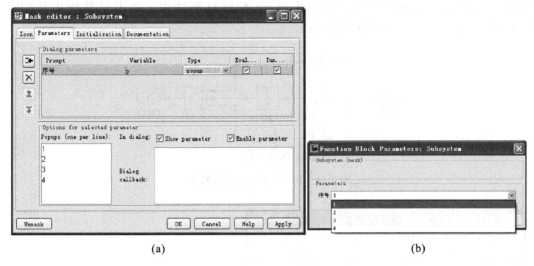

(a)   (b)

图 7-38　popup 类型变量示例

对于"checkbox"类型,当选定"Evaluate"时,选择检查框时变量值为 1,否则变量值为 0；未选定"Evaluate"时,则选择检查框时变量值为"on",否则变量值为"off"。

3. "Initialization"(初始化)标签

"Initialization"标签用于定义在封装子系统编辑器所有页面中使用的变量,Initialization commands 命令可以直接为封装子系统编辑器参数对话框中的变量赋值,也可以为在绘图模块命令中使用的参数赋值。这些命令将在开始仿真、更新模块框图、载入模型和重新绘制封装子系统的图标时被调用。

初始化命令应该是有效的 MATLAB 表达式,每一条命令以分号结束,可避免模型在运行时在 MATLAB 命令窗口中显示运行结果。

4. "Documentation"(描述)标签

"Documentation"标签用来定义封装子系统的帮助和说明。

● "Mask type"用来设置模块的标题,在文本框中输入的字符串会在子系统模块参数对话框的标题栏中显示出来,并且系统自动在标题后添加"mask",用来与系统内置模块相区别。

● "Mask discription"用来描述子系统模块的功能,在文本框中输入的内容会在子系统模块参数对话框标题栏的下方显示出来。

● "Mask help"为子系统模块帮助文档,输入的内容会在单击子系统封装模块对话框中的"help"按钮时显示出来。

【例 7-8】　建立比例-积分-微分控制器,并完成系统封装。

【解】　(1)打开一个空白模型编辑窗口,从子系统模块库中复制一个子系统模块 Subsystem。

(2)双击该子系统模块,打开子系统模块 Subsystem 的编辑窗口,加入子系统所包含的所有模块和连接关系,将比例、积分、微分参数改为变量 kp、ki、kd,如图 7-39 所示。

(3)选中子系统模块 Subsystem,选择"Edit"→"Mask system"命令,弹出子系统封装对话框。在"Icon"标签命令框中输入命令"disp('PID Controller')"；在"Parameters"标签中设置 kp、ki、kd 参数,如图 7-40 所示；在"Documentation"标签的"Mask type"文本框输入"PID Controller",在"Mask discription"文本框输入"Kp：Proportion Gain,Ki：Integral Gain,Kd：

Differential Gain",完成后单击"OK"按钮,子系统封装结束。双击子系统模块"PID Controller",弹出如图 7-41 所示的对话框。

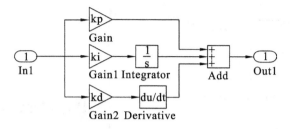

图 7-39   PID 子系统内部模块图

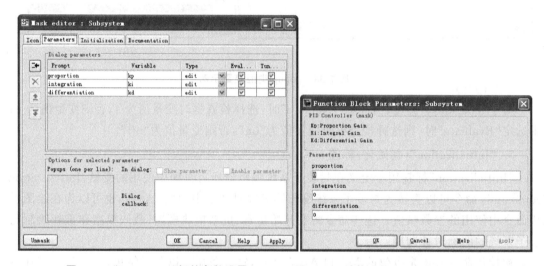

图 7-40   "Parameters"标签参数设置   图 7-41   封装后"PID Controller"子系统对话框

 ## 7.4   SimPowerSystems 模块库和模块

SimPowerSystems 是 MATLAB 的一个工具箱,主要用于电力系统的电力电子电路的仿真。使用 SimPowerSystems,不需要学习复杂的软件命令、编写软件代码,而只需要专注于物理模型本身,通过与实际电路图非常相似的符号,来表示复杂的电力系统。

在 SimPowerSystems 模块库中,拥有近 100 个模块,分别位于 7 个子模块库中。在 MATLAB 7.0 版本中的 7 个子模块库为:电源(electrical sources)元件库,线路(elements)元件库、电力电子(power electronics)元件库、电机(machines)元件库、电路测量模块(measurements)元件库、附加(extra)元件库、相量(phasor elements)元件库。

本节主要介绍 SimPowerSystems 模块库中各种模块的使用方法和参数设置情况。

7.4.1   电源元件库

电源是电子电路和由电子电路构成的各种电子设备的"动力",因而在构建电路的仿真模型时,需要选择合适类型和性能优良的仿真电源。

电源元件库包含了产生电信号的各种元件,有 7 种电源功能模块,如图 7-42 所示。下面分别对其进行介绍。

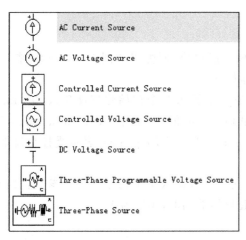

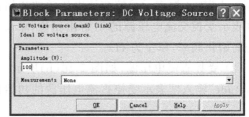

图 7-42 电源元件库中的模块图标和名称　　图 7-43　直流电压源的参数设置

1. 直流电压源（DC Voltage Source）

该直流电压源为理想的直流电压源，双击该功能模块，便弹出如图 7-43 所示的参数设置对话框。"Amplitude"输入框表示直流电压源的幅值，单位为 V。"Measurements"输入框表示直流电压源是否输出测量终端，有"None"和"Voltage"两个可选项，一般情况下选择默认值"None"。

2. 交流电压源（AC Voltage Source）

该交流电压源为理想的交流电压源，双击该功能模块，便弹出如图 7-44 所示的参数设置对话框。其交流电压源的表达式为：

$$u(t) = U_m \sin(2\pi f t + \varphi)$$

"Peak amplitude"输入框表示交流电压源的电压幅值 U_m，单位为 V；"Phase"输入框表示交流电压源的初相角 φ，单位为°；"Frequency"输入框表示交流电压源的频率 f，单位为 Hz。"Sample time"输入框表示采样时间，是系统进行仿真所取的时间间隔，一般情况下选择默认值 0。

3. 交流电流源（AC Current Source）

该交流电流源为理想的交流电流源，双击该功能模块，便弹出如图 7-45 所示的参数设置对话框。其交流电流源的表达式为：

$$i(t) = I_m \sin(2\pi f t + \varphi)$$

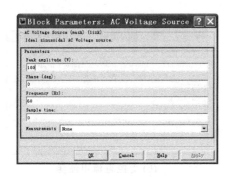

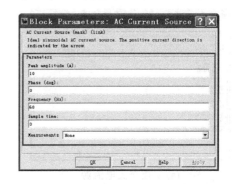

图 7-44　交流电压源的参数设置　　　　图 7-45　交流电流源的参数设置

"Peak amplitude"输入框表示交流电流源的电流幅值 I_m，单位为 A，其他参数的设置方法与交流电压源类似,此处不用赘述。

4. 受控电压源(Controlled Voltage Source)

该受控电压源为理想的受控电压源,双击该功能模块,便弹出如图 7-46 所示的参数设置对话框。受控电压源包含两种电源类型,具体如下。

(1)受控交流电压源,如图 7-46(a)所示。它要求输入 3 个初始化特性参数:①"Initial amplitude"输入框表示受控交流电压源的初始化电压的幅值,单位为 V;②"Initial phase"输入框表示受控交流电压源的初始化相位,单位为°;③"Initial frequency"表示受控交流电压源的初始化频率,单位为 Hz。

(2)受控直流电压源,如图 7-46(b)所示。它只要求输入 1 个初始化特性参数:"Initial amplitude"输入框表示受控直流电压源的初始化电压的幅值,单位为 V。

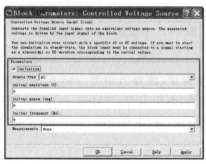
(a)受控交流电压源

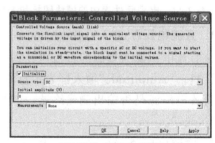
(b)受控直流电压源

图 7-46　受控电压源的参数设置

5. 受控电流源(Controlled Current Source)

该受控电流源为理想的受控电流源,双击该功能模块,便弹出如图 7-47 所示的参数设置对话框。

受控电流源也包含两种电源类型,即受控交流电流源和受控直流电流源,分别如图 7-47(a)和图 7-47(b)所示。它的参数设置方法与受控电压源类似。

受控交流电流源的参数设置界面如图 7-47(a)所示,它要求输入 3 个初始化特性参数:①"Initial amplitude"输入框表示受控交流电流源的初始化电流的幅值,单位为 A;②"Initial phase"输入框表示受控交流电流源的初始化相位,单位为°;③"Initial frequency"表示受控交流电流源的初始化频率,单位为 Hz。

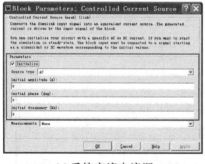
(a)受控交流电流源

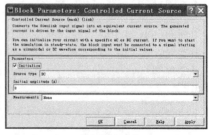
(b)受控直流电流源

图 7-47　受控电流源的参数设置

受控直流电流源的参数设置界面如图 7-47(b)所示,它只要求输入 1 个初始化特性参数:"Initial amplitude"输入框表示受控直流电流源的初始化电流的幅值,单位为 A。

6. 三相电源(Three-Phase Source)

该三相电源为理想的三相电源,双击该功能模块,便弹出如图 7-48 所示的参数设置对话框。该对话框中要求输入以下几个特性参数。

"Phase-to-phase rms voltage(V)"输入框表示三相电源的相-相有效值电压,单位为 V;"Phase angle of phase A(degrees)"输入框表示三相电源的 A 相相位,单位为°;"Frequency(Hz)"表示三相电源的频率,单位为 Hz。

"Internal connection"输入框表示三相电源的连接方式,包括"Y""Yg"和"Yn"3 个可选项。其中:"Y"表示三相三线制的电源;"Yg"表示三相四线制的电源,内部接中性点 N;"Yn"表示三相四线制的电源,由外部接中性点 N。一般默认选"Yg"的连接方式。

"Specify impedance using short-circuit level"复选框表示三相电源指定的短路阻抗参数。如果选中此项,则要求输入以下 3 个参数:①"3-phase short-circuit level at base voltage(VA)"输入框,表示三相电源短路时基于电压值的电源容量,单位为 VA;②"Base voltage(Vrms ph-ph)"输入框,表示三相电源短路时的基准电压,此电压为相-相有效值电压,单位为 V;③"X/R ratio"输入框,表示三相电源短路时的电感感抗值与电阻值之间的比率,如图 7-48(a)所示。

如果没有选中此项,则要求输入以下 2 个参数:①"Source resistance(Ohms)"输入框,表示三相电源短路时绕组电阻值,单位为 Ohms;②"Source inductance(H)"输入框,表示三相电源短路时绕组电感值,单位为 H,如图 7-48(b)所示。

(a)

(b)

图 7-48 三相电源的参数设置

7. 三相可编程电压源(Three-Phase Programmable Voltage Source)

该三相可编程电压源为理想的三相可编程电压源,双击该功能模块,便弹出如图 7-49 所示的参数设置对话框。在该对话框中需要输入几个特性参数。

(1)"Positive-sequence:[Amplitude(Vrms Ph-Ph) Phase(deg.) Freq.(Hz)]"输入框表示三相可编程电压源的正序参数,包括相-相有效电压值、相位和频率,按照矩阵格式依次输入。

(2)"Time variation of"输入框表示三相可编程电压源随时间变化的参变量,包括"None""Amplitude""Phase"和"Frequency"4 个可选项,一般选择默认值"Amplitude"即可。

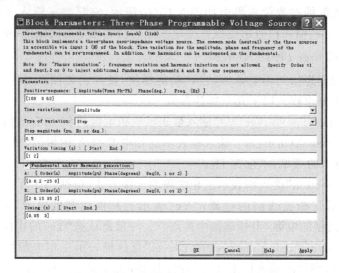

图 7-49　三相可编程电压源的参数设置

（3）"Type of variation"输入框表示参变量的类型，包括"Step""Ramp""Modulation"和"Table of time-amplitude pairs"4 个可选项，分别介绍如下。

① "Step"为阶跃函数。"Step magnitude(pu,Hz,or deg)"，表示阶跃函数的步长参数，可以采用标幺值、频率值或角频率值；"Variation timing(s)：[Start end]"，表示函数变量的时长，单位为秒，用起始时间和终止时间的数组表示。

② "Ramp"为斜坡函数。Ramp of chage（pu/s,Hz/s,or deg/s），表示斜坡函数的斜率参数；"Variation timing(s)：[Start end]"，表示函数变量的时长，同上。

③ "Modulation"为调制函数。"Amplitude of modulation（pu/s,Hz/s,or deg/s)"，表示调制函数的幅值；"Variation timing(s)：[Start end]"，表示函数变量的时长，同上。

④ "Table of time-amplitude pairs"为具有时间-幅值对应关系的数据表格，选中"Variation on phase A only"复选框，其中"Amplitude values(pu)"表示幅值的数组，"Time values"表示时间的数组。

另外，还有"Fundamental and/or Harmonic generation"复选框，表示三相可编程电源的基波和谐波的参数，如果选中此项，则需要输入 A 相和 B 相的"[Order(n) Amplitude(pu) Phase(degrees) Seq.(0,1,or 2)]"，该参数表示指定相序、振幅、相位和谐波的序列类型（1＝正序；2＝负序；0＝零序列）；输入"Timing(s)[Start End]"表示谐波的时长，单位为秒，用起始时间和终止时间的数组表示。

7.4.2　线路元件库

在线路元件库中，基本涵盖了绝大多数电路所需的元器件，如电阻器、电容器、电感器、输电线、变压器、断路器等重要器件。线路元件库中共有 29 种模块，其模块图标和名称如图7-50 所示。

1. 断路器（Breaker）

断路器用于控制电路的断开和闭合的状态，其执行方式分为外部控制和内部控制两种。外部控制是从外部电路接入控制信号，内部控制是从模块内部的控制定时器得到控制信号。它需要输入以下几个特性参数。

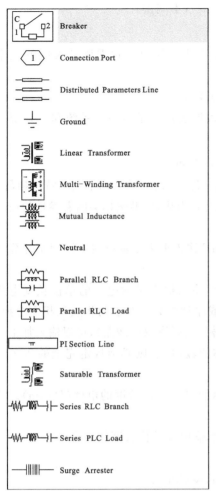
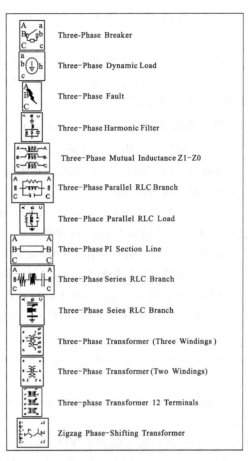

图 7-50　线路元件库中的模块图标和名称

（1）"Breaker resistance Ron(ohms)"输入框表示断路器的内部电阻,参数不能设置为 0。

（2）"Initial state(0 for 'open', 1 for 'closed')"输入框表示初始状态,当参数被设置为 1 时,断路器闭合,当参数被设置为 0 时,断路器断开。

（3）"Snubber resistance Rs(ohms)"输入框表示断路器的过渡电阻,参数设置为 inf 时消除缓冲。

（4）"Snubber capacitance Cs(F)"输入框表示断路器的过渡电容,参数设置为 0 时不考虑过渡电容,设置为 inf 时获得一个容抗。

（5）"External control of switching times"复选框表示断路器的开合由外部信号控制,选中此项时,模块会出现一个控制端 c,可以外接一个 Simulink 信号;未选中此项时,选择内部控制模块,需要输入"Switching times",即断路器的转换时间,其表示为数组的形式。若初始状态是 0(断开),则在第一段转换的时间结束;在第二段转换的时间开始时,断路器的状态由断开变为闭合。

（6）"Measurements"输入框表示对断路器元器件的测量,可以选择"Branch current"（电流测量）,或者"Branch voltage"（电压测量）,也可以选择"Branch current and voltage"

（同时进行电压测量和电流测量），也可以选择"None"（不测量）。

2. 联接接口（Connection Port）

联接端子口可以引出一个接线端子，为子系统建立接口。它需要输入以下几个特性参数。

（1）"Port number"输入框表示端子口标注的线号。

（2）"Port location on parent subsystem"输入框表示端子口在主系统和子系统中的位置，可选择"Left"或"Right"。

3. 分布参数式输电线（Distributed Parameters Line）

分布参数式输电线常用于电力系统中的电网电路，它需要输入以下几个特性参数。

（1）"Number of phases N"输入框表示输电线的相数，模型图标会随着参数的改变而变成相应数目的输入端、输出端。

（2）"Frequency used for R L C specifications"输入框表示输电线中被用于计算线路模型的电阻 R、电感 L 和电容 C 矩阵的频率。

（3）"Resistance per unit length（ohms/km）"输入框表示输电线的单位长度电阻。对于一条对称的输电线，可以任意规定 N×N 矩阵或序列参数。对于两相或三相完全换位，可以输入正序和零序电阻[R1 R0]。对于对称的六相线（同塔双回线路），可以输入加上零序互相的电阻[R1 R0 R0m]的序列参数。对于不对称的输电线，则必须规定完全的 N×N 电阻矩阵。

（4）"Inductance per unit length"输入框表示输电线单位长度的电感（H/km）。其参数设置同上。

（5）"Capacitance per unit length"输入框表示输电线单位长度的电容（F/km）。其参数设置同上。

（6）"Line length"输入框表示输电线的线路长度（km）。

（7）"Measurements"输入框表示输电线的测量选择，可以选择"Phase-to-ground voltages"（测量每相电压），也可以选择"None"（不测量）。

4. 接地点（Ground）

接地点直接提供与地之间的联系。

5. 线性变压器（Linear Transformer）

线性变压器常用于电力系统中的电网和电子电路，它需要输入以下几个特性参数。

（1）"Nominal power and frequency[Pn(VA) fn(Hz)]"输入框表示线性变压器的额定容量和工作频率。

（2）"Winding 1(2)(3) parameters[V1(2)(3)(V rms) R1(2)(3)(pu) L1(2)(3)(pu)]"输入框表示线性变压器的各侧电压、各侧电阻和漏电感。其中，标幺值(pu)是以线性变压器本身的容量和电压为基准的。

（3）"Three windings transformer"复选框表示选择为三线圈的线性变压器。如果选中此项，则线性变压器需要输入第 3 组线圈的参数，其参数设置同上。如果没有选中此项，则只有两组线圈的参数设置框出现。

（4）"Magnetization resistance and reactance[Rm(pu) Lm(pu)]"输入框表示线性变压器的激磁电阻和电感，用于考量铁芯磁化的特点，采用线性分支的模拟模式。

（5）"Measurements"输入框表示线性变压器的测量选择，包括"Winding voltage"（线圈电压测量），"Winding current"（线圈电流测量），"Magnetization current"（激磁电流测量），"All voltages and currents"（所有的电压电流测量）和"None"（不测量）。

6. 多绕组变压器（Multi-Winding Transformer）

多绕组变压器的参数设置与线性变压器基本一致，只是要求输入左右的线圈数量（"Number of windings on left side"和"Number of windings on right side"），以及分接头的方式（"Tapped winding"）。

分接头的方式（"Tapped winding"）包括以下 3 个选项："no taps""taps on upper left winding"和"taps on upper right winding"。如果不需要添加抽头，则选择"no taps"选项；如果需要在变压器的初级绕组侧添加抽头，则选择"taps on upper left winding"选项；如果需要在变压器的次级绕组侧添加抽头，则选择"taps on upper right winding"选项。

另外，还增加了"Saturable core"复选框，用于设置磁化现象的饱和参数"Saturation characteristic(pu)[i1,phi1,i2,phi2,…]"。"Simulate hysteresis"复选框，可以采用日志文件（*.mat）中的数据来模拟滞后。

"Measurements"输入框表示多绕组变压器的测量选择。其中，"Winding voltages"选项为测量变压器绕组的电压，"Winding currents"选项为测量变压器绕组的电流，"Flux and excitation current（Im＋IRm）"选项为测量变压器绕组的磁通和励磁电流，"Flux and magnetization current（Im）"选项为测量变压器绕组的磁通和磁化电流，"All measurement（V，I，Flux）"选项为测量变压器绕组的所有参数，包括电压、电流和磁通，"None"选项为不测量。

7. 互感器（Mutual Inductance）

互感器用于实现两个或三个绕组之间的磁耦合。它需要输入以下几个特性参数。

（1）"Winding 1 (2)(3) self impedance［R1 (2)(3)（ohm）L1 (2)(3)（H）]"输入框表示互感器绕组 1 (2)(3)的自阻抗，包括电阻值和电感值。

（2）"Mutual impedance[Rm(ohm) Lm(H)]"输入框表示互感器绕组之间的互阻抗，包括电阻值和电感值。

（3）"Measurements"输入框表示互感器的测量选择，包括"Winding voltage""Winding current""Winding voltages and currents"和"None"4 个选项。

8. 中性点（Neutral）

中性点可以实现一个特定的浮动的中性节点，用于连接电路中的两个点而不需要画直接的连接线。

9. 并联 RLC 支路（Parallel RLC Branch）

并联 RLC 支路用于实现一个单一的电阻、电感和电容，或者它们的并联组合，设定相应的参数时，图标会随之变化。

并联 RLC 支路可以设置为"R""L""C""RC""RL""LC""RLC""open Circuit"这 8 种形式。

"Resistance R(ohms)"（电阻值）、"Inductance L(H)"（电感值）、"Capacitance C(F)"（电容值）可以直接填写。如果需要消除并联 RLC 支路中电阻、电感和电容的值，则其中"R"必须设置为无穷大(Inf)，"L"必须设置为无穷大(Inf)，"C"必须设置为 0。

"Measurements"输入框表示并联 RLC 支路的测量选择，包括"Branch voltage""Branch current""Branch voltages and currents"和"None"4 个选项。

10. 并联 RLC 负载(Parallel RLC Load)

并联 RLC 负载用于实现一个负载,它需要输入以下几个特性参数。

"Nominal voltage Vn(V rms)"输入框表示并联 RLC 负载的额定电压。

"Nominal frequency fn(Hz)"输入框表示并联 RLC 负载的额定频率。

"Active power P(W)"输入框表示并联 RLC 负载的有功功率。

"Inductive reactive power QL(positive var)"输入框表示并联 RLC 负载的感性无功功率。

"Capacitive reactive power QC(negative var)"输入框表示并联 RLC 负载的容性无功功率。

"Measurements"输入框表示并联 RLC 负载的测量选择,同上。

11. π 型输电线(PI Section Line)

π 型输电线常用于电力系统中的电网电路,它需要输入以下几个特性参数。

(1)"Frequency used for RLC specifications (Hz)"输入框表示 π 型输电线中 RLC 的频率。

(2)"Resistance per unit length (ohms/km)"输入框表示 π 型输电线的单位长度电阻。

(3)"Inductance per unit length (H/km)"输入框表示 π 型输电线的单位长度电感。

(4)"Capacitance per unit length(F/km)"输入框表示 π 型输电线的单位长度电容。

(5)"Length(km)"输入框表示 π 型输电线的长度。

(6)"Number of pi sections"输入框表示 π 型输电线的 π 型段的数量。

(7)"Measurements"输入框表示 π 型输电线的测量选择,包括"Input and output voltages""Input and output currents""All voltages and currents"和"None"4 个选项。

12. 饱和变压器(Saturable Transformer)

饱和变压器常用于电子电路中,该模型考虑到线圈的电阻和漏电感,还有铁心的磁化的特点,以及模拟铁芯的有功损失和可饱和的电感 Lsat、电阻 Rm 等参数。它需要输入以下几个特性参数。

(1)"Nominal power and frequency [Pn(VA) fn(Hz)]"输入框表示饱和变压器的额定容量和频率。

(2)"Winding 1(2)(3) parameters [V1(2)(3)(V rms) R1(2)(3)(ohms) L1(2)(3)(H)]"输入框表示饱和变压器的线圈参数,需要输入电压的有效值、线圈电阻和漏电感。

(3)"Saturation characteristic[i1,phi1,i2,phi2,…]"输入框表示饱和变压器的饱和参数。

(4)"Core loss resistance and initial flux [Rm(pu),phi0(pu)]or[Rm(pu)]only"输入框表示饱和变压器的铁芯损耗电阻和初始电流。

(5)"Simulate hysteresis"复选框表示饱和变压器的模拟滞后。若选中此项,饱和参数输入框将隐藏,模块将采用滞后的 .mat 文件,模拟饱和滞后特性。

(6)"Measurements"输入框表示饱和变压器的测量选择。

13. 串联 RLC 支路(Series RLC Branch)

串联 RLC 支路可参考并联 RLC 支路,其参数基本相同,只是类型不同,此处为串联。

如果需要消除并联 RLC 支路中的电阻、电感和电容的值,则其中"R"必须设置为 0,"L"必须设置为 0,"C"必须设置为无穷大(inf)。

14. 串联 RLC 负载(Series RLC Load)

串联 RLC 负载可参考并联 RLC 负载,其参数基本相同,只是类型不同,此处为串联。

15. 过电压保护(Surge Arrester)

过电压保护常用于电力系统的保护。它需要输入以下几个特性参数。

(1)"Protection voltage Vref(V)"输入框表示过电压保护的保护电压值。

(2)"Number of columns"输入框表示过电压保护的数量,一般为金属氧化物的数量,最小值为 1。

(3)"Reference current per column Iref(A)"输入框表示过电压保护中每个金属氧化物流过的电流。

(4)"Segment 1(2)(3)characteristics [k1(2)(3)alpha1(2)(3)]"输入框表示过电压保护的特性参数。

(5)"Measurements"输入框表示过电压保护的测量选择。

16. 三相断路器(Three-Phase Breaker)

三相断路器除了可以实现三相电路的断开和闭合功能以外,还可以通过选择转换状态的相,来实现单相的动作情况。

其他参数可参考断路器(Breaker),其参数基本相同。

17. 三相动态负载(Three-Phase Dynamic Load)

三相动态负载可以通过对内部时间和外部方式的设置来实现一个可以控制有功功率和无功功率的动态负载。它需要输入以下几个特性参数。

(1)"Nominal L-L voltage and frequency [Vn(Vrms) fn(Hz)]"输入框表示三相动态负载的额定电压和频率。

(2)"Active and reactive power at initial voltage [Po(W) Qo(Var)]"输入框表示三相动态负载在初始电压时的有功无功功率。

(3)"Initial positive-sequence voltage Vo [Mag(pu) Phase(pu)]"输入框表示三相动态负载的初始正序电压,其电压为标幺值,同时输入相角。

(4)"External control of PQ"复选框表示三相动态负载的外部控制 PQ 的选择。如果选中此项,则负载的状态由外部信号控制,并且其下面的输入框不可见。

(5)"Parameters [np nq]"输入框表示三相动态负载的参数。

(6)"Time constants [Tp1 Tp2 Tq1 Tq2]"输入框表示三相动态负载的连续时间,用来控制有功无功功率。

(7)"Minimum voltage Vmin(pu)"输入框表示三相动态负载的最小电压,电压不小于此值时设置的动态过程。

18. 三相故障(Three-Phase Fault)

三相故障常用于三相故障的模拟,它需要输入以下几个特性参数。

(1)"Phase A(B)(C)Fault"复选项表示选择模拟 A(B)(C)相故障。

(2)"Fault resistances Ron"输入框表示故障电阻,不能选择 0。

(3)"Ground Fault"复选框表示接地故障,如果选中此项,则需要输入"Ground resistance Rg"(接地电阻的阻值)。

(4)"External control of fault timing"复选框表示外部控制故障时间。如果选中此项,则由外部输入控制信号,需要输入"Initial status of fault [Phase A Phase B Phase C]"(故障

状态初始出现的相序)。如果未选中此项,则需要输入"Transition status"(状态转换)和"Transition times(s)"(转换时间)。

(5)"Snubbers resistance Rp"输入框表示过渡电阻,"Snubbers capacitance Cp"输入框表示过渡电容,"Measurements"输入框表示测量的选择。

19. 三相滤波器(Three-Phase Harmonic Filter)

三相滤波器是采用RLC组成的四种类型的的三相滤波器。它需要输入以下几个特性参数。

(1)"Type of filter"输入框表示滤波器的类型,包括"single-tuned"(单调谐)、"double-tuned"(双调谐)、"high-pass"(高通)和"C-type high-pass"(C型高通)4个选项。

(2)"Filter connection"输入框表示滤波器连接方式,包括"Y(grounded)"(中性点接地)、"Y(floating)"(中性点不接地)、"Y(neutral)"(中性点提供接口)和"Delta"(三角形接线)4个选项。

(3)"Nominal L-L voltage and frequency [Vn(Vrms) fn(Hz)]"输入框表示滤波器的额定线电压和频率。

(4)"Nominal reactive power(Var)"输入框表示滤波器的额定无功功率。

(5)"Tuning frequencies[Fr1(Hz) Fr2(Hz)]"输入框表示滤波器的调节频率,单通滤波器有一种调节频率,双调谐滤波器有两种频率。

(6)"Quality factor (Q)"输入框表示滤波器的品质因素。

(7)"Measurements"输入框表示滤波器的测量选择。

20. 三相互感器(Three-Phase Mutual Inductance Z1-Z0)

三相互感器可参考单相互感器。

21. 三相并联 RLC 支路(Three-Phase Parallel RLC Branch)

三相并联 RLC 支路可参考单相并联 RLC 支路。

22. 三相并联 RLC 负载(Three-Phase Parallel RLC Load)

选择接线方式"Configuration",其余的参数设置可参考单相并联 RLC 负载。

23. 三相 π 型输电线(Three-Phase PI Section Line)

三相 π 型输电线可参考单相 π 型输电线,不过这里要输入零序参数。

24. 三相串联 RLC 支路(Three-Phase Series RLC Branch)

三相串联 RLC 支路可参考单相串联 RLC 支路。

25. 三相串联 RLC 负载(Three-Phase Series RLC Load)

三相串联 RLC 负载可参考单相串联 RLC 负载,先选择接线方式。

26. 三相三绕组变压器(Three-Phase Transformer (Three Windings))

三相三绕组变压器可参考单相变压器,先选择绕组接线方式。

27. 三相双绕组变压器(Three-Phase Transformer (Two Windings))

三相双绕组变压器可参考单相变压器,先选择绕组接线方式。

28. 12 接线端子三相变压器(Three-Phase Transformer 12 Terminals)

12 接线端子三相变压器主要是为了不确定的连接组别,由三个单相变压器组成三相变压器,连接组别可以根据实际情况选择接线来实现不同的连接组别。

29. 移相变压器（Zigzag Phase-Shifting Transformer）

"Secondary nominal voltage and phase shift"输入框表示额定电压和变换相位,其余参数与变压器相同。

7.4.3 电力电子元件库

在电力电子元件库中,基本涵盖了绝大多数电路所需的开关元器件,如二极管、GTO、IGBT、MOSFET、Thyristor、理想开关、Three-Level Bridge和 Universal Bridge 等重要器件。电力电子元件库共有9种模块,其图标和名称如图7-51所示。

1. 晶闸管（Thyristor）

晶闸管是可以通过控制极信号去控制电路通断的元件。在电力电子元件库中,有两种晶闸管模型,即简化模型（Thyristor）和详细模型（Detailed Thyristor）。

在晶闸管的简化模型中,阻塞电流 I_1 和恢复时间 T_q 被设定为0,两种模型其他的参数基本相同。它需要输入以下几个特性参数。

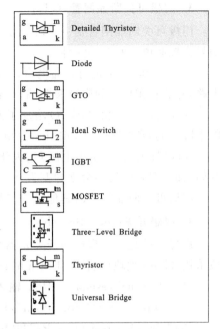

图 7-51 线路元件库中的模块图标和名称

（1）"Resistance Ron"输入框表示晶闸管的导通电阻 R_{on},单位为 Ω。当电感 L_{on} 被设定为 0 时,电阻 R_{on} 不能设定为 0。

（2）"Inductance Lon"输入框表示晶闸管的导通电感 L_{on},单位为 H。当电阻 R_{on} 被设定为 0 时,电感 L_{on} 不能设定为 0。

（3）"Forward voltage Vf"输入框表示晶闸管的正向导通压降,单位为 V。

（4）"Initial current Ic"输入框表示晶闸管的初始电流。当导通电感 L_{on} 设定为大于 0 的值时,可以设置一个电流的初始值流过晶闸管,此时电路的其他初始值也必须被设定。

（5）"Snubber resistance Rs"和"Snubber capacitance Cs"分别表示晶闸管的吸收电阻和吸收电容。电阻 R_s 的单位为 Ω,当其设定为无穷大(inf)时,可以消除吸收电路;电容 C_s 的单位为 F,当其设定为 0 时,可以消除吸收电路,或者将其设定为无穷大(inf)时得到一个纯电阻吸收电路。

（6）"Show measurement port"复选框表示测量端口的选择,如果选中此项,则模块显示出测量端 m,可仿真输出晶闸管的电流和电压。

（7）"Latching current Il"输入框表示晶闸管的阻塞电流,"Turn-off time Tq"输入框表示晶闸管的恢复时间,它们在晶闸管的详细模型中才会出现,可以依据实际情况选取不同的值。

晶闸管导通时,正负极电压 U_{ak} 必须大于电压 U_f,并且控制极 g 应有持续时间足够长的正脉冲输入时,才能使晶闸管的阳极电流增大至大于阻塞电流 I_1。

晶闸管关断时,通过元器件的电流 I_{ak} 为 0,正负极电压 U_{ak} 变为负值,并且持续时间不小于关断时间 T_q。

2. 二极管（Diode）

二极管的基本构成与晶闸管非常类似。

二极管正向偏置时,导通,其电压为 U_f;当流过元器件的电流为 0 时,关断;反向偏置时,保持关断。

二极管的参数设置与简化晶闸管模型的设置相同,此处不再赘述。

3. 门极可关断晶闸管(GTO)

门极可关断晶闸管是一种既可以通过控制极信号去控制电路开通,也可以通过控制极信号去控制电路断开的元件。

R_{on}、L_{on} 和 U_f 是正向导通电阻、正向导通电感和正向压降。GTO 模型也有 R_s、C_s 吸收电路,并联在阳极 a 和阴极 k 两端。

与简化晶闸管相比,GTO 增加了两个参数:"Current 10% fall time"(电流幅值的 10% 的下降时间)和"Current tail time"(电流拖尾时间)。

GTO 导通时,正负极电压 U_{ak} 大于电压 U_f,并且控制极 g 有正的脉冲;当 g=0 时,GTO 开始关断,但是电流不会立即变为 0。

门极可关断晶闸管的其他参数与简化晶闸管模型相同,此处不再赘述。

4. 理想开关(Ideal Switch)

理想开关是一个理想的开关元器件,通过控制极信号去控制电路的开通。控制信号一般采用 Timer 模块(其位于 Extra library 中的 Control Blocks 中)产生的脉冲信号。

(1)"Internal resistance Ron"输入框表示理想开关的内部电阻。

(2)"Initial state(0 for 'open',1 for 'closed')"输入框表示理想开关的初始状态。

(3)"Snubber resistance Rs"和"Snubber capacitance Cs"输入框分别表示理想开关的吸收电阻和吸收电容。

(4)"Show measurement port"复选框表示测量端口的选择,如果选中此项,则模块显示出测量端 m,可仿真输出晶闸管的电流和电压。

5. IGBT

IGBT 也可以通过控制极信号去控制电路的通断。控制信号一般采用 Pulse Generator 模块(其位于 Sources 中)产生的脉冲信号。

IGBT 的参数设置与详细晶闸管模型相同,此处不再赘述。

6. MOS 场效应晶体管(MOSFET)

MOS 场效应晶体管内部的开关 SW 由控制极 g 的信号来决定通断。当 g>0 时,开关 SW 闭合,MOSFET 开通。

MOSFET 还有一个内部反向并联的二极管,当电压 U_{ds} 反向偏置时,二极管会导通。因此,其特性有别于晶闸管或 GTO。

MOSFET 导通时,电压 $U_{ds}>0$,并且有一个正的控制极信号(g>0)。若正向电流流过,当 g=0 时,MOSFET 关断;当 I_d 反向且 g=0,电流 I_d 变为 0 时,则 MOSFET 关断。当 $I_d>0$ 时,通态电阻 $R_t=R_{on}$;当 $I_d<0$ 时,通态电阻 $R_t=R_d$。

与简化晶闸管相比,MOSFET 多了一个"Internal diode resistance Rd"(内部二极管的电阻 R_d)参数需要设置。其他参数与简化晶闸管模型相同,此处不再赘述。

7. 三电平变换桥(Three-Level Bridge)

三电平变换桥(Three-Level Bridge)是一个提供中性点钳位,桥臂数可选(1、2 或 3)的变换器。每个桥臂有 4 个开关器件、4 个反并联二极管、2 个中性点钳位二极管。

变换桥的图标随着参数设置中的"Number of bridge arms"(桥臂数目)选项和"Power

electronic device"(开关器件类型)选项输入的不同而发生变化。

"Snubber resistance Rs"和"Snubber capacitance Cs"输入框分别表示变换桥的吸收电阻和吸收电容。

"Power electronic device"输入框表示变换桥中开关器件类型选项,可供选择的包括"Gto/Diodes""Mosfet/ Diodes""IGBT/ Diodes"和"Ideal Switches"。

"Internal resistance Ron"输入框表示变换桥的内部电阻,"Forward voltages[Device Vf,Diode Vfd]"输入框表示变换桥的导通电压。

"Measurements"输入框表示变换桥的测量选择。

8. 通用桥(Universal Bridge)

通用桥实现了一个的可选拓扑结构的通用的电源转换器。其参数设置类似于三电平变换桥,此处不再赘述。

7.4.4 电机元件库和电路测量模块元件库

电机元件库包含了多种形式的电机模块,如简单的同步电机、永磁同步电机、直流电机、异步电机、原动机调节器、励磁调节器、电力系统稳定器及专用的电机电量测量。电机元件库中的模型图标和名称如图 7-52 所示,下面具体介绍一下具有代表性的异步电机和同步电机的参数设置情况。

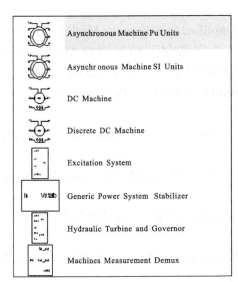
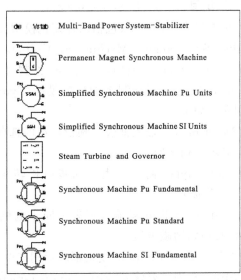

图 7-52 电机元件库中的模型图标和名称

1. 异步电机(Asynchronous Machine)

异步电机有两种模型:一种是标幺制下的模型 Asynchronous Machine pu Units,一种是实名制下的模型 Asynchronous Machine SI Units,两者在本质上没有区别。其主要参数的设置介绍如下。

(1)"Preset model"输入框表示预设模型的选项,它提供了一组预定的电气和机械参数,包括功率(HP)、相-相电压(V)、频率(Hz)和额定转速(RPM)。如果选择某一组预定的参数,则其他参数输入框变为不可输入的灰色状态,异步电机的参数采用的是预定参数。如果不想采用预定参数,可选择"No"。

(2)"Show detailed parameters"复选框选中该项后显示详细参数。

(3)"Rotor type"输入框表示异步电机转子的类型,可选项有"Squirrel-cage"(鼠笼式)和"Wound"(绕线式)。

(4)"Reference frame"输入框表示用于仿真的参考坐标系,可供选择的有"Rotor"(旋转轴系)、"Stationary"(静止轴系)和"Synchronous"(同步轴系)三种。

(5)"Nominal power""L-L volt""freq.""Stator""Rotor""Mutual inductance""Inertia""friction factor""pairs of poles"输入框分别表示额定功率、线-线电压、频率、定子参数、转子参数、互感参数、惯性、摩擦系数和极对数。这些主要用于设置电机的电气结构参数、机械参数,需要根据具体的电机模型分别设置。

(6)"Initial conditions"输入框表示初始转差率 s、电气角度、定子电流幅值和相位。对于绕线式电机,可以随意指定转子电流的幅值和相位,但对于鼠笼式电机需要计算,不能随意指定其参数。

(7)异步电机模块的仿真输入(Tm)是加在机械轴上的机械转矩。当其输入为正时,异步电机表现为电动机;当其输入为负时,异步电机表现为发电机。

(8)异步电机模块的仿真输出(m)可以提供 21 个信号的测量向量,可以用 Bus Selector(位于 Singal Routing 中)模块分解这些信号。

(9)异步电机模块的定子用 A、B、C 字母标注,绕线式电机的转子用 a、b、c 标注。

2. 同步电机(Synchronous Machine)

同步电机有 5 种模型,包括两种简化模型(Simplified Synchronous Machine Pu Units 和 Simplified Synchronous Machine SI Units),一个实名制下的原理模型(Synchronous Machine SI Fundamental),一个标幺制下的原理模型(Synchronous Machine Pu Fundamental),一个标幺制下的标准模型(Synchronous Machine Pu Standard)。其主要参数分别介绍如下。

"Preset model"输入框表示预设模型的选项,"Show detailed parameters"复选框被选中后将会显示下列参数。

●"Rotor type"输入框表示同步电机转子的类型,可选项有"Salient-pole"(凸极)和"Round"(隐极)。

●"Initial conditions"输入框表示同步电机的初始速度偏差、转子电气角度、线电流幅值、相位及初始励磁电压。

●"Simulate saturation"复选框表示同步电机的转子电磁饱和度、定子铁心的饱和参数。如果选中此项,则需要输入"saturation parameters"。

在标准模型中,还有两个下拉选项:"d axis time constants"(d 轴时间常数)和"q axis time constants"(q 轴时间常数),它们分别用于确定是按转子短路时设置还是按转子开路时设置。

同步电机模型有两个仿真输入端,具体如下。

●机械功率(Pm) 在发电机模式下,机械功率为一个正的常数或函数,又或者为原动机模块的输出;在电动机模式下,机械功率为一个负的常数或函数。

●励磁电压(Vf) 在发电机模式下,励磁电压由励磁调节器提供;在电动机模式下,励磁电压通常为一个常量。

同步电机的输出端包括三相输出端子(A、B、C)和测量端子(m)。测量端子可以提供同步电机的 22 个物理不变量值。

3. 电路测量模块元件库

电路测量模块元件库中包括了 Voltage Measurement（电压测量）、Current Measurement（电流测量）、Impedance Measurement（阻抗测量）、Multimeter（万用表）和 Three-Phase V-I Measurement（三相电压电流测量）等测量模型。各种测量模型的图标和名称如图 7-53 所示，下面分别进行介绍。

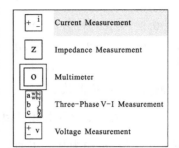

图 7-53　各种测量模型的图标和名称

（1）Voltage Measurement 用于测量两个电气节点之间的电压。其参数输入框只有一项："Output Singal"，该参数用于设置输出信号的形式，其可选项有"Complex"（复数）、"Real-Imag"（实部-虚部）、"Magnitude"（幅值）和"Magnitude-Angle"（幅值-相角）。

（2）Current Measurement 用来测量流经任何电气模块或连接线中的电流，其参数类似于 Voltage Measurement。

（3）Impedance Measurement 用于测量电路中两个节点之间的阻抗，并用频率函数表示该阻抗。其参数输入框只有一项："Multiplication factor"，该参数用于设置倍增系数，在三相电路中可以调节测量阻抗。

（4）Multimeter 可以用来测量具有一种特殊参数 Measurements 的模块，它允许利用万用表来测量相关的电压和电流参数。其等价于在模型内部连接一个进行电压和电流测量的模块。

（5）Three-Phase V-I Measurement 用于测量电路中的三相电压和电流。当与三相元件相串联时，它返回三相对地相电压（V）、三相线电流（A）。该模型可以采用标幺制或实名制。

4. 附加元件库

附加元件库增加了"Additional Machines"（额外的电机元件）、"Control Blocks"（控制元件）、"Discrete Control Blocks"（离散系统控制元件）、"Measurement"（测量元件）、"Discrete Measurement"（离散系统测量元件）、"Phasor Library"（向量元件）和"Three-Phase Library"（三相元件）等模型。

这些元件库中的元器件在电力电子系统的仿真中有所介绍，此处不再赘述。

5. 向量元件库

向量元件库已基本被废弃，其中仅有一个静止无功补偿器模块（Static Var Compensator）。

习　题　7

1. 设计一个矩阵波和正弦波相加的仿真程序。

2. 建立表达式 $S = \overline{ABC} + \overline{A}\,B\,\overline{C} + A\,\overline{BC} + ABC$ 的仿真模型。

3. 已知某闭环系统结构框图如图 7-54 所示。

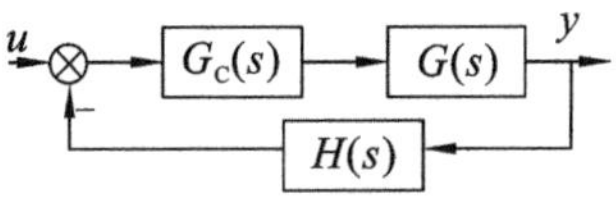

图 7-54　题 3 图

图 7-54 中，$G_C(s) = \dfrac{5s+1}{s}$，$G(s) = \dfrac{25}{s^2+2s+25}$，$H(s) = 0.1$，试求其闭环系统仿真模型的传递函数。

4. 已知单输入双输出的状态空间表达式为 $\begin{cases} \dot{x} = Ax + Bu \\ y = Cx + Du \end{cases}$，其中 $A =$

$\begin{pmatrix} -0.3 & 0 & 0 \\ 2.9 & -0.62 & -2.3 \\ 0 & 2.3 & 0 \end{pmatrix}$，$B = \begin{pmatrix} 1 \\ 0 \\ 0 \end{pmatrix}$，$C = \begin{pmatrix} 1 & 1 & 0 \\ 1 & -3 & 1 \end{pmatrix}$。试建立系统模型，求系统在单位阶

跃输入下的响应曲线。

5. 设人口变化的非线性离散系统的差分方程为 $p(k) = rp(k-1)\left[1 - \dfrac{p(k-1)}{N}\right]$，其中

k 表示年份，$p(k)$ 为某一年的人口数目，$p(k-1)$ 为上一年的人口数目。设人口初始值 $p(0)$
$= 200\,000$，人口繁殖速率 $r = 1.03$，新增资源所能满足的个体数目 $N = 1\,000\,000$，要求建立
此人口动态变化系统的系统模型，并分析人口数目在 0 至 100 年之间的变化趋势。

6. 利用 Simulink 建模求解微分方程：

$$\begin{cases} \dot{x}_1 = x_1^2 + x_2^2 - 4 \\ \dot{x}_2 = 2x_1 - x_2 \end{cases}$$

7. 建立如图 7-55 所示电路的仿真模型。已知参数：$L_p = 0.1$ H，$L_s = 0.2$ H，$R_p = 1\ \Omega$，
$R_s = 2\ \Omega$，$R_1 = 1\ \Omega$，$M_i = 0.1$ H，$C = 1$ uF，$U_d = 10$ V。分析电流 i_1、i_2 和电压 U_c 的响应曲线。

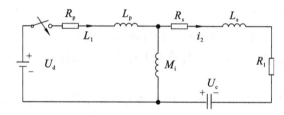

图 7-55　题 7 图

第8章 MATLAB 在相关专业领域中的应用

8.1 自动控制领域

自动控制系统(automatic control systems)是指在无人直接参与的情况下可使生产过程或其他过程按照期望的规律或预定程序运行的控制系统。

8.1.1 自动控制系统的分类

自动控制系统有以下几种分类方法。

1) 按描述系统的微分方程分类

在数学上通常可以用微分方程来描述控制系统的动态特性,因而可将系统分成线性系统和非线性系统。

(1) 线性系统:描述系统运动的微分方程是线性微分方程。如果方程的系数为常数,则称为定常线性自动控制系统;相反,如果方程的系数不是常数而是时间的函数,则称为变系数线性自动控制系统。线性系统的特点是输入输出关系同时满足齐次性和叠加性,因此数学上较容易处理。

(2) 非线性系统:描述系统运动的微分方程是非线性微分方程。非线性系统输入输出关系一般不能满足齐次性和叠加性,因此数学上处理比较困难,至今尚没有通用的处理方法。严格地说,在实践中,理想的线性系统是不存在的,但是如果对于所研究的问题,非线性的影响不很严重时,则可将其近似地看成线性系统。同样,实际上理想的定常系统也是不存在的,但如果系数变化比较缓慢,也可以将其近似地看成是线性定常系统。

2) 按系统中传递信号的性质分类

按系统中传递信号的性质分类,自动控制系统可分为连续系统和采样系统。

(1) 连续系统:系统中传递的信号都是时间的连续函数。

(2) 采样系统:系统中至少有一处,传递的信号是时间的离散信号,又称离散系统。

3) 按控制方式分类

按控制方式的不同,自动控制系统可分为开环控制系统、闭环控制系统和复合控制系统。

(1) 开环控制系统:在开环系统中,系统的输出只受输入的控制,不受输出信号影响,因此又称其为无反馈控制系统。开环控制系统的缺点是控制精度和抑制干扰的性能都比较差,而且对系统参数的变动很敏感。因此,一般仅用于可以不考虑外界影响,或者惯性小,又或者精度要求不高的一些场合,如步进电机的控制、简易电炉炉温调节、水位调节等。

(2) 闭环控制系统:在闭环系统中,输出量直接或间接地反馈到输入端,形成闭环参与控制的系统,又称为反馈控制系统。闭环系统利用输出量与期望值的偏差对系统进行控制,可获得比较好的控制性能。

(3) 复合控制系统:同时包含按偏差的闭环控制和按扰动或输入的开环控制的控制系统。

4）按给定信号分类

按给定信号的不同，自动控制系统可分为恒值控制系统、随动控制系统和程序控制系统。

（1）恒值控制系统：给定值不变，要求输出量以一定的精度接近给定期望值的系统。如生产过程中的温度、压力、流量、液位高度等自动控制系统都属于恒值控制系统。

（2）随动控制系统：给定值按未知的时间函数变化，要求输出跟随给定值的变化。

（3）程序控制系统：给定值按一定的时间函数变化。

8.1.2　控制系统模型

控制系统的数学模型在控制系统的研究中有着极其重要的地位，要对系统进行仿真处理，首先应知道系统的数学模型，然后才能对系统进行模拟。然后再在此基础上设计一个合适的控制器，使得原系统响应达到预期的效果，从而符合工程实际的需要。

在线性系统理论中，一般常用的数学模型形式有传递函数模型（系统的外部模型）、状态方程模型（系统的内部模型）和零极点增益模型（传递函数模型的一种）。这些模型之间都有着内在的联系，可以相互进行转换。

1. 线性系统的传递函数模型

线性系统可以用高阶微分方程来表示，其一般形式为：

$$\frac{d^n}{dt^n}y(t)+a_1\frac{d^{n-1}}{dt^{n-1}}y(t)+\cdots+a_{n-1}\frac{d}{dt}y(t)+a_ny(t)$$
$$=b_0\frac{d^m}{dt^m}u(t)+b_1\frac{d^{m-1}}{dt^{m-1}}u(t)+\cdots+b_mu(t) \tag{8-1}$$

为了便于处理，将系统微分方程进行拉普拉斯变换，即可得出单变量连续线性系统的传递函数为

$$G(s)=\frac{Y(s)}{U(s)}=\frac{b_0s^m+b_1s^{m-1}+\cdots+b_m}{s^n+a_1s^{n-1}+\cdots+a_n} \tag{8-2}$$

从式(8-2)中可以看出，传递函数可以表示成两个多项式的比值，在 MATLAB 中，多项式可以用向量表示，因此，分子向量和分母向量的内容可按多项式系数的降幂排序确定，即

$$num=[b_0 \quad b_1\cdots b_m], \quad den=[1 \quad a_1\cdots a_n]$$

再利用 MATLAB Control 工具箱中的 tf 命令来建立一个传递函数模型，具体如下。

$$G=tf(num, den)$$

另一种表示传递函数模型的方式为：先用 $s=tf('s')$ 定义传递函数的算子 s，再用数学表达式的形式输入传递函数模型。

【例 8-1】　在 MATLAB 中输入传递函数模型 $G(s)=\dfrac{6s^3+12s^2+6s+10}{s^4+2s^3+3s^2+s+1}$。

【解】　在 MATLAB 命令窗口中输入如下语句。

```
>>num=[6 12 6 10];den=[1 2 3 1 1];
>>G=tf(num,den)
```

执行后显示结果如下。

```
Transfer function:
      6 s^3 +12 s^2+6 s+10
      ----------------
      s^4+2 s^3+3 s^2+s+1
```

【例 8-2】　在 MATLAB 中输入传递函数模型 $G(s)=\dfrac{4(s+2)(s^2+6s+6)}{s(s+1)^3(s^3+3s^2+2s+5)}$。

【解】　在 MATLAB 命令窗口中输入如下语句。

```
>>s=tf('s');
>>G=4*(s+2)*(s^2+6*s+6)/(s*(s+1)^3*(s^3+3*s^2+2*s+5))
```

执行后显示结果如下。

```
Transfer function:
       4 s^3+32 s^2+72 s+48
    --------------------------------
    s^7+6 s^6+14 s^5+21 s^4+24 s^3+17 s^2+5 s
```

在例 8-2 中，传递函数模型给出的分子、分母的多项式不是完全展开的形式，而是包括了幂运算和因式乘积，采用多项式向量系数降幂排序的方式需要将多项式展开，比较烦琐，故采用定义传递函数算子的方式更为直观。

除了分子和分母的多项式外，tf 命令还可以包含属性，具体用法为：

$$G=tf(num,den,'Property1',Value1,\cdots,'PropertyN',ValueN)$$

式中：Property1～PropertyN 为属性名，可以为 "Variable"（变量名）、"Ts"（采样周期）、"ioDelay"（输入/输出延迟）、"InputDelay"（输入延迟）、"OutputDelay"（输出延迟）、"InputName"（输入变量名）、"OutputName"（输出变量名）等；Value1～ValueN 为其前面的属性值，可以省略。

【例 8-3】　给定的 SISO 系统中输入为 "slip" 时，输出为 "flow"，传递函数为 $G(s)=\dfrac{1.3s^2+2s+2.5}{s^3+0.5s^2+1.2s+1}\cdot e^{-2s}$。

【解】　在 MATLAB 命令窗口中输入如下语句。

```
>>num=[1.3  2  2.5];
>>den=[1  0.5  1.2  1];
>>sys=tf(num,den,'InputDelay',2,'InputName','slip','OutputName','flow')
```

执行后显示结果如下。

```
Transfer function from input "slip" to output "flow":
                 1.3 s^2+2 s+2.5
exp(-2*s)*-------------------
             s^3+0.5 s^2+1.2 s+1
```

对于单输入多输出的多变量系统，还可以把传递函数矩阵写成和单变量系统传递函数类似的形式，即

$$G(s)=\frac{B_0s+B_1s^{n-1}+\cdots+B_{n-1}s+B_n}{s^n+a_1s^{n-1}+\cdots+a_{n-1}s+a_n} \tag{8-3}$$

式中，$B_0,B_1,\cdots,B_n$ 均为实常数矩阵。

【例 8-4】　对于单输入输出系统，其传递函数为 $G(s)=\dfrac{\begin{bmatrix}2s+1\\s^2+2s+3\end{bmatrix}}{3s^3+5s^2+2s+1}$。

【解】　在 MATLAB 命令窗口中输入如下语句。

```
>>num=[0 2 1;1 2 3];den=[3 5 2 1];
>> printsys(num,den)              %显示/打印线性系统的传递函数
```

执行后显示结果如下。

```
num(1)/den=                              num(2)/den=

     2 s+1                                 s^2+2 s+3

  ---------------                        ---------------

  3 s^3+5 s^2+2 s+1                      3 s^3+5 s^2+2 s+1
```

对于 r 个输入、m 个输出的多变量系统,传递函数可表示为式(8-4)的形式。

$$G(s)=\begin{pmatrix} \dfrac{Y_1(s)}{U_1(s)} & \dfrac{Y_1(s)}{U_2(s)} & \cdots & \dfrac{Y_1(s)}{U_r(s)} \\ \dfrac{Y_2(s)}{U_1(s)} & \dfrac{Y_2(s)}{U_2(s)} & \cdots & \dfrac{Y_2(s)}{U_r(s)} \\ \vdots & \vdots & & \vdots \\ \dfrac{Y_m(s)}{U_1(s)} & \dfrac{Y_m(s)}{U_2(s)} & \cdots & \dfrac{Y_m(s)}{U_r(s)} \end{pmatrix} \tag{8-4}$$

【例 8-5】 给定一个多输入多输出(MIMO)系统 $G(s)=\begin{pmatrix} \dfrac{1}{s+1} & \dfrac{1}{s+2} \\ 2 & \dfrac{s+1}{s+2} \end{pmatrix}$。

【方法一】 用实数矩阵表示分子、分母。在 MATLAB 命令窗口中输入如下语句。

```
>>num={1,1;2, [1 1] };
>>den={[1 1], [1 2]; 1, [1 2]};
>>G=tf(num,den)
```

【方法二】 将传递函数描述成由多个单变量传递函数构成的传递函数矩阵。在 MATLAB 命令窗口中输入如下语句。

```
>>G1=tf(1,[1 1]);
>>G2=tf(1,[1 2]);
>>G3=tf(2,1);
>>G4=tf([1 1],[1 2]);
>>G= [G1 G2;G3 G4]
```

执行后显示结果如下。

```
Transfer function from input 1 to output...
          1
#1:  -------      #2:  2
        s+1
Transfer function from input 2 to output...
          1                   s+1
#1:  -------      #2:  ------
        s+2                   s+2
```

2. 线性系统的零极点增益模型

零极点增益模型本质上是传递函数模型的另一种表现形式,它是通过对系统传递函数的分子和分母分别进行分解因式得到的,可表示为式(8-5)的形式。

$$G(s)=K\frac{(s-z_1)(s-z_2)\cdots(s-z_m)}{(s-p_1)(s-p_2)\cdots(s-p_n)} \tag{8-5}$$

式中:K 表示系统的增益;$z_i(i=1,2,\cdots,m)$ 和 $p_j(j=1,2,\cdots,n)$ 表示系统的零点和极点,系统的零极点可以是实数或复数。

在 MATLAB 中表示零极点模型,可先将系统的零点和极点用向量形式写出,再用 zpk

函数调用即可实现,见式(8-6)。

$$z=[z_1;z_2;\cdots;z_m], p=[p_1;p_2;\cdots;p_m], K=K$$
$$G=\text{zpk}(z,p,K) \tag{8-6}$$

【例 8-6】 输入零极点模型 $G(s)=\dfrac{(s+3)s}{(s+1)(s-50)(s+10)}$。

【解】 在 MATLAB 命令窗口中输入如下语句。

```
>>z=[-3;0];
>>p=[-1;50;-10];
>>k=1;
>>G=zpk(z,p,k)
```

执行后显示结果如下。

```
Zero/pole/gain:
       s(s+3)
--------------
(s+1)(s+10)(s-50)
```

3. 部分分式模型

传递函数可以展开成部分分式的形式,直接求出展开式中的留数、极点和余项,即为部分分式模型,见式(8-7)。

$$G(s)=\frac{r_1}{s-p_1}+\frac{r_2}{s-p_2}+\cdots+\frac{r_n}{s-p_n}+h(s) \tag{8-7}$$

式中:$p_i(i=1,2,\cdots,n)$ 表示系统的极点;$r_i(i=1,2,\cdots,n)$ 表示各极点的留数,$h(s)$ 表示余项。

4. 线性系统的状态方程模型

状态方程是描述控制系统模型的一种常用的方法,由于它是基于系统内部状态变量的,所以又称为系统的内部模型。传递函数只描述了系统输入与输出之间的关系,没有描述系统内部的情况,所以这种模型传递函数又称为外部模型。

对于有 r 个输入、m 个输出、n 个状态的线性不变系统的状态方程可写为式(8-8)的形式。

$$\begin{cases} \dot{x}(t)=Ax(t)+Bu(t) \\ y(t)=Cx(t)+Du(t) \end{cases} \tag{8-8}$$

式中:A 为 $n\times n$ 方阵;B 为 $n\times r$ 矩阵;C 为 $m\times n$ 矩阵;D 为 $m\times r$ 矩阵。

在 MATLAB 中表示状态方程模型,可先输入状态方程中的系数矩阵,再用 ss 函数调用即可实现,见式(8-9)。

$$G=\text{ss}(A,B,C,D) \tag{8-9}$$

【例 8-7】 建立双输入双输出系统状态方程模型。

$$\begin{cases} \dot{x}(t)=\begin{pmatrix} 0 & 0 & 1 \\ -3/2 & -2 & -1/2 \\ -3 & 0 & -4 \end{pmatrix}x(t)+\begin{pmatrix} 1 & 1 \\ -1 & -1 \\ -1 & -3 \end{pmatrix}u(t) \\ y(t)=\begin{pmatrix} 1 & 0 & 0 \\ 0 & 1 & 0 \end{pmatrix}x(t) \end{cases}$$

【解】 在 MATLAB 命令窗口中输入如下语句。

```
>>A=[0  0  1;-3/2  -2  -1/2;-3  0  -4];
>>B=[1  1;-1  -1;-1  -3];
>>C=[1  0  0;0  1  0];
>>D=zeros(2,2);
>>G=ss(A,B,C,D);
```

8.1.3 系统模型间的转换

上一小节介绍了系统模型的四种形式,对于同一个系统可以用不同的模型来描述,这些模型之间是等效关系,因此在系统仿真过程中,可以根据需要对模型进行转换。MATLAB控制工具箱提供了四种模型间相互转换的函数及调用形式,如表 8-1 所示。

表 8-1　模型转换函数及调用形式

函 数 名	功 能
$[num,den]=ss2tf(A,B,C,D,iu)$	状态方程模型转换为传递函数模型;对于单变量系统,其 iu 可省略,对于多变量系统,iu 表示系统输入的序号
$[Z,P,K]=ss2zp(A,B,C,D,iu)$	状态方程模型转换为零极点模型;对于单变量系统,其 iu 可省略,对于多变量系统,iu 表示系统输入的序号
$[Z,P,K]=tf2zp(num,den)$	传递函数模型转换为零极点模型
$[A,B,C,D]=tf2ss(num,den)$	传递函数模型转换为状态方程模型
$[num,den]=zp2tf(z,p,k)$	零极点模型转换为传递函数模型
$[A,B,C,D]=zp2ss(z,p,k)$	零极点模型转换为状态方程模型
$[R,P,H]=residue(num,den)$	传递函数模型转换为部分分式模型;其中,P 为传递函数极点的列向量,R 为对应各极点的留数的列向量,H 为余项系数构成的行向量
$[num,den]=residue(R,P,H)$	部分分式模型转换为传递函数模型

【例 8-8】　已知系统的零极点模型 $G(s)=\dfrac{(s+3)s}{(s+1)(s-50)(s+10)}$,求系统的传递函数模型和状态空间模型。

【解】　在 MATLAB 命令窗口中输入如下语句。

```
>>k=1;z=[0;-3];p=[-1 50 -10];
>>[num,den]=zp2tf(z,p,k)
>>[A,B,C,D]=zp2ss(z,p,k)
```

【例 8-9】　已知系统传递函数为 $G(s)=\dfrac{3.4s^2+34s+71.4}{s^3-17.5s^2-28.5s}$,求系统所有的零点和极点。

【解】　在 MATLAB 命令窗口中输入如下语句。

```
>>num=[3.4 34 71.4];
>>den=[1 -17.5 -28.5 0];
>>[z,p,k]=tf2zp(num,den);
>>zpk(z,p,k)
```

执行后显示结果如下。

```
Zero/pole/gain:
   3.4(s+7)(s+3)
```

```
          ----------
      s(s-19)(s+1.5)
```

根据结果可知,该系统有两个零点 $z_1=-7, z_2=-3$;有三个极点 $p_1=0, p_2=19, p_3=-1.5$。

【例 8-10】 将系统传递函数模型 $G(s)=\dfrac{s^2-2s+3}{4s^3+s^2-5s+1}$ 转换成部分分式模型。

【解】 在 MATLAB 命令窗口中输入如下语句。

```
>>num=[1 -2 3];den=[4 1 -5 1];
>>[R,P,H]=residue(num,den)
```

执行后显示结果如下。

```
    R =              P =              H =
       0.5470          -1.3306           []
       0.3567           0.8629
      -0.6537           0.2177
```

则可得系统的部分分式如下。

$$G(s)=\frac{0.547}{s+1.3306}+\frac{0.3567}{s-0.8629}-\frac{0.6537}{s-0.2177}$$

【例 8-11】 已知系统部分分式模型为 $G(s)=\dfrac{1}{s-1}+\dfrac{2}{s+2}+\dfrac{5}{s+j}+\dfrac{5}{s-j}+1$,求系统的传递函数模型。

【解】 在 MATLAB 命令窗口中输入如下语句。

```
>>R=[1;2;5;5];P=[1;-2;-j;j];H=[1];
>>[num,den]=residue(R,P,H);
>>printsys(num,den)
```

执行后显示结果如下。

```
    num/den =
          s^4+14 s^3+9 s^2-16 s-2
          --------------------
          s^4+  s^3-1 s^2+  s-2
```

【例 8-12】 已知多输入单输出系统状态空间表达式如下所示,求系统的传递函数模型。

$$\dot{x}(t)=\begin{pmatrix} 0 & 1 & 0 \\ 0 & 1 & 1 \\ -5.008 & 25.1026 & -5.032471 \end{pmatrix}x(t)+\begin{pmatrix} 0 & 1 \\ 25.04 & 2 \\ 121.005 & 3 \end{pmatrix}u(t)$$

$$y(t)=(1 \quad 0 \quad 0)x(t)$$

【解】 本例中包括了两个传递函数:$Y_1(s)/U_1(s)$ 和 $Y_1(s)/U_2(s)$(当考虑输入 U_1 时,可设 U_2 为零,反之亦然),试将其转换成传递函数形式。在 MATLAB 命令窗口中输入如下语句。

```
>>A=[0 1 0; 0 1 1; -5.008 25.1026 -5.032471];
>>B=[0 1; 25.04 2; 121.005 3];
>>C=[1 0 0];
>>D=[0 0];
>>[num1,den1]=ss2tf(A,B,C,D,1);  sys1=tf(num1,den1)
>>[num2,den2]=ss2tf(A,B,C,D,2);  sys2=tf(num2,den2)
```

传递函数 $Y_1(s)/U_1(s)$ 为   传递函数 $Y_1(s)/U_2(s)$ 为

```
Transfer function:                          Transfer function:
   - 3.553e- 015 s^2+25.04 s+247                s^2+6.032 s-17.07

--------------------------------            --------------------------------
s^3+4.032 s^2-30.14 s+5.008                 s^3+4.032 s^2-30.14 s+5.008
```

得到系统的传递函数表达式如下。

$$G(s) = \frac{\begin{bmatrix} -3.553e-0.15s^2+25.04s+247 \\ s^2+6.032s-17.07 \end{bmatrix}}{s^3+4.032s^2-30.14s+5.008}$$

8.1.4 系统模型的连接和建模

在实际应用中,控制系统常常由若干个子模块通过串联、并联和反馈连接的方式组成,构造一个完整的控制系统,除了描述各子模块的模型之外,还需要将各子模块进行连接。在 MATLAB 的控制系统工具箱中提供了对控制系统的简单模型进行连接的函数。

1. 串联连接

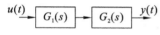

图 8-1 系统的串联结构

两个模块 $G_1(s)$ 和 $G_2(s)$ 串联连接如图 8-1 所示。在串联连接下,整个系统的传递函数为 $G(s)=G_1(s)G_2(s)$。

在 MATLAB 的控制系统工具箱中给出了系统串联连接处理函数 series 函数,该函数既可以处理传递函数模型的串联连接,也可以处理状态方程模型的串联连接,其调用格式如下。

$$[A,B,C,D] = series(A1,B1,C1,D1,A2,B2,C2,D2)$$

$$[num,den] = series(num1,den1,num2,den2)$$

式中:A1,B1,C1,D1 和 A2,B2,C2,D2 分别表示子系统 1 和子系统 2 状态方程模型的系数矩阵;A,B,C,D 表示串联后系统状态方程模型的系数矩阵;num1,den1 和 num2,den2 分别表示子系统 1 和子系统 2 传递函数模型的分子、分母多项式系数向量,num,den 表示串联后系统传递函数模型的分子、分母多项式系数向量。

【例 8-13】 求下列两子系统串联后的系统模型。

$$G_1:\begin{cases} \dot{x}_1 = \begin{pmatrix} -1 & 1 \\ 2 & 3 \end{pmatrix}x_1 + \begin{pmatrix} 0 \\ 1 \end{pmatrix}u \\ y_1 = (1 \quad 4)x_1 + u \end{cases}, G_2:\begin{cases} \dot{x}_2 = \begin{pmatrix} 1 & 3 \\ -3 & 0 \end{pmatrix}x_2 + \begin{pmatrix} 1 \\ 0 \end{pmatrix}u \\ y_2 = (3 \quad 2)x_1 + 2u \end{cases}$$

【解】 在 MATLAB 命令窗口中输入如下语句。

```
>>A1=[-1 1;2 3];B1=[0;1];C1=[1 4];D1=0;
>>A2=[1 3;-3 0];B2=[1;0];C2=[3 2];D2=2;
>>[A,B,C,D]=series(A1,B1,C1,D1,A2,B2,C2,D2)
```

执行后显示结果如下。

```
A =                                 B =

   1    3    1    4                    0

  -3    0    0    0                    0

   0    0   -1    1                    0

   0    0    2    3                    1

C =                                 D =

   3    2    2    8                    0
```

多输入多输出子系统间的串联连接,如图 8-2 所示。在调用 series 函数对其进行串联连接处理时还需要指明串联子系统对应的输出与输入的标号。

$$[A,B,C,D]=series(A1,B1,C1,D1,A2,B2,C2,D2,output,input)$$

$$[num,den]=series(num1,den1,num2,den2,output,input)$$

式中,output 和 input 分别表示子系统 1 和子系统 2 在串联连接时,子系统 1 输出的编号和子系统 2 输入的标号。如果只有一个串联连接,则用标量表示;如果有两个及两个以上的串联连接,则可以用向量表示。

例如,图 8-2 中的 $G_1(s)$ 是一个 2 输入 3 输出的子系统,$G_2(s)$ 是一个 3 输入 2 输出的子系统,$G_1(s)$ 的输出 2 和输出 3 分别连接到 $G_2(s)$ 的输入 1 和输入 2,则可以在 MATLAB 命令窗口中输入如下语句。

```
>>output=[2 3];input=[1 2];
>>[A,B,C,D]=series(A1,B1,C1,D1, A2,B2,C2,D2,output,input)
```

2. 并联连接

两个模块 $G_1(s)$ 和 $G_2(s)$ 并联连接如图 8-3 所示。在并联连接下,整个系统的传递函数为 $G(s)=G_1(s)+G_2(s)$。

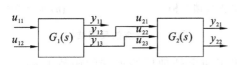

图 8-2 MIMO 系统串联连接

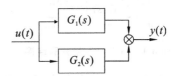

图 8-3 系统的并联结构

在 MATLAB 的控制系统工具箱中给出了系统的并联连接处理函数 parallel 函数,该函数既可以处理传递函数模型的并联连接,也可以处理状态方程模型的并联连接,其调用格式如下。

$$[A,B,C,D]=parallel(A1,B1,C1,D1,A2,B2,C2,D2)$$

$$[num,den]=parallel(num1,den1,num2,den2)$$

【例 8-14】 求下列两子系统并联后的系统模型。

$$G_1(s)=\frac{2s-1}{s+4}, \quad G_2(s)=\frac{2}{s^2-2s-3}$$

【解】 在 MATLAB 命令窗口中输入如下语句。

```
>>num1=[2 -1];den1= [1 4];
>>num2=2;den2=[1 -2 -3];
>>[num,den]=parallel(num1,den1, num2,den2)
```

执行后显示结果如下。

```
num =                              den =
    2    -5   -2    11               1    2   -11   -12
```

多输入多输出子系统间的并联连接,如图 8-4 所示。在调用 parallel 函数对其进行并联连接处理时还需要指明并联子系统进行连接的输入端与输出端的标号。

$$[A,B,C,D]=series(A1,B1,C1,D1,A2,B2,C2,D2,in1,in2,out1,out2)$$

$$[num,den]=series(num1,den1,num2,den2,in1,in2,out1,out2)$$

式中,in1 和 in2 分别表示子系统 1 和子系统 2 并联连接的输入端标号,out1 和 out2 分别表示子系统 1 和子系统 2 并联连接的输出端标号。如果只有一个并联连接,则用标量表示;如果有两个及以上的并联连接,则可以用向量表示。

例如,图 8-4 中的 $G_1(s)$ 和 $G_2(s)$ 均是 2 输入 2 输出的子系统,$G_1(s)$ 的输入 2 和 $G_2(s)$ 输入 1 具有相同的输入信号,$G_1(s)$ 的输出 2 和 $G_2(s)$ 的输出 1 相加,则可以在 MATLAB 命令窗口中输入如下语句。

```
>>in1=2;in2=1;out1=2;out2=1;
>>[A,B,C,D]=parallel(A1,B1,C1,D1, A2,B2,C2,D2,in1,in2,out1,out2)
```

3. 反馈连接

两个模块 $G_1(s)$ 和 $G_2(s)$ 的反馈连接如图 8-5 所示。其中,图 8-5(a)所示的反馈结构称为正反馈,图 8-5(b)所示的反馈结构称为负反馈。反馈系统的总模型如下。

$$正反馈:G(s)=G_1(s)/(1-G_1(s)G_2(s))$$
$$负反馈:G(s)=G_1(s)/(1+G_1(s)G_2(s))$$

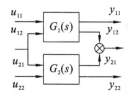

图 8-4 MIMO 系统并联连接

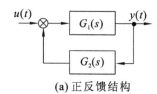

(a) 正反馈结构

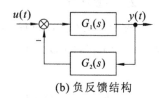

(b) 负反馈结构

图 8-5 系统的反馈结构

在 MATLAB 的控制系统工具箱中给出了两个处理反馈连接的函数 feedback 函数和 cloop 函数,前者可以处理一般的反馈连接,后者用于处理单位反馈连接,其调用格式如下。

$$[A,B,C,D]=feedback(A1,B1,C1,D1,A2,B2,C2,D2,sign)$$
$$[num,den]=feedback(num1,den1,num2,den2,sign)$$
$$[A,B,C,D]=cloop(A1,B1,C1,D1,sign)$$
$$[num,den]=cloop(num1,den1,sign)$$

式中,sign 表示反馈的极性,对于正反馈 sign 值取 1,对于负反馈 sign 值取 -1 或省略。

【**例 8-15**】 求下列两子系统按图 8-5(a)所示方式连接后的系统的传递函数模型。

$$G_1(s)=\frac{1}{(s-1)^2}, \quad G_2(s)=\frac{2}{s+3}$$

【**解**】 在 MATLAB 命令窗口中输入如下语句。

```
>>num1=1;den1=[1 -2 1];
>>num2=2;den2=[1 3];
>>[num,den]=feedback(num1,den1, num2,den2,1)
```

执行后显示结果如下。

```
num =                              den =
     0     0     1     3              1     1     -5     1
```

【**例 8-16**】 求闭环控制系统传递函数模型,系统框图如图 8-6 所示,各子系统传递函数模型如下。

$$G_1(s)=\frac{s^3+6s^2+20s+25}{2s^4+4s^3+15s^2+2s+7}, \quad G_2(s)=\frac{3s+2}{s}, \quad H(s)=1$$

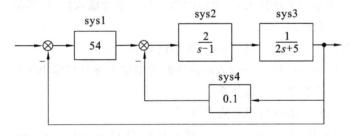

图 8-6 闭环控制系统框图

【解】 在 MATLAB 命令窗口中输入如下语句。

```
>>num1=[1 6 20 25];den1=[2 4 15 2 7];
>>num2=[3 2];den=[1 0];
>>[num3,den3]=series(num1,den1,num2,den2);
>>[num,den]=cloop(num3,den3)
>>tf(num,den)
```

执行后显示结果如下。

```
Transfer function:
   3 s^4 +  20 s^3 +  72 s^2 +  115 s +  50
------------------------------------------
2 s^5+13 s^4+47 s^3+119 s^2+128 s+71
```

对于多输入多输出子系统间的反馈连接,在调用 feedback 函数对其进行反馈连接处理时还需要指明反馈连接的输入端与输出端的标号。

$$[A,B,C,D]=feedback(A1,B1,C1,D1,A2,B2,C2,D2,output,input,sign)$$

$$[num,den]=feedback(num1,den1,num2,den2,output,input,sign)$$

式中,output 表示子系统 1 的输出连接到子系统 2 的指定输出标号,input 表示子系统 2 的输出连接到子系统 1 的指定输入标号。如果只有一个反馈连接,则用标量表示;如果有两个及以上的反馈连接,则可以用向量表示。

【例 8-17】 控制系统连接框图如图 8-7 所示,求控制系统的传递函数模型。

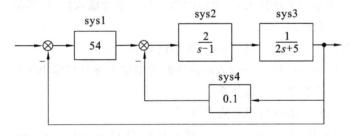

图 8-7 控制系统连接框图

【解】 在 MATLAB 命令窗口中输入如下语句。

```
>>num1=[54];den1=[1];
>>num2=[2];den2=[1 -1];
>>num3=[1];den3=[2 5];
>>num4=[0.1];den4=[1];
>>[na,da]=series(num2,den2,num3,den3);
>>[nb,db]=feedback(na,da,num4,den4,-1);
>>[nc,dc]=series(nb,db,num1,den1);
```

```
>>[num,den]=cloop(nc,dc,-1);
>>printsys(num,den)
```

执行后显示结果如下。

```
num/den =
         108
    -------------
    2 s^2+3 s+103.2
```

4. 系统的建模

对于实际工程中的控制系统,在已知子系统模型的基础上,就可以按照系统框图中子系统间串联、并联和反馈的连接方式来逐步完成,最终获得系统模型的建模。但如果系统中的子系统模块较多且连接过程复杂,则系统建模工作也会较为烦琐。因此,对于较复杂的系统,可以采取框图建模的方法。

框图建模法是指将系统中所有子系统转换为状态方程模型,用 append 函数组合一个由所有无连接关系的子系统构成的状态方程模型,然后再根据系统框图间的输入、输出的连接关系,利用 connect 函数完善状态方程模型的连接关系,最终得到系统模型。

框图建模法的具体步骤如下。

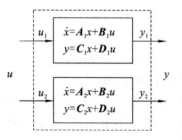

图 8-8　系统的组合

（1）列出系统框图中各子系统的输入和输出标号。

（2）建立所有子系统构成无连接关系的状态方程模型。

已知子系统 1 和子系统 2 的状态方程模型的系数矩阵分别为 A1,B1,C1,D1 和 A2,B2,C2,D2,append 函数将两个子系统组合成无连接关系的状态方程模型,如图 8-8 所示。

$$[A,B,C,D]=append(A1,B1,C1,D1,A2,B2,C2,D2)$$

（3）列出子系统间的内部连接关系矩阵 Q。

矩阵 Q 每一行表示一个连接关系,每行的第一个元素为输入标号,其余元素为输出标号,如有负连接则用负数表示。

（4）列出系统的外部输入向量 inputs、输出向量 outputs。

向量 inputs 和 outputs 的每一行表示系统的外部输入标号和输出标号。

（5）完善状态方程模型的连接关系。

连接模型的 connect 函数的调用格式如下。

$$[A1,B1,C1,D1]=connect(A,B,C,D,Q,inputs,outputs)$$

式中:A,B,C,D 为步骤（2）建立后的无连接关系的状态方程模型的系数矩阵;A1,B1,C1,D1 为系统状态方程模型的系数矩阵。

【例 8-18】　控制系统连接框图如图 8-9 所示,求控制系统模型,其中 $A=\begin{pmatrix}1&0\\3&-1\end{pmatrix}$,

$B=\begin{pmatrix}2&5\\4&-2\end{pmatrix}$, $C=\begin{pmatrix}1&0\\0&1\end{pmatrix}$, $D=\begin{pmatrix}-2&1\\2&-3\end{pmatrix}$。

【解】　① 给各子系统的输入标号和输出标号。

② 建立无连接的状态方程模型,在 MATLAB 命令窗口中输入如下语句。

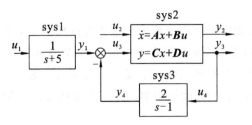

图 8-9　控制系统模型

```
>>num1=1;den1=[1 5];
>>[A1,B1,C1,D1]=tf2ss(num1,den1);
>>A2=[1 0;3 -1];B2=[2 5;4 -2];C2=[1 0;0 1];D2=[-2 1;2 -3];
>>[A,B,C,D]=append(A1,B1,C1,D1,A2,B2,C2,D2);
>>num3=2;den3=[1 -1];
>>[A3,B3,C3,D3]=tf2ss(num3,den3);
>>[Aa,Ba,Ca,Da]=append(A,B,C,D,A3,B3,C3,D3);
```

③ 内部连接关系有两个：输入 3 与输出 1 和输出 4 有连接关系，输出 4 为负连接；输入 4 与输出 3 有连接关系。在 MATLAB 命令窗口中输入如下语句。

```
>>Q=[3 1 -4;4 3 0];
```

为使矩阵维数匹配，矩阵第二行应补一个 0。

④ 外部输入为输入 1 和输入 2，外部输出为输出 2 和输出 3，在 MATLAB 命令窗口中输入如下语句。

```
>>inputs=[1 2];outputs=[2 3];
```

⑤ 调用连接函数，在 MATLAB 命令窗口中输入如下语句。

```
>>[A,B,C,D]=connect(Aa,Ba,Ca,Da,Q,inputs,outputs)
```

执行后显示结果如下。

```
A =                              B =
  -5      0      0      0          1      0
   5      1      0    -10          0      2
 - 2      3     -1      4          0      4
 - 3      0      1      7          0      2
C =                              D =
   1      1      0     -2          0     -2
 - 3      0      1      6          0      2
```

8.1.5　线性控制系统的分析方法

在实际工程中，建立控制系统模型只是第一步，要掌握系统的性能还必须对控制系统进行分析。对于线性控制系统的分析主要包括系统的稳定性分析、时域分析、频域分析及根轨迹分析。

1. 线性控制系统的稳定性分析

在系统特性的分析中，稳定性是系统最重要的指标，只有系统稳定，才能进行下一步的特性分析，如果系统不稳定，则需考虑引入控制器来调节系统的稳定性。

1）利用闭环极点判断

对于线性系统而言，如果一个连续系统的全部极点都位于 s 平面的左半部分，则该系统是稳定的；如果离散系统的全部极点都位于单位圆内，则此系统是稳定的。因此，只要得出系统的全部闭环极点，就可以根据其分布情况直接判断出系统的稳定性。

在 MATLAB 中，pzmap 函数能用图形的方式绘制出连续系统在复平面中的零极点图，其调用格式如下。

$$[p,z]=pzmap(num,den) 或 [p,z]=pzmap(p,z) 或 [p,z]=pzmap(A,B,C,D)$$

式中：等号右边的 num,den 表示系统传递函数模型参数；p,z 表示系统零极点模型参数；A，B，C，D 表示系统状态方程模型参数，等号左边的列向量 p 和 z 为系统的极点和零点。函数在带返回值调用时，返回值为极点和零点的列向量；当等号及左边省略时，则表示不带返回值的调用，会得到零极点分布图，图中的零点用"○"表示，极点用"×"表示。

离散系统零极点图的绘制用 zplane 函数，其调用方法与 pzmap 函数一致。

【例 8-19】 已知如下的高阶闭环系统传递函数。

$$G(s)=\frac{10s^3+25s^2+80s+7}{s^6+5s^5+21s^4+185s^3+230s^2+150s+320}$$

试判断系统的稳定性。

【解】 在 MATLAB 命令窗口中输入如下语句。

```
>>num=[10 25 80 7]; den=[1 5 21 185 230 150 320];
>>[p,z]=pzmap(num,den)            %求系统的零极点
>>i=find(real(p)>0)               %检验零点的实部；求取零点实部大于零的个数
>>n=length(i);                    %统计位于复平面右半部分极点的个数
>>if(n>0)                         %判断系统是否稳定
    disp('the system is unstable.')
else
    disp('the system is stable.')
end
  >>pzmap(num,den)                %绘制零极点图
```

执行后零极点图如图 8-10 所示，显示结果如下。

```
p =
  -5.8059
  1.0554+5.1365i
  1.0554-5.1365i
  -1.5413
  0.1182+1.1342i
  0.1182-1.1342i
z =
  -1.2050+2.5162i
  -1.2050-2.5162i
  -0.0899
the system is unstable.
```

从零极点图来看，有 4 个极点分布在复平面的右半部分，因此可以直接得出结论，此系统是一个不稳定的系统。

【例 8-20】 已知单位负反馈离散系统的开环传递函数如下。

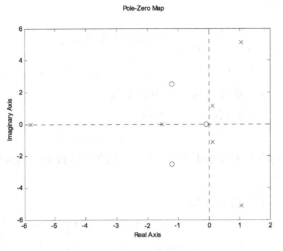

Pole-Zero Map

图 8-10　连续系统零极点图

$$G(s) = \frac{5z^3 + 2z^2 + 1z + 3}{z^3}$$

判断系统的稳定性。

【解】　在 MATLAB 命令窗口中输入如下语句。

```
>>num=[5 2 1 3];den=[1 0 0 0];
>>[num,den]=cloop(num,den);
>>p=roots(den)
>>zplane(num,den)
```

执行后零极点图如图 8-11 所示,显示结果如下。

```
p =
  -0.8414
  0.2541+0.7278i
  0.2541-0.7278i
```

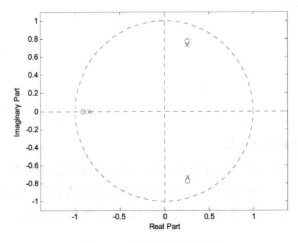

图 8-11　离散系统零极点图

根据系统的零极点图可知,该离散系统的全部极点都位于单位圆内,因此该系统是稳定的。

2）利用特征根判断

线性定常系统 $\begin{cases} \dot{x}(t) = \boldsymbol{A}x(t) + \boldsymbol{B}u(t) \\ y(t) = \boldsymbol{C}x(t) + \boldsymbol{D}u(t) \end{cases}$ 的特征多项式如下。

$$f(s) = |s\boldsymbol{I} - \boldsymbol{A}| = \det |s\boldsymbol{I} - \boldsymbol{A}| = s^n + a_1 s^{n-1} + \cdots + a_{n-1}s + a_n$$

式中，$1, a_1, \cdots, a_{n-1}, a_n$ 称为系统的特征多项式系数。

设特征多项式等于零，即系统的特征方程

$$s^n + a_1 s^{n-1} + \cdots + a_{n-1}s + a_n = 0$$

系统特征方程的根称为系统的特征根，即系统的闭环极点。控制系统的稳定性也可以利用系统的特征根来判断。

【例 8-21】 已知系统状态方程如下。

$$\dot{x}(t) = \begin{pmatrix} -2.2 & -0.7 & 1.5 & -1 \\ 0.2 & -6.3 & 6 & -1.5 \\ 0.6 & -0.9 & -2 & -0.5 \\ 1.4 & -0.1 & -1 & -3.5 \end{pmatrix} x + \begin{pmatrix} 6 & 9 \\ 4 & 6 \\ 4 & 4 \\ 8 & 4 \end{pmatrix} u$$

判断系统的稳定性。

【解】 在 MATLAB 命令窗口中输入如下语句。

```
>>A=[-2.2 -0.7 1.5 -1;0.2 -6.3 6 -1.5;0.6 -0.9 -2 -0.5;1.4 -0.1 -1 -3.5];
>>P=poly(A);r=roots(P)
>>i=find(real(r)>0);
>>n=length(i);
>>if(n>0)
    disp('the system is unstable.')
  else
    disp('the system is stable.')
  end
```

执行后显示结果如下。

```
r=
 -4.0000
 -4.0000
 -3.0000
 -3.0000
the system is stable.
```

2. 线性控制系统的时域分析

线性控制系统的时域分析包括系统的动态性能和稳定性能的分析。线性系统的动态性能表现在过渡过程结束之前的响应中，线性系统的稳态性能表现在过渡过程结束之后的响应中。描述系统性能好坏的标准被称为性能指标，如系统的超调量、上升时间、调节时间和稳态误差等。

为了便于分析系统性能，一般会对外部输入信号做典型化处理，这些典型输入信号应尽可能简单，接近于实际工作中的信号。MATLAB 控制系统工具箱中提供了一些求取在典型输入下的时间响应曲线的函数，如表 8-2 所示。

表 8-2　典型输入的时间响应函数

函 数 名	功　　能	函 数 名	功　　能
step()	连续系统的单位阶跃响应	initial()	连续系统的零输入响应
dstep()	离散系统的单位阶跃响应	dinitial()	离散系统的零输入响应
implus()	连续系统的单位脉冲响应	lsim()	连续系统的任意输入响应
dimplus()	离散系统的单位脉冲响应	dlsim()	离散系统的任意输入响应

1) 单位阶跃响应

(1) 连续系统的单位阶跃响应。

连续系统的单位阶跃响应函数 step 函数的调用格式如下。

$$[y,x,t]=step(num,den,t) \quad 或 \quad [y,x,t]=step(A,B,C,D,iu,t)$$

式中：t 为仿真时间向量，取默认值时由 MATLAB 自动选择合适的仿真时间；y 为响应值构成的矩阵；x 为状态变量的时间响应。

还可以使用不带返回值的调用来得到系统的阶跃响应曲线，其调用格式如下。

$$step(num,den,t) \quad 或 \quad step(A,B,C,D,t)$$

【例 8-22】　已知控制系统传递函数为 $G(s)=\dfrac{25}{s^3+4s^2+16s+25}$，求系统单位阶跃响应曲线和最大超调量。

【解】　在 MATLAB 命令窗口中输入如下语句。

```
>>num=25;den=[1 4 16 25];t=0:0.1:4.5;
>>[y,x,t]=step(num,den,t);
>>Mp=(max(y)-1)/1*100
```

执行上述语句后，得到峰值的超调量为 10.8578%。

此例还可以用 step(num,den) 命令得出系统的单位阶跃响应曲线。在右键快捷菜单中选择"Characteristics"→"Peak Response"命令，同时在图形窗口中选中响应曲线中的峰值点，再单击峰值点即可得到系统的峰值、最大超调量(%)和峰值时间分别为 1.11、10.9 和 1.36，如图 8-12 所示。

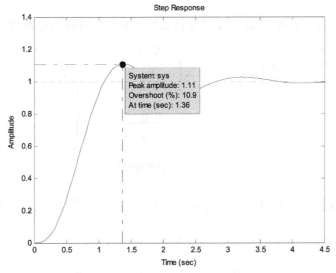

图 8-12　例 8-22 单位阶跃响应曲线

【例 8-23】 求如下多输入多输出系统的单位阶跃响应曲线。

$$\begin{cases} \dot{x} = \begin{pmatrix} 0 & 1 \\ -25 & -4 \end{pmatrix} x + \begin{pmatrix} 1 & 1 \\ 0 & 1 \end{pmatrix} u \\ y = \begin{pmatrix} 1 & 0 \\ 0 & 1 \end{pmatrix} x \end{cases}$$

【解】 在 MATLAB 命令窗口中输入如下语句。

```
>>A=[0 1;-25 -4]; B=[1 1;0 1]; C=eye(2); D=zeros(2);
>>step(A,B,C,D)
```

执行后的系统响应曲线如图 8-13 所示,由于系统是双输入双输出系统,因此响应曲线有 4 个。也可以根据两路输入得到响应曲线,在 MATLAB 命令窗口中输入如下语句。

```
>>step(A,B,C,D,1)          %得出第一路输入的响应曲线
>>step(A,B,C,D,2)          %得出第二路输入的响应曲线
```

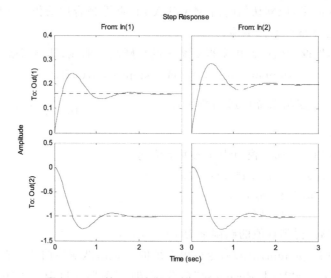

图 8-13 双输入双输出系统的单位阶跃响应曲线

【例 8-24】 某系统框图如图 8-14 所示,求 d 和 e 的值,使系统的阶跃响应满足:
(1) 超调量不大于 40%;
(2) 峰值时间为 0.8 秒,并绘制系统在该参数下的单位阶跃响应曲线。

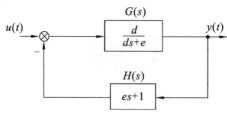

图 8-14 控制系统框图

【解】 由系统框图可得闭环传递函数为 $G_c(s) = \dfrac{d}{s^2 + (de+1)s + d}$,为典型二阶系统。

由典型二阶系统 $G(s) = \dfrac{\omega_n^2}{s^2 + 2\zeta\omega_n s + \omega_n^2}$ 特征参数计算公式

$$\sigma = e^{-\zeta\pi/\sqrt{1-\zeta^2}}, \quad t_p = \pi/(\omega_n \sqrt{1-\zeta^2})$$

可得
$$\zeta = \ln\frac{100}{\sigma} \Big/ \Big[\pi^2 + \Big(\ln\frac{100}{\sigma}\Big)^2\Big]^{\frac{1}{2}}, \quad \omega_n = \pi / (t_p \cdot \sqrt{1-\zeta^2})$$

由系统闭环传递函数可知 $d = \omega_n^2$，$d \cdot e + 1 = 2\zeta\omega_n$，即 $d = \omega_n^2$，$e = (2\zeta\omega_n - 1)/d$。

输入超调量 σ 的值不大于 40%，峰值时间 t_p 为 0.8 秒，得出阻尼比 ζ 和自振频率 ω_n，就可以计算出 d 和 e 的值。

【解】 建立一个 M 文件，exp8_24.m。

```
%exp8_24.m源程序
clear
clc
pos=input('please input expect pos(%)=');
tp=input('please input expect tp=');
zeta=log(100/pos)/sqrt(pi^2+(log(100/pos))^2);
wn=pi/(tp*sqrt(1-zeta^2));
num=wn^2;
den=[1 2*zeta*wn wn^2];
t=0:0.02:10;
y=step(num,den,t);
plot(t,y)
xlabel('time-sec')
ylabel('y(t)')
grid on
d=wn^2
e=(2*zeta*wn-1)/d
```

在 MATLAB 命令窗口中输入 exp8_24，提示输入超调量：

```
please input expect pos(%)=
```

输入不大于 40 的值，例如输入 10 后按回车键后，提示输入峰值时间：

```
please input expect tp=
```

输入 0.8，运行后输出：

```
d=    23.7055
e=     0.2006
```

同时绘制出系统超调量值为 10、峰值时间为 0.8 时的单位阶跃响应，如图 8-15 所示。

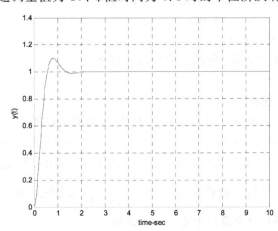

图 8-15　超调量为 10、峰值时间为 0.8 时的控制系统阶跃响应曲线

（2）离散系统的单位阶跃响应。

离散系统的单位阶跃响应函数 dstep 的调用格式如下。

$$[y,t] = dstep(num,den,n) \quad 或 \quad [y,t] = dstep(A,B,C,D,iu,n)$$

式中，n 表示采样点个数，默认时由 MATLAB 自动选择合适的采样点数。

还可以使用不带返回值的调用，得到系统的阶跃响应曲线，其调用格式如下。

$$dstep(num,den,n) \quad 或 \quad dstep(A,B,C,D,n)$$

【例 8-25】 已知二阶离散系统，求其单位阶跃响应。

【解】 在 MATLAB 命令窗口中输入如下语句。

```
>>num=[1.5];den=[1 -1.6 0.8];
>>dstep(num,den)
```

执行后得到系统的单位阶跃响应如图 8-16 所示。

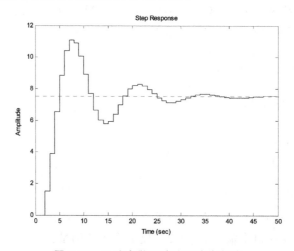

图 8-16　二阶离散系统阶跃响应曲线

2）单位脉冲响应

连续系统单位脉冲响应函数 impluse 和离散系统单位脉冲响应函数 dimpluse 的用法与 step 函数和 dstep 函数的用法一致，此处不再赘述。

【例 8-26】 已知二阶系统传递函数为 $G(s) = \dfrac{400}{s^2 + 14s + 400}$，求系统单位脉冲响应曲线。

【解】 在 MATLAB 命令窗口中输入如下语句。

```
>>num=400;deno=[1 14 400];
>>impulse(num,den);
```

执行后得到系统的单位脉冲阶跃响应如图 8-17 所示。

3）任意输入响应

（1）连续系统的任意输入响应。

连续系统的任意输入响应可用 lsim 函数求取，其调用格式如下。

$$[y,x] = lsim(num,den,u,t) \quad 或 \quad [y,x] = lsim(A,B,C,D,iu,u,t)$$

式中：t 表示时间向量；u 表示输入构成的矩阵，其每行是与 t 向量中时间元素对应的各路输入值。

【例 8-27】 已知系统传递函数为 $G(s) = \dfrac{1}{s^2 + 2s + 1}$，求系统的正弦响应曲线。

【解】 在 MATLAB 命令窗口中输入如下语句。

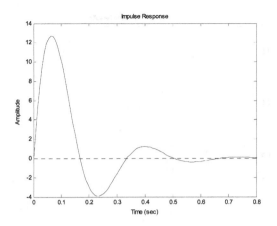

图 8-17　二阶系统单位脉冲阶跃响应曲线

```
>>num=1;den=[1 2 1];
>>t=[0:0.1:20];u=sin(t);
>>y=lsim(num,den,u,t);
>>plot(t,u,'-',t,y,'-.')
>>legend('正弦输入','响应曲线')
```

执行后得到系统的正弦响应曲线如图 8-18 所示。

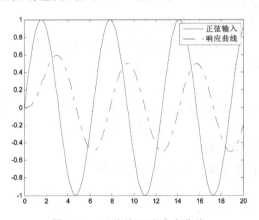

图 8-18　系统的正弦响应曲线

（2）离散系统的任意输入响应。

离散系统的任意输入响应可用 dlsim 函数求取,其调用格式如下。

$$[y,x]=dlsim(num,den,u,n)　　或　　[y,x]=lsim(A,B,C,D,iu,u,n)$$

式中,n 表示采样点数。

【例 8-28】　已知离散系统 $G(z)=\dfrac{0.4}{s^2-1.2s+0.5}$,求系统在幅值为 ±1、脉宽为 20 的方波输入下的响应曲线。

【解】　在 MATLAB 命令窗口中输入如下语句。

```
>>num=0.4;den=[1 -1.2 0.5];
>>u1=[ones(1,20),-1*ones(1,20)];u=[u1 u1 u1];
>>dlsim(num,den,u)
```

执行后得到系统在方波输入下的响应曲线如图 8-19 所示。

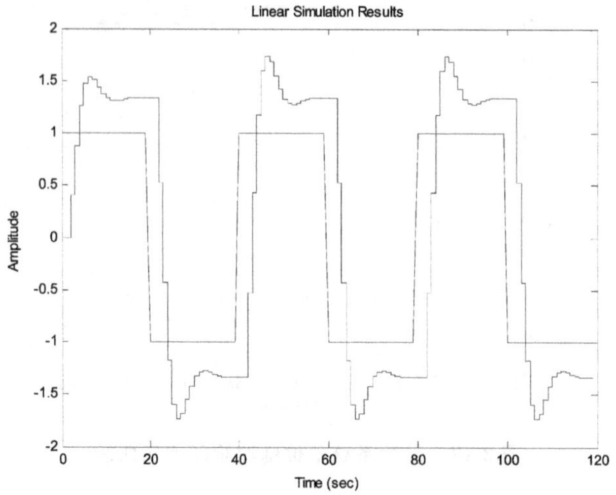

图 8-19　系统在方波输入下的响应曲线

4）零输入响应

前面介绍的时域响应曲线都是在系统零初始状态下使用的，如果系统初始状态非零，则需用 initial 函数或 dinitial 函数求出非零初始状态的响应。

（1）连续系统的任意输入响应。

连续系统的任意输入响应的调用格式如下。

$$[y,x,t]=\text{initial}(A,B,C,D,x0,t)$$

式中：x0 表示初始状态；t 表示时间向量，可缺省。

【例 8-29】　系统状态空间模型为 $\begin{cases} \dot{x}=\begin{pmatrix} 0 & 1 \\ -25 & -4 \end{pmatrix}x+\begin{pmatrix} 1 \\ 0 \end{pmatrix}u \\ y=(1 \quad 0)x \end{cases}$，其中状态变量初始值为 $x(0)=[1,1]$，求系统的零输入响应。

【解】　在 MATLAB 命令窗口中输入如下语句。

```
>>A=[0 1;-25 -4];B=[1;0];C=[1 0];D=0;
>>x0=[1 0]; t=0:0.1:5;
>>initial(A,B,C,D,x0,t)
```

执行后得到系统的零输入响应曲线如图 8-20 所示。

（2）离散系统的任意输入响应。

离散系统的任意输入响应的调用格式如下。

$$[y,x,t]=\text{dinitial}(A,B,C,D,x0,n)$$

式中，n 表示采样点数，可缺省。

5）求控制系统的稳态误差

（1）连续系统的稳态误差。

对于如图 8-21 所示的负反馈系统，根据终值定理得到系统的稳态误差如下。

$$e_{ss}=\lim_{s\to 0}sE(s)=\lim_{s\to 0}s[R(s)-B(s)]$$

$$=\lim_{s\to 0}s\frac{1}{1+G(s)H(s)}R(s)=\lim_{s\to 0}E_s(s)$$

连续系统的稳态误差可以用 dcgain 函数实现，其调用格式如下。

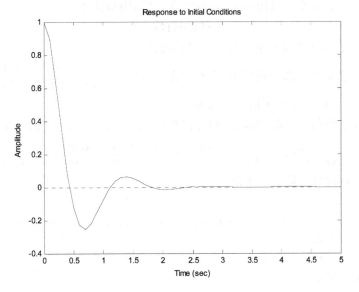

图 8-20　系统的零输入响应曲线

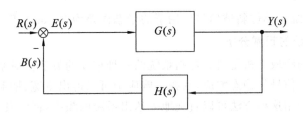

图 8-21　负反馈控制系统

$$ess = dcgain(nume, dene)$$

其中：ess 表示系统的稳态误差；nume 和 dene 分别表示系统在给定输入下的稳态误差传递函数 $E(s)$ 的分子、分母多项式系数按降幂排列构成的系数行向量。

【例 8-30】　已知某单位负反馈系统的开环传递函数为 $G(s)H(s) = \dfrac{1}{s^2 + 3s + 2}$，求该系统在单位阶跃信号作用下的稳态误差。

【解】　系统在单位阶跃信号作用下的稳态误差传递函数如下。

$$E_s(s) = s\frac{1}{1 + G(s)H(s)}R(s) = s \cdot \frac{s^2 + 3s + 2}{s^2 + 3s + 3} \cdot \frac{1}{s} = \frac{s^2 + 3s + 2}{s^2 + 3s + 3}$$

在 MATLAB 窗口中输入如下命令。

```
>>nume=[1 3 2];dene=[1 3 3];ess=dcgain(nume,dene)
```

执行后输出结果如下。

```
ess =
    0.6667
```

程序运行的结果显示，该系统在单位阶跃信号作用下的稳态误差为 0.6667。

（2）离散系统的稳态误差。

对于闭环稳定的单位反馈离散系统，设开环脉冲传递函数为 $G(z)$，则其在给定信号作用下的稳态误差为

$$e'_{ss} = \lim_{t \to \infty} e'(t) = \lim_{z \to 1}(z-1)E(z) = \lim_{z \to 1}(z-1)\frac{1}{1+G(z)}R(z)$$

离散系统的稳态误差可以用 limit 函数实现,其调用格式如下。

$$y = \text{limit}(f, x, a)$$

式中,y 表示符号表达式 f 对变量 x 趋于 a 时的极值。

【例 8-31】 已知某离散系统的开环脉冲函数 $G(z) = \dfrac{5(z-0.2)^2}{z(z-0.4)(z-1)(z-0.9)}$,求该系统在输入信号 $r(t) = t$ 作用下的稳态误差。

【解】 已知系统的开环脉冲函数,则可得在输入信号 $r(t) = t$ 作用下,有

$$E(z) = \frac{1}{1+G(z)}R(z) = \frac{z(z-0.4)(z-1)(z-0.9)}{5(z-0.2)^2 + z(z-0.4)(z-1)(z-0.9)} \cdot \frac{Tz}{(z-1)^2}$$

在 MATLAB 窗口中输入如下语句。

```
>>syms z T;
>>E=(z*(z-0.4)*(z-1)*(z-0.9))/(5*(z-0.2)^2+z*(z-0.4)*(z-1)*(z-0.9))*
(T*z/(z-1)^2);
>>ess=limit((z-1)*E,z,1)
```

执行后输出结果如下。

```
ess =
    3/160*T
```

结果显示,该系统在单位斜坡信号作用下的稳态误差为 $3/160 \cdot T$。

3. 线性控制系统的频域分析

线性控制系统的频域分析是研究控制系统的一种重要的方法。对系统的频率响应分析是指系统对正弦输入信号的稳态响应,从频率响应中可以得出带宽、增益、转折频率、闭环稳定性等系统特征。采用这种方法可以直观地表达出系统的频率特性,其分析方法比较简单,物理概念比较明确,对于诸如防止结构谐振、抑制噪声、改善系统稳定性能和暂态性能等问题,都可以从系统的频率特性上明确地看出其物理实质和解决途径。

频率特性是指系统在正弦信号的作用下,稳态输出与稳态输入之比对频率的关系特性。频率特性函数与传递函数有直接的关系,可写为如下形式。

$$G(j\omega) = \frac{X_o(j\omega)}{X_i(j\omega)} = A(\omega)e^{j\varphi(\omega)}$$

以频率 ω 为横轴,以 $A(\omega) = \dfrac{X_o(\omega)}{X_i(\omega)}$ 为纵轴构成的关系曲线称为幅频特性;以频率 ω 为横轴,以 $\varphi(\omega) = \varphi_o(\omega) - \varphi_i(\omega)$ 为纵轴构成的关系曲线称相频特性。

1)系统的伯德图(Bode 图)

在实际系统分析中,频率特性图包括幅频特性图和相频特性图。幅频特性图中横轴为频率 ω,采用对数分度,单位为 rad/s;纵轴为幅值函数 $20\lg A(\omega)$,均为分度单位用 dB 表示。相频特性图中横轴与幅频特性图相同,均为 ω;纵轴为相角,单位为°。

系统的 Bode 图就是系统的频率特性图,可用 bode 函数来绘制,其调用格式如下。

$$[\text{mag,phase},\omega] = \text{bode}(\text{num,den}) \quad \text{或} \quad [\text{mag,phase},\omega] = \text{bode}(\text{num,den},\omega)$$

$$[\text{mag,phase},\omega] = \text{bode}(A,B,C,D) \quad \text{或} \quad [\text{mag,phase},\omega] = \text{bode}(A,B,C,D,iu,\omega)$$

式中:ω 为频率点构成的向量;mag 为幅值 $A(\omega)$ 的值,phase 为相角 $\varphi(\omega)$ 幅值的值。幅值可转换为分贝单位 $\text{magdb} = 20 \times \log10(\text{mag})$。上述用法都可以缺省返回值使用,没有返回值时仅得到系统的 Bode 图。

【例 8-32】 求典型二阶系统 $G(s) = \dfrac{\omega_n^2}{s^2 + 2\zeta\omega_n s + \omega_n^2}$ 在自然振荡频率固定为 $\omega = 6$,阻尼比

变化时的 Bode 图。

【解】 在 MATLAB 窗口中输入如下语句。

```
wn=6;zeta=[0.1:0.2:1.0];w=logspace(0,1);
num=wn^2;
for kos=zeta
    den=[1 2*kos*wn wn^2];
    [mag,pha,w1]=bode(num,den,w);
    magdb=20*log10(mag);
    subplot(211); hold on; semilogx(w1,magdb)
    subplot(212); hold on; semilogx(w1,pha)
    hold on;
end
subplot(211)
grid on
title('Bode plot');xlabel('frequency(rad/sec)');ylabel('amplitude(dB)')
text(7,15,'zeta=0.1');text(4,-5.5,'zeta=1.0')
subplot(212)
grid on
xlabel('frequency(rad/sec)');ylabel('phase(deg)')
text(5,-20,'zeta=0.1');text(2,-85,'zeta=1.0')
hold off
```

执行后得如图 8-22 所示的 Bode 图。

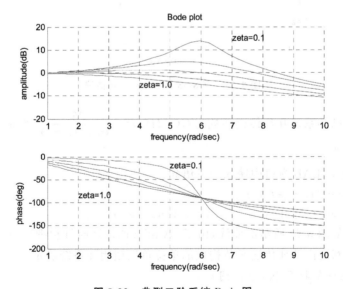

图 8-22 典型二阶系统 Bode 图

2）系统的奈奎斯特图（Nyquist 图）

Nyquist 图是根据开环频率特性在复平面上绘出的幅相轨迹，根据开环的 Nyquist 曲线，可以判断闭环系统的稳定性。

系统稳定的充要条件为：Nyquist 曲线按逆时针包围临界点（−1，j0）的圈数 R 与开环传递函数位于 s 右半平面的极点数 P 相等，否则闭环系统不稳定，闭环正实部特征根个数 $Z=P-R$。若刚好过临界点，则系统临界稳定。

系统的 Nyquist 图可用 nyquist 函数来绘制,其调用格式如下。

$$[Re, Im, \omega] = nyquist(num, den) \quad 或 \quad [Re, Im, \omega] = nyquist(num, den, \omega)$$

$$[Re, Im, \omega] = nyquist(A, B, C, D) \quad 或 \quad [Re, Im, \omega] = nyquist(A, B, C, D, iu, \omega)$$

式中,Re,Im 和 ω 分别表示频率特性的实部向量、虚部向量和对应的频率向量。上述用法都可以缺省返回值使用,没有返回值时仅得到系统的 Nyquist 图。

【例 8-33】 已知系统开环传递函数为 $G(s)H(s) = \dfrac{1}{s^2 + 3s + 2}$,绘制 Nyquist 曲线,并判断系统的稳定性。

【解】 在 MATLAB 窗口中输入如下语句。

```
>>num=1;den=[1 3 2];nyquist(num,den)
```

执行后得到如图 8-23 所示的曲线,由于 Nyquist 曲线没有包围(-1,j0)点,并且 $P = 0$,可判定由开环传递函数构成的单位负反馈闭环系统稳定。

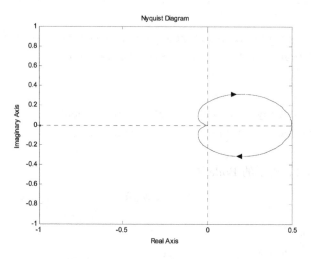

图 8-23 例 8-33 系统 Nyquist 曲线

【例 8-34】 已知系统开环传递函数为 $G(s)H(s) = \dfrac{26}{(s+6)(s-1)}$,绘制 Nyquist 曲线,并判断系统的稳定性。

【解】 在 MATLAB 窗口中输入如下语句。

```
>>k=26;z=[];p=[-6 1];
>>[num,den]=zp2tf(z,p,k);nyquist(num,den)
```

执行后得到如图 8-24 所示的曲线,由于 Nyquist 曲线逆时针包围(-1,j0)点的圈数$R = 1$,并且 $P = 1$,可判定由开环传递函数构成的单位负反馈闭环系统稳定。

3)系统的尼科尔斯图(Nichols 图)

对数幅相特性图(Nichols 图)的横坐标表示频率特性的相位角;纵坐标表示频率特性的对数幅值,单位为 dB。利用 Nichols 图很容易由开环频率特性求闭环频率特性。

系统的 Nichols 图用 nichols 函数来绘制,其调用格式如下。

$$[mag, phase, \omega] = nichols(num, den, \omega) \quad 或 \quad [mag, phase, \omega] = nichols(A, B, C, D, iu, \omega)$$

使用 bode 函数和 nichols 函数两个函数得到的结果基本一致,但二者的绘制方式不同,由 bode 函数得到相位角和幅值后,可以利用以下命令绘制 Nichols 图。

$$plot(phase, 20 * log10(mag))$$

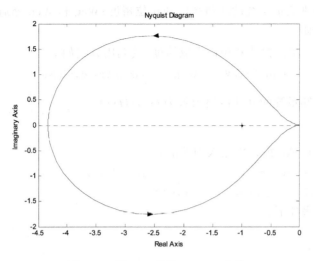

图 8-24　例 8-34 系统 Nyquist 曲线

【例 8-35】　已知单位负反馈的开环传递函数为 $G(s)H(s) = \dfrac{1}{s(s+1)}$，试绘制其

Nichols 图。

【解】　在 MATLAB 窗口中输入如下语句。

```
>>num=1;den=[1 1 0]; w=logspace(-1,1);
>>[mag,phase]=nichols(num,den,w);
>>plot(phase,20*log10(mag))
>>ngrid; xlabel('Open-loop Phase(deg)'); ylabel('Open-loop Gain(dB)')
```

执行后得到如图 8-25 所示的 Nichols 曲线。

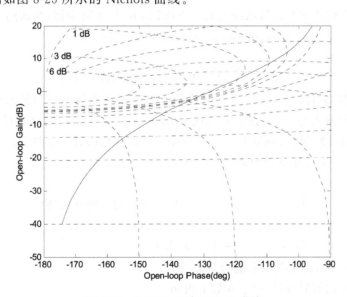

图 8-25　例 8-35 系统 Nichols 曲线

4）系统的幅值裕度和相位裕度

MATLAB 中的 margin 函数可用来求系统的幅值裕度、相位裕度及对应的穿越频率，以便分析系统的稳定性，其调用格式如下。

$[Gm,Pm,Wcg,Wcp] = margin(num,den)$　或　$[Gm,Pm,Wcg,Wcp] = margin(A,B,C,D)$

式中：Gm 和 Pm 分别表示系统的幅值裕度和相位裕度；Wcg 和 Wcp 分别表示幅值裕度和相位裕度对应的穿越频率。

该函数还可以直接由幅值和相位求取裕度，其调用方式如下。

$$[Gm, Pm, Wcg, Wcp] = margin(mag, phase, \omega)$$

【例 8-36】 已知系统的开环传递函数为 $G(s)H(s) = \dfrac{2}{s(s+1)(0.2s+1)}$，求系统的幅值裕度和相位裕度。

【解】 在 MATLAB 窗口中输入如下语句。

```
>>num=2;den=conv([1 0],conv([1 1],[0.2 1]));
>>[Gm,Pm,Wcg,Wcp]=margin(num,den)
```

执行后得到结果如下。

```
Gm =
    3.0000
Pm =
    25.3898
Wcg =
    2.2361
Wcp =
    1.2271
```

通过程序运算，可得幅值裕度$= 20\log_{10}(Gm) = 9.5424$ dB，相位裕度$= 25.3898°$，幅值穿越频率$= 2.2361$，相位穿越频率为 1.2271。

5）离散系统的频域分析

离散系统的频域分析可以利用 MATLAB 中的 dbode 函数、dnyquist 函数和 dnichols 函数来实现，其调用格式与连续系统类似。下面以 dbode 函数为例，其调用格式如下。

$$[mag, phase, \omega] = dbode(num, den, Ts, \omega)$$

或

$$[mag, phase, \omega] = dbode(G, H, C, D, Ts, iu, \omega)$$

式中：num, den 和 G, H, C, D 分别表示离散系统传递函数和状态方程模型的参数；Ts 表示采样周期；iu 表示输入序号；ω 表示频率向量；mag, phase 分别表示该系统的幅值和相位。以上用法可以同连续系统的频域分析函数一样，缺省返回值，只绘制曲线。

【例 8-37】 已知开环系统的离散时间状态空间表达式如下。

$$\begin{cases} x(k+1) = \begin{pmatrix} -2 & 2 & -1 \\ 0 & -2 & 1 \\ 1 & -4 & 0 \end{pmatrix} x(k) + \begin{pmatrix} 0 \\ 0 \\ 1 \end{pmatrix} u(k) \\ y(k) = (1 \quad -1 \quad 1) x(k) \end{cases}$$

系统采样周期为 0.1，试绘制出系统的 Bode 图。

【解】 在 MATLAB 窗口中输入如下语句。

```
>>G=[-2 2 -1;0 -2 1;1 -4 0];H=[0;0;1];
>>C=[1 -1 1];D=0;dbode(G,H,C,D,0.1,1);grid
```

执行后得到如图 8-26 所示的 Bode 图。

4. 线性控制系统的根轨迹分析

根轨迹分析法是分析和设计线性定常控制系统的一种图解法，尤其适用于多回路系统，

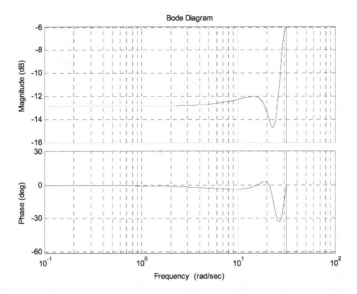

图 8-26　离散系统的 Bode 图

是利用开环系统的某一参数变化来分析其对闭环系统性能的影响。

1）根轨迹的绘制

根轨迹是指当开环系统某一参数从零变到无穷大时，闭环系统特征方程的根在 s 平面上的轨迹。一般情况下，将这一参数选作开环系统的增益 K，而在无零极点对消时，闭环系统特征方程的根就是闭环传递函数的极点。

MATLAB 中提供了 rlocus 函数来绘制系统的根轨迹，该函数既适用于连续函数，也适用于离散函数，其调用格式如下。

$$[r,k]=rlocus(num,den)　或　[r,k]=rlocus(num,den,k)$$

$$[r,k]=rlocus(A,B,C,D)　或　[r,k]=rlocus(A,B,C,D,k)$$

式中，r 和 k 分别表示系统闭环极点构成的向量和对应的根轨迹增益。该函数使用时可以缺省返回值，仅绘制系统的根轨迹图，不返回参数。

【例 8-38】　已知某系统的开环传递函数为 $G(s)H(s)=\dfrac{2s+4}{8s^3+3s^2+s}$，试绘制系统根轨迹图。

【解】　在 MATLAB 窗口中输入如下语句。

```
>>num=[2 4];den=[8 3 1 0];rlocus(num,den)
```

执行后得到系统根轨迹图如图 8-27 所示。

在根轨迹图上选择任意点，就会出现系统此时的性能指标值，包括开环增益、闭环极点、阻尼比、最大超调量和无阻尼自然振荡频率。

2）根轨迹的分析函数

根轨迹图可以用来分析系统的稳定性，当开环增益从 0 变到无穷大时，根轨迹若没有穿过虚轴进入 s 平面的右半部，则该系统对全部增益值都是稳定的。若根轨迹穿过虚轴进入 s 平面的右半部，其与虚轴相交时的增益值就是系统的临界稳定开环增益。

为了便于对根轨迹进行分析，MATLAB 提供了如下几种绘图函数。

（1）rlocfind 函数。

rlocfind 函数可以在已绘制出的根轨迹上确定出某点的增益值，其调用格式如下。

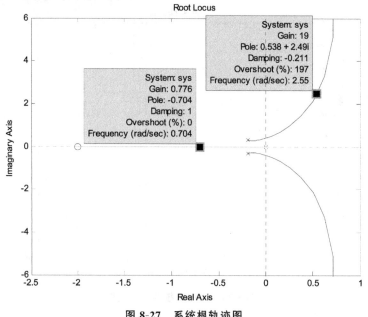

图 8-27　系统根轨迹图

$$[k, poles] = rlocfind(num, den) \quad 或 \quad [k, poles] = rlocfind(A, B, C, D)$$

式中：k 表示系统的增益；poles 表示对应的闭环极点。

执行该函数后，在根轨迹图中会出现一个十字光标，移动鼠标并单击左键确定某点的位置，就会返回该点对应的开环增益值及对应的全部闭环极点。

【例 8-39】　已知某开环系统传递函数 $G(s)H(s) = \dfrac{k(s+2)}{(s^2+4s+3)^2}$，试绘制系统的闭环根轨迹，并分析其稳定性。

【解】　在 MATLAB 窗口中输入如下语句。

```
>>num0=[1 2];den0=conv([1 4 3],[1 4 3]);
>>rlocus(num0,den0); [k1,p1]=rlocfind(num0,den0);
>>rlocus(num0,den0); [k2,p2]=rlocfind(num0,den0);
```

执行后得到系统根轨迹图如图 8-28 所示。为了分析系统的稳定性，在程序中执行两次根轨迹的绘制函数和求取增益函数，通过图形上出现的十字光标，分别在根轨迹与虚轴交界点的左、右两边求取增益值和对应的闭环极点，其执行结果如下。

```
Select a point in the graphics window
selected_point=0.0019+3.1257i          k1=54.5156
p1=
  -5.9619
  -0.0099+3.1319i
  -0.0099-3.1319i
  -2.0183
selected_point=-0.0096+3.1567i         k2=55.4552
p2=
  -5.9826
   0.0003+3.1515i
   0.0003-3.1515i
  -2.0180
```

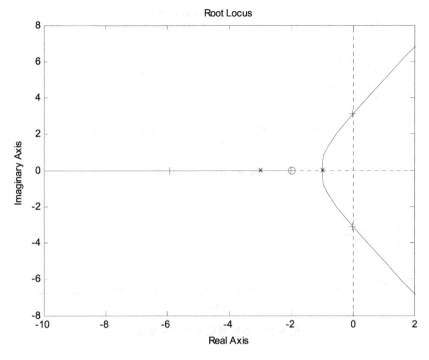

図 8-28 系统根轨迹图

由两处求出的闭环极点可知,增益 k1 对应的闭环系统是稳定的,增益 k2 对应的闭环系统是不稳定的。因此,系统临界稳定的开环增益 k 介于 54.5156 和 55.4552 之间。可以通过以下程序绘制系统单位脉冲响应曲线进行验证。

```
>>figure;subplot(211);
>>k1=54.5156; num1=k1*num0; [num1,den1]=cloop(num1,den0,-1);
>>impulse(num1,den1); title('impulse response k=54.5156');
>>subplot(212);
>>k2=55.4552; num2=k2*num0; [num2,den2]=cloop(num2,den0,-1);
>>impulse(num2,den2); title('impulse response k=55.4552');
```

执行后得到的系统单位脉冲响应如图 8-29 所示。

（2）sgrid 函数。

sgrid 函数用于绘制连续时间系统根轨迹和零极点图中的阻尼系数和自然频率网格,其调用格式如下。

$$\text{sgrid} \quad \text{或} \quad \text{sgrid(z,}\omega\text{n)}$$

其中,z 为阻尼系数 ζ,ω_n 为自然频率。

【例 8-40】 已知某单位负反馈系统的开环传递函数为 $G(s)H(s)=\dfrac{k}{s^2(s-2)(s+3)}$,试绘制系统的根轨迹图。

【解】 在 MATLAB 窗口中输入如下语句。

```
>>num=1;den=conv(conv([1,0],conv([1,0],[1,-1])),[1,3]);
>>rlocus(num,den)
>>sgrid
```

执行后得到系统根轨迹图如图 8-30 所示。

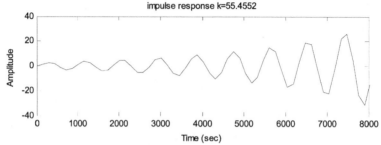

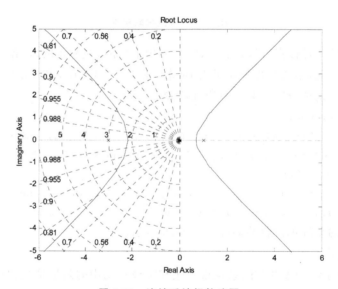

图 8-30　连续系统根轨迹图

（3）zgrid 函数。

zgrid 函数用于绘制离散时间系统根轨迹和零极点图中的阻尼系数和自然频率网格，其调用格式如下。

$$zgrid \quad 或 \quad zgrid(z, \omega n)$$

【例 8-41】　已知某离散系统的开环传递函数为 $G(z)H(z)=\dfrac{1.5z^2+4z+1}{z(z-2)(z+1)(z+3)}$，试绘制系统的根轨迹图。

【解】　在 MATLAB 窗口中输入如下语句。

```
>>num=[1.5 4 1];den=conv([1,0],conv([1,-2],conv([1,1],[1,3])));
>>rlocus(num,den)
>>zgrid
```

执行后得到系统根轨迹图如图 8-31 所示。

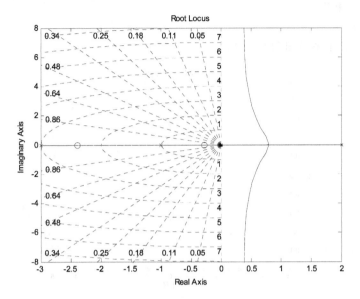

图 8-31　离散系统根轨迹图

8.2　信号处理

在 MATLAB 的 Signal Processing(信号处理)工具箱中有许多信号处理中需要用到的函数及模块,主要用于处理信号与系统问题,并可对数字或离散的信号进行变换和滤波。借助该工具箱,不仅可以帮助用户解决在"数字信号处理""信号与系统"等课程学习中所遇到的一些问题,而且对一些抽象的理论知识,通过 MATLAB 仿真得到实现和验证,能够使读者从仿真结果中加深对该理论知识的理解。

8.2.1　典型序列的产生

在信号处理中常常会用到一些基本的序列,它们的定义及在 MATLAB 中的实现分别介绍如下。

1. 单位采样序列

$$\delta(n)=\begin{cases}1, & n=0 \\ 0, & n\neq 0\end{cases}$$

该序列的特点是函数在变量 n 的值为 0 时其值为 1,其余均为 0。在 MATLAB 中有 zeros 函数,其功能是可以生成值全为零的矩阵,借助此函数可以很容易生成单位阶跃序列。

【例 8-42】　生成 -5 到 5 之间的一个单位采样序列。

其参考程序如下。

```
n=-5:5;
x=zeros(1,5);
```

```
y=[x,1,x];
stem(n,y);
title('单位采样序列');
xlabel('时间');
ylabel('幅度');
box on;
```

生成的单位采样序列如图 8-32 所示。

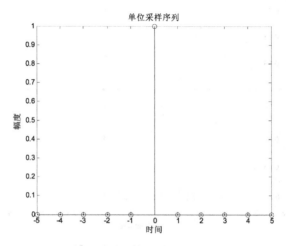

图 8-32　单位采样序列波形图

2. 单位阶跃序列

$$u(n)=\begin{cases}1, & n\geqslant 0 \\ 0, & n<0\end{cases}$$

单位阶跃序列的特点是函数在变量 n 的值大于等于零时其取值为 1，小于零时其取值为 0。在 MATLAB 中提供有 ones 函数，其功能是生成全 1 的矩阵，借助该函数可以很方便地生成单位阶跃序列。

【例 8-43】　生成一个−5 到 10 之间的单位阶跃序列。

其参考程序如下。

```
n=-5:10;
x=[zeros(1,5),ones(1,11)];
axis([-5,10,-0.5,1.5])
stem(n,x)
title('阶跃序列')
xlabel('时间 n')
ylabel('幅度')
```

生成的单位阶跃序列如图 8-33 所示。

3. 矩形序列

$$R_N(n)=\begin{cases}1, & 0\leqslant n\leqslant N-1 \\ 0, & 其他\end{cases}$$

其中，N 为矩形序列的长度。矩形序列的特点是函数值在变量 n 的取值在 0 到 $N-1$ 之间时，其函数值为 1，变量 n 取其余值时函数值均为 0。借助 MATLAB 中的 ones 函数和 zeros 函数即可生成该序列。

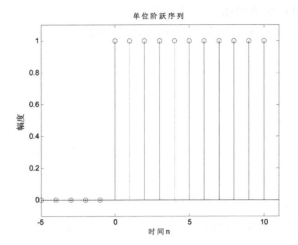

图 8-33　单位阶跃序列波形图

【例 8-44】　生成一个长度为 5 的矩形序列。

其参考程序如下。

```
n=-3:7;
x1=zeros(1,3);
x2=ones(1,5);
x3=zeros(1,3);
x=[x1,x2,x3];
stem(n,x);
axis([-3,7,-0.1,1.1]);
title('矩形序列');
xlabel('时间'),ylabel('幅度');
box on;
```

生成的矩形序列如图 8-34 所示。

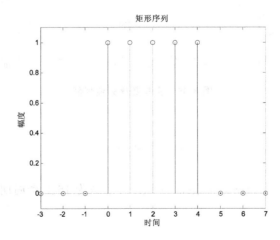

图 8-34　矩形序列波形图

4. 实指数序列

$$x(n)=a^n$$

其中，a 为实数。实指数序列的特点是：当 a 取大于 0 的值时，其函数值按指数形式递增；当

a 取小于 0 的值时,其函数值以指数的形式递减。

【例 8-45】 生成一个 $a=1/2$ 和 $a=2$ 的实指数序列。

其参考程序如下。

```
a1=1/2;
a2=2;
n1=-10:0;
n2=0:10;
x1=a1.^n2;
x2=a2.^n2;
subplot(1,2,1)
stem(n1,x1);
title('实指数序列(a<1)');
box on
subplot(1,2,2),
stem(n2,x2);
title('实指数序列(a>1)');
box on
```

生成的实指数序列如图 8-35 所示。

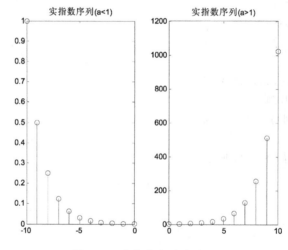

图 8-35　实指数序列波形图

5. 正弦序列

$$x(n)=\sin(\omega n)$$

其中,ω 为数字域频率。

【例 8-46】 生成一个频率为 1、振幅为 1、采样点数为 16、2 个周期的正弦信号波形。

其参考程序如下。

```
f=1;    %频率
A=1;    %振幅
N=2;    %周期的个数
NT=16;  %采样点数
T=1/f;  %周期
dt=T/NT;    %采样时间间隔
```

```
n=0:N*NT-1;
tn=n*dt;
x=A*sin(2*f*pi*tn);
stem(tn,x);
title('离散正弦序列');
xlabel('时间'),ylabel('幅度');
```
box on 生成的正弦序列波形图如图 8-36 所示。

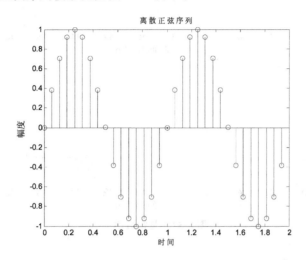

图 8-36   正弦序列波形图

6. 复指数序列

$$x(n)=\mathrm{e}^{(\sigma+j\omega_0)n}$$

式中：ω_0 为数字域频率；n 取整数。复指数序列具有以 2π 为周期的周期性。

【例 8-47】   生成一个频率为 $\pi/8$ 的复指数序列。

其参考程序如下。

```
c=-(1/8)+i*(pi/8);
n=0:20;
K=2;
x=K*exp(c*n);%实部
subplot(2,1,1)
stem(n,real(x));
xlabel('时间序号 n');
ylabel('振幅');
title('实部');
box on
%虚部
subplot(2,1,2);
stem(n,imag(x));
xlabel('时间序号 n');
ylabel('振幅');
title('虚部');
box on
```

其实部和虚部如图 8-37 所示。

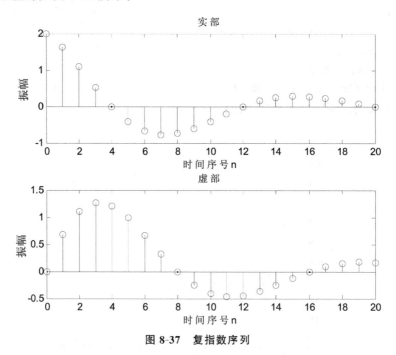

图 8-37　复指数序列

8.2.2　信号的生成函数

在信号处理工具箱中有多种信号产生函数，其函数名及其功能如表 8-3 所示。

表 8-3　信号产生函数

函 数 名	功　　能
rand	产生随机序列
square	产生方波信号
rectpuls	产生非周期的方波信号
sawtooth	产生锯齿波或三角波信号
tripuls	产生非周期的三角波信号
sinc	产生 sinc 函数波形
diric	产生 Dirichlet 函数或周期 sinc 函数
chirp	产生调频余弦信号
gauspuls	产生高斯正弦脉冲信号
gmonopuls	产生高斯单脉冲信号
pulstran	产生冲激序列

下面详细介绍表 8-3 中列举出的函数的功能及其使用方法。

1. 周期函数发生器

diric 函数即周期 sinc 函数，其调用格式如下。

$$y = diric(x, n)$$

其返回值 y 是一个大小与 x 相同的矩阵,其元素为 x 的 Dirichlet 函数,n 必须为正整数。该函数将 $0\sim2\pi$ 等间隔地分成 n 等份。Dirichlet 函数的定义如下。

$$\mathrm{diric}(x,n)=\begin{cases} -1^{\frac{x}{2\pi}(n-1)} & x=0,\pm2\pi,\pm4\pi,\cdots \\ \dfrac{\sin(nx/2)}{n\sin(x/2)} & \text{其他} \end{cases}$$

【例 8-48】 绘制 Dirichlet 函数在 $x=[0,2\pi]$,$n=5$ 时的图形。

其参考程序如下。

```
x=linspace(0,2*pi,300);
plot(x,diric(x,5))
```

程序的运行结果如图 8-38 所示。

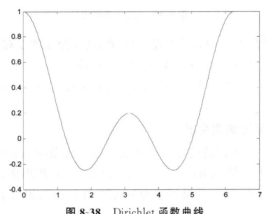

图 8-38 Dirichlet 函数曲线

2. 锯齿波、三角波和矩形波发生器

(1) sawtooth 函数可以生成锯齿波和三角波,其调用格式如下。

● x＝sawtooth(t),可产生周期为 2π、幅度值为 ±1 的锯齿波,采样时刻由向量 t 指定。

● x＝sawtooth(t,width),可产生三角波。其中,width 指定最大值出现的位置,其取值范围为 0 到 1 之间。当 t 由 0 增大到 width $\cdot$ 2π 时,函数值由 -1 增大到 1;当 t 由 width $\cdot$ 2π 增大到 2π 时,函数值由 1 减小到 -1。sawtooth(t,1) 等价于 sawtooth(t)。

【例 8-49】 t 值范围给定为 0 到 10,width 值取 0.9,生成对应的三角波。

其参考程序如下。

```
t=0:0.01:10
y=sawtooth(t,0.5);
figure,plot(t,y);
```

程序的运行结果如图 8-39 所示的三角波图形:

(2) 矩形波发生器。

square 函数是矩形波发生器函数,其调用格式如下。

● x＝square(t)   产生周期为 2π、幅度值为 ±1 的矩形波。

● x＝square(t,duty)   产生指定周期、幅度值为 ±1 的矩形波。其中,duty 为占空比,其取值范围为 0 到 100。

3. 非周期三角脉冲发生器

tripuls 函数产生一个连续的、非周期的、单位高度的三角脉冲的采样,采样时刻由数组 t 指定。在默认情况下,其调用格式如下。

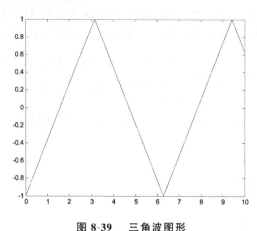

图 8-39   三角波图形

- y＝tripuls(t)   产生的是中心位置在 t＝0 处、宽度为 1 的非对称三角脉冲。
- y＝tripuls(t,w)   产生一个宽度为 w 的三角脉冲。
- y＝tripuls(t,w,s)   s 为三角波的斜度,参数 s 满足−1＜s＜1。当 s＝0 时,产生一个对称的三角波。

4. rectpuls 非周期矩形波发生器

rectpuls 函数产生一个矩形波信号。该函数的横坐标范围由向量 t 决定,为以 t＝0 为中心向左右各展开 width/2 的范围,width 的默认值为 1。其调用格式如下。

y＝rectpuls(t,width)   产生的是幅值为 1,宽度为 width,相对于 t＝0 点左右对称的矩形波信号。

5. 高斯调幅正弦波发生器和脉冲序列发生器

(1) gauspuls 函数为高斯函数调幅的正弦波形发生器。

(2) pulstran 函数是通过对连续函数或脉冲原型进行采样而得到脉冲序列的发生器。

6. 随机序列

MATLAB 提供了两个随机序列生成函数,分别为 rand(m,n)和 randn(m,n),二者都可以生成 m 行 n 列的随机数列。rand(m,n)函数生成的序列在[0,1]上服从均匀分布;而 randn(m,n)生成的序列称为高斯序列,其均值为 0,方差为 1。

8.2.3   信号的运算

1. 信号的相加和相乘

已知两个信号 $x_1(n)$、$x_2(n)$,如果 x_1 和 x_2 的个数相等,则 $x(n)＝x_1(n)＋x_2(n)$ 表示 x_1 与 x_2 中对应元素相加,$x(n)＝x_1(n)·x_2(n)$ 表示 x_1 与 x_2 对应元素相乘。在 MATLAB 中,符号"*"表示乘法,如果将上面的信号相乘写成 x(n)＝x1(n) * x2(n)的形式,此时则表示的是矩阵的乘法,x1(n)和 x2(n)的个数要满足矩阵乘法的规则。

【例 8-50】   给定两个离散序列 $a＝[1,2,3, 0, 3, 2, 1]$,$b＝[−1, −1, −1 ,3 ,1 ,3, 5]$。求 a 与 b 相加后的序列。

其参考程序如下。

```
a=[1,2,3,0,3,2,1];
b= [-1,-1,-1,3,1,3,5];
c=a+b;
```

```
subplot(3,1,1)
stem(a)
title('离散序列 a');
xlabel('时间'),ylabel('幅度');
subplot(3,1,2)
stem(b)
title('离散序列 b');
xlabel('时间'),ylabel('幅度');
subplot(3,1,3)
stem(c)
title('离散序列 a+ b');
xlabel('时间'),ylabel('幅度');
```

运行该程序,可得到原始序列及其运算后的序列的图形表示,如图 8-40 所示。对于离散序列的乘法运算,其过程和加法类似,此处不再赘述。

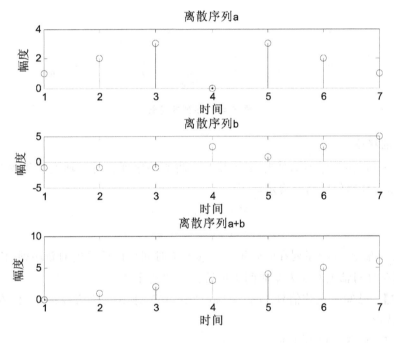

图 8-40 离散序列的加法

2. 序列的翻转

序列的翻转也称为序列的折叠,其目的就是对 $x(n)$ 的每一项根据 $n=0$ 的纵坐标进行折叠得到 $y(n)$,即 $y(n)=x(-n)$,翻转运算用 fliplr 函数实现。

【例 8-51】 设序列 $x(n)=[6,5,4,3,2,1]$,求其翻转序列。

翻转后的序列为 $y(n)=\text{fliplr}(x(n))=[1,2,3,4,5,6]$。为了方便比较,可将原序列和翻转序列在同一张图片中绘制。其参考程序如下,运行该程序即可得到原序列及其翻转序列,如图 8-41 所示。

```
x=[6 5 4 3 2 1];
y=fliplr(x);
z=[x 0 y];
```

```
t=[-6:1:6];
stem(t,z)
title('翻转运算');
xlabel('时间'),ylabel('幅度');
box on
```

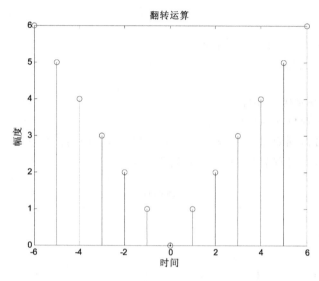

图 8-41　序列的翻转

3. 序列的移位

序列的移位也称为序列的延迟,其实质是指将原始序列在时间轴上左移或右移。例如,给定序列 $x(n)$,其移位序列可表示如下。

$$Y_1(n) = x(n-k)$$
$$Y_2(n) = x(n+k)$$

$Y_1(n)$ 是将整个 $x(n)$ 序列在时间轴上右移 k 个时间单位后得到的新序列,$Y_2(n)$ 是将整个 $x(n)$ 序列在时间轴上左移 k 个时间单位后得到的新序列。

【例 8-52】　已知一正弦信号 $x(n) = 2\sin(2\pi n/16)$,求其移位信号 $x(n-2)$ 在 $-2 < n < 8$ 区间的序列波形。

其 MATLAB 参考程序如下。

```
n=-2:8;
n0=2;
x=2*sin(2*pi*n/16);          %建立原信号 x(n)
x1=2*sin(2*pi*(n-n0)/16);    %建立 x(n-2)信号
subplot(2,1,1),  stem(n,x);
box on
title('序列的移位');
xlabel('x(n)'),ylabel('幅度');
ylabel('x(n)');
subplot(2,1,2),  stem(n,x1);
xlabel('x(n-2)'),ylabel('幅度');
box on
```

运行该程序，其结果如图 8-42 所示。

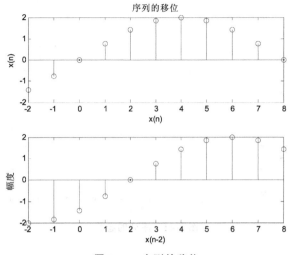

图 8-42　序列的移位

4. 序列的卷积

MATLAB 提供 conv 函数来实现两个有限长度序列的卷积运算，conv 函数默认两个信号的时间序列从 $n=0$ 开始。其调用格式如下。

$$y=conv(x,h)$$

该函数用于求取两个有限长度序列 x 和 h 的卷积，y 的长度等于 x 与 h 的长度之和减 1。

【例 8-53】　已知两个信号序列 $x=[1,2,3,-3,-4,-5]$，$h=[1,2,0,-2,-1]$，求 x 和 y 的离散卷积序列。

其 MATLAB 参考程序如下。

```
x=[1,2,3,-3,-4,-5];
h=[1,2,0,-2,-1];
c=conv(a,b);
M=length(c)-1;
n=0:M;
stem(n,c);
```

其运行结果如图 8-43 所示。

8.2.4　三大变换

在信号处理中，为了处理问题的方便，通常需要将信号变换在不同的域中进行处理，常用的三大变换在 MATLAB 工具箱中有专门的处理函数，详细介绍如下。

1. fourier 变换对

fourier 变换对是指将时间域函数通过 fourier 变换变为对应的频率域，同时将频率域函数通过 fourier 反变换变为对应的时间域的一对函数 fourier 和 ifourier，其用法和功能如下。

● Fw＝fourier(ft,t,w)　其功能是求时域函数 ft 的 fourier 变换 Fw。

● ft＝ifourier(Fw,w,t)　其功能是求频域函数 Fw 的 fourier 反变换 ft。

【例 8-54】　在命令行中输入如下命令。

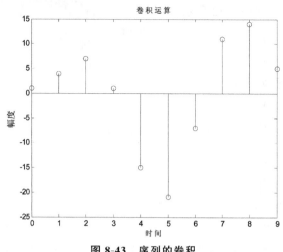

图 8-43   序列的卷积

```
>>syms t x
>>Fw=fourier(exp(-x^2),x,t)
```

则运行结果如下。

```
Fw=pi^(1/2)*exp(-1/4*t^2)
```

在上面运行的基础上,在命令窗口中再输入如下命令。

```
>>ft=ifourier(Fw,t,x)
```

返回的运行结果如下。

```
ft=exp(-x^2)
```

2. laplace 变换对

laplace 变换对是指将时间域函数通过 laplace 变换变为对应的频率域,同时将频率域函数通过 laplace 反变换变为对应的时间域的一对函数 laplace 和 ilaplace,其用法和功能如下。

- Fs＝laplace(ft,t,s)　　其功能是求时域函数 ft 的 laplace 变换 Fs。
- ft＝ilaplace(Fs,s,t)　　其功能是求频域函数 Fs 的 laplace 反变换 ft。

【例 8-55】　在命令行中输入如下 2 条命令。

```
>>syms a t s
>>Fs1=laplace(sin(a*t),t,s)
```

其运行结果如下。

```
Fs1=a/(s^2+a^2)
```

在上面运行的基础上,在命令窗口中再输入如下命令。

```
>>f1=ilaplace(Fs1,s,t)
```

返回的运行结果如下。

```
f1=sin(a*t)
```

3. z 变换对

z 变换对是指将时间域函数通过 z 变换变为对应的频率域,同时将频率域函数通过 z 反变换变为对应的时间域的一对函数 ztrans 和 iztrans,其用法和功能如下。

- Fz＝ztrans(fn,n,z)　　其功能是求时域序列 fn 的 z 变换 Fz。
- fn＝iztrans(Fz,z,n)　　其功能是求频域序列 Fz 的 z 反变换 fn。

【例 8-56】　在命令行输入如下 2 条命令。

```
>>syms k n z
>>Fz=ztrans(cos(n*k),k,z)
```

其运行结果如下。

```
Fz=(z-cos(n))*z/(z^2-2*z*cos(n)+1)
```

在上面运行的基础上,在命令窗口中再输入如下命令。

```
>>fn=iztrans(Fz,z,k)
```

返回的运行结果如下。

```
fn=cos(n*k)
```

8.2.5 离散傅里叶变换

在 MATLAB 中,系统提供了计算离散傅里叶变换(DFT)的函数 FFT,用户只需要合理调用该函数,即可得到所求矢量 x 的 DFT。常用的 FFT 及其反变换函数如表 8-4 所示。

表 8-4 FFT 及其反变换函数

函 数	功 能
fft	快速离散傅里叶变换
fft2	二维离散傅里叶变换
fftshift	将零频位置移到频谱的中心
ifft	离散傅里叶反变换

FFT 及其反变换函数的调用格式如下。

● y=fft(x):计算信号 x 的快速傅里叶变换 y。如果 x 为矩阵,则 FFT 运算应用于矩阵的每一列。

● y=fft(x, N):计算 N 点的 DFT。如果 x 的长度小于 N,则在其后补零使其构成长度为 N 的序列;同样,如果 x 的长度大于 N,则截断大于 N 的部分;如果 x 为一个矩阵,则计算 x 中每一列的 N 点 DFT;当 N 的长度为 2 的幂时,使用基 2FFT 算法,否则采用较慢的分裂基算法。

● y=fftshift(x):将零频位置移至频谱的中心。如果 x 为向量,fftshift(x)直接将 x 的左、右两部分交换;如果 x 为矩阵(多通道信号),则将 x 的左上、右下和右上、左下四个部分两两交换。

● y=ifft(x):计算信号 x 的傅里叶反变换。

● y=ifft(x,n):计算 n 点 IFFT。如果 x 的长度大于 n,则以 n 为长度截短 x;否则通过补零的方式使 x 的长度变为 n。

【例 8-57】 绘制如图 8-44 所示二维图像的频谱图。

其参考程序如下。

```
x=imread('cameraman.tif');
figure(1),imshow(x);
fs=fft2(x);
s=fftshift(fs);
figure(2)
imshow(log(abs(s)),[]);
```

程序运行后得到的频谱图如图 8-45 所示。

215

图 8-44　二维图像原图

图 8-45　频谱图

8.2.6　数字滤波器的设计

数字滤波器在信号处理的应用中发挥着重要的作用,它是通过对采样数据信号进行数学运算处理来达到滤波的目的的。所谓滤波,就是指改变输入信号所含频率成分的相对比例,或者滤除其中的某些频率成分。数学运算通常有两种实现方式:一种是频域的方法,即利用 FFT 分离选择信号,再用 IFFT 恢复信号;另一种是时域的方法,即通过差分方程的数学运算来实现。

数字滤波器是指输入、输出均为数字信号,通过一定运算关系改变输入信号所含频率成分的相对比例或滤除某些频率成分的元件。数字滤波器具有比模拟滤波器精度高、稳定、体积小、重量轻、灵活、不要求阻抗匹配,以及能实现模拟滤波器无法实现的特殊滤波功能的优点。数字滤波器的低通频带处于 2π 的整数倍处,而高频带处于 π 的奇数倍附近,这一点和模拟滤波器是有区别的。数字滤波器按实现的网络结构或单位脉冲响应进行分类,可分为无限脉冲响应(IIR)滤波器和有限脉冲响应(FIR)滤波器。

MATLAB 7.0 中信号处理工具箱的两个基本工具就是滤波器的设计及谱分析。下面将主要介绍数字滤波器 IIR 和 FIR 的设计和实现。

1. IIR 数字滤波器的设计

N 阶 IIR 滤波器的系统函数如式 8-10 所示。

$$H(z) = \frac{\displaystyle\sum_{r=0}^{M} b_r z^{-r}}{1 + \displaystyle\sum_{k=1}^{N} a_k z^{-k}} \tag{8-10}$$

设计 IIR 滤波器的目标就是寻找一个物理上可以实现的系统函数 $H(z)$,使其频率响应 $H(e^{j\omega})$ 满足所希望得到的频率指标,即达到给定的通带截止频率、阻带截止频率、通带衰减系数和阻带衰减系数。

IIR 滤波器的设计方法有以下两类:一类是直接在频域或在时域进行设计,由于此方法要解联立方程,因而需要计算机进行辅助设计;另一类是借助模拟滤波器的设计方法进行设计,由于模拟滤波器的设计方法已经很成熟,因此有完整的设计公式、完善的图表可供查阅,还有一些典型的滤波器类型可供使用。该方法的设计步骤如下。

(1) 设计模拟滤波器得到传输函数 $H_a(s)$。

(2) 将 $H_a(s)$ 按某种方法转换成数字滤波器的系统函数 $H(z)$。

在 MATLAB 信号处理工具箱中有许多系统自带的设计数字滤波器的函数,在此主要介绍几种直接设计 IIR 数字滤波器的方法。

1）巴特沃思 IIR 数字滤波器的设计

MATLAB 信号处理工具箱中的 butter 函数既可以用来设计低通、带通、高通和带阻的模拟巴特沃思滤波器,也可以用来设计这四类数字巴特沃思滤波器。对于数字滤波器的设计,butter 函数的调用格式如下。

$$[b,a]=butter(n,Wn)$$

该函数用来设计一个截止频率为 Wn 的 n 阶数字滤波器。其中,$0<Wn<1.0$,取 1 时为采样频率的一半。该函数返回的滤波器系数向量 a、b 的长度为 $n+1$,这些系数按 z 的降幂排列,如式(8-11)所示。如果 Wn 是一个二维向量,即 Wn＝[W1 W2],则该函数返回一个通带 W1＜W＜W2 的 $2n$ 阶带通滤波器。

$$H(z)=\frac{B(z)}{A(z)}=\frac{b(1)+b(2)z^{-1}+\cdots+b(n+1)z^{-n}}{a(1)+a(2)z^{-1}+\cdots+a(n+1)z^{-n}} \tag{8-11}$$

butter 函数还有如下几种调用格式,其具体功能如下。

（1）[b,a]＝butter(n,Wn,'high') 设计一个高通滤波器。

（2）[b,a]＝butter(n,Wn,'low') 设计一个低通滤波器。

（3）[b,a]＝butter(n,Wn,'stop') 设计一个带阻滤波器,Wn＝[W1,W2]。

在设计滤波器时,通常需要找到一个满足滤波器设计指标的最小阶数。在 MATLAB 信号处理工具箱中,针对不同的滤波器提供有相应的阶数选择函数。对于巴特沃思滤波器,其对应的阶数选择函数为 buttord,该函数的调用格式如下。

$$[n,Wn]=buttord(Wp,Ws,Rp,Rs)$$

该函数返回满足通带衰减不大于 Rp(dB)、阻带衰减大于 Rs(dB)要求的巴特沃思数字滤波器的阶数 n 和截止频率 Wn。其中,Wp 是通带截止频率,Ws 是阻带截止频率。Wp 和 Ws 的取值均在[0,1]之间,1 对应的是归一化奈奎斯特频率。巴特沃思滤波器的类型由输入参数决定:当 Wp 和 Ws 都是标量且 Wp＜Ws 时,指定滤波器为低通滤波器,其通带为(0, Wp),阻带为(Ws,1);当 Wp 和 Ws 都是标量且 Wp＞Ws 时,指定滤波器为高通滤波器,其通带为(Wp,1),阻带为(0,Ws);当 Wp 和 Ws 都是二元向量且 Ws(1)＜Wp(1)＜Wp(2)＜Ws(2)时,指定滤波器为带通滤波器,其通带为(Wp(1),Wp(2)),阻带为(0,Ws(1))和(Ws(2),1);当 Wp 和 Ws 都是二元向量且 Wp(1)＜Ws(1)＜Ws(2)＜Wp(2)时,指定滤波器为带阻滤波器,通带为(0,Wp(1))和(Wp(2),1),阻带为(Ws(1),Ws(2))。

【例 8-58】 设计一个巴特沃思低通数字滤波器,要求:通带截止频率 Wp＝0.3π,阻带截止频率 Ws＝0.6π,通带最大衰减 Rp＝1 dB,阻带最小衰减 Rs＝25 dB,采样频率 Fs＝400 Hz,要求描绘其幅频特性和相频特性曲线。

其 MATLAB 参考程序如下。

```
Wp=0.3;
Ws=0.6;
Rp=1;
Rs=25;
Fs=400;
[n,Wn]=buttord(Wp,Ws,Rp,Rs);
[b,a]=butter(n,Wn,'low');
[h,w]=freqz(b,a,32,400);
plot(w,abs(h));
xlabel('频率'),ylabel('幅值')
```

其运行后得到的幅频特性曲线和相频特性曲线如图 8-46 所示。

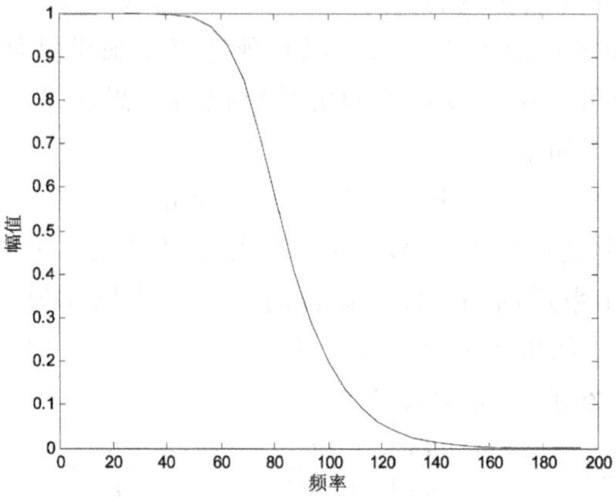

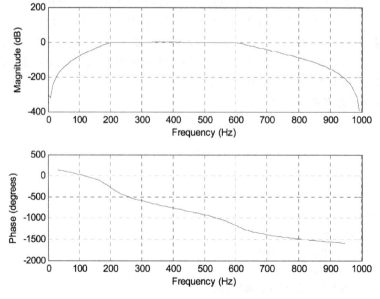

图 8-46　巴特沃思低通数字滤波器的幅频和相频特性曲线

【例 8-59】　设计一个 20 阶的带通巴特沃思数字滤波器,其带通频率范围为 100 Hz 到 300 Hz,采样频率为 2000 Hz,绘出该滤波器的幅频特性曲线和相频特性曲线,以及其脉冲响应图。

其 MATLAB 参考程序如下。

```
n=10;
Wn=[100300]/500;
[b,a]=butter(n,Wn,'bandpass');
freqz(b,a,128,2000)
figure
[y,t]=impz(b,a,51);
stem(t,y)
box on
```

运行该程序,得到所设计的带通滤波器的幅频特性曲线和相频特性曲线,以及其脉冲响应分别如图 8-47 和图 8-48 所示。

图 8-47　带通滤波器频率响应曲线

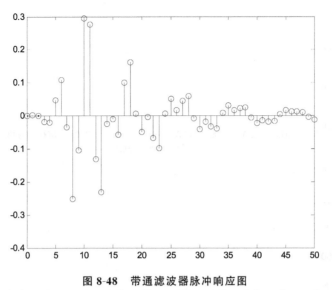

2）切比雪夫Ⅰ型 IIR 数字滤波器设计

MATLAB 信号处理工具箱中的 cheby1 函数既可以用来设计低通、带通、高通和带阻的模拟切比雪夫Ⅰ型滤波器，也可以用来设计这四类的数字切比雪夫Ⅰ型滤波器。其特性为通带内等波纹，阻带内单调。cheby1 函数的调用格式如下。

$$[b,a]=cheby1(n,R,Wn)$$

该函数用来设计一个截止频率为 Wn、通带波纹为 R(dB)的 n 阶切比雪夫低通滤波器。它返回的滤波器系数向量 a、b 的长度为 $n+1$，这些系数按 z 的降幂排列，如式(8-11)所示。

对于 cheby1 函数来说，归一化截止频率 Wn 取值在[0,1]之间，取 1 时 Wn 为采样频率的一半。如果 Wn 是一个二元向量，如 Wn＝[W1,W2]，那么 cheby1 函数返回一个通带为 W1＜ω＜W2、阶数为 $2n$ 的带通数字滤波器。cheby1 函数还有如下几种调用格式，具体介绍如下。

（1）[b,a]＝cheby1(n,R,Wn,'high') 设计一个高通滤波器。

（2）[b,a]＝cheby1(n,R,Wn,'low') 设计一个低通滤波器。

（3）[b,a]＝cheby1(n,R,Wn,'stop') 设计一个带阻滤波器,Wn＝[W1,W2]。

【例 8-60】 用直接法设计一个切比雪夫Ⅰ型数字低通滤波器,并绘制出频率响应曲线。要求：阻带截止频率 Ws＝200 Hz,通带截止频率 Wp＝150 Hz,通带波纹为 Rp＝3 dB,阻带最小衰减 Rs＝20 dB,采样频率 Fs＝2000 Hz。

其 MATLAB 参考程序如下。

```
Wp=150;
Ws=200;
Rp=3;
Rs=20;
Fs=2000;
[n,Wn]=cheb1ord(Wp/(Fs/2),Ws/(Fs/2),Rp,Rs);
[b,a]=cheby1(n,Rp,Wn);
freqz(b,a,512,2000);
```

运行该程序,得到其频率响应曲线如图 8-49 所示。

第 8 章　MATLAB 在相关专业领域中的应用

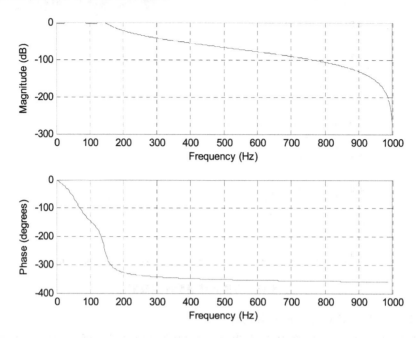

图 8-49　切比雪夫 Ⅰ 型低通滤波器频率响应曲线

3）切比雪夫 Ⅱ 型 IIR 数字滤波器设计

MATLAB 信号处理工具箱中的 cheby2 函数既可以用来设计低通、带通、高通和带阻的模拟切比雪夫 Ⅱ 型滤波器，也可以用来设计这四类的数字切比雪夫 Ⅱ 型滤波器。它的特性就是通带内单调，阻带内等波纹。数字滤波器设计的 cheby2 函数调用格式如下。

（1）[b,a]=cheby2(n,Rs,Wn)　设计截止频率为 Wn 的 n 阶切比雪夫 Ⅱ 型数字低通滤波器。

（2）[b,a]=cheby2(n,Rs,Wn,'high')　设计一个归一化截止频率为 Wn 的高通数字滤波器。

（3）[b,a]=cheby2(n,Rs,Wn,'low')　设计一个归一化截止频率为 Wn 的低通数字滤波器。

（4）[b,a]=cheby2(n,Rs,Wn,'stop')　设计一个阶数为 $2n$ 的带阻数字滤波器，Wn＝[W1,W2]，阻带为 W1＜ω＜W2。

【例 8-61】　设计一个采样率为 1 kHz、截止频率为 0.6、阻带波纹为 20 dB、阶数为 10 的低通切比雪夫 Ⅱ 型数字滤波器。

其 MATLAB 参考程序如下。

```
[b,a]=cheby2(10,20,0.6);
freqz(b,a,512,1000)
```

运行该程序，得到该滤波器的频率响应曲线如图 8-50 所示。

【例 8-62】　设计一个 20 阶切比雪夫 Ⅱ 型带通数字滤波器，阻带波纹为 20dB，通带为 100 到 200，并绘制其脉冲响应。

```
n=10;
Rs=20;
Wn=[100 200]/500;
[b,a]=cheby2(n,Rs,Wn);
```

220

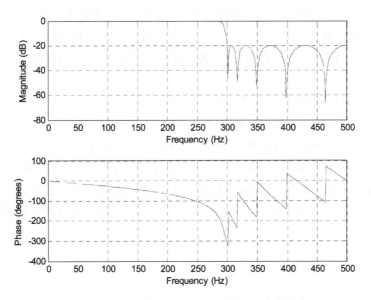

图 8-50   切比雪夫 II 型低通滤波器频率响应曲线

```
[y,t]=impz(b,a,101);
stem(t,y)
box on
```

运行该程序,得到其脉冲响应如图 8-51 所示。

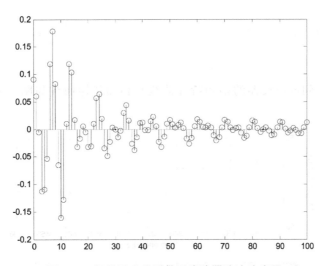

图 8-51   切比雪夫 II 型带通滤波器脉冲响应图

4)椭圆数字滤波器的设计

MATLAB 信号处理工具箱中的 ellip 函数既可以用来设计低通、带通、高通和带阻的模拟椭圆滤波器,也可以用来设计这四类的数字椭圆滤波器。它在通带内和阻带内都是等波纹的。该函数的调用格式如下。

$$[b,a]=ellip(n,Rp,Rs,Wn)$$

该函数用来设计一个截止频率为 Wn,通带波纹为 Rp(dB)、阻带波纹为 Rs(dB)的 n 阶椭圆低通滤波器。它返回滤波器系数向量 a、b 的长度为 $n+1$,这些系数按 z 的降幂排列。

归一化截止频率是滤波器的幅度响应为－Rp(dB)处的通带边缘频率,对于 ellip 函数来说,归一化截止频率 Wn 取值在[0,1]之间,这里 1 对应奈奎斯特频率。如果 Wn 是一个二元向量,如 Wn＝[W1,W2],那么 ellip 函数返回一个带通为 W1＜ω＜W2、阶数为 2n 的带通数字滤波器。

ellip 还有如下几种调用格式,具体如下。

(1) [b,a]＝ellip(n,Rp,Rs,Wn,'high')　设计一个高通滤波器。

(2) [b,a]＝ellip(n,Rp,Rs,Wn,'low')　设计一个低通滤波器。

(3) [b,a]＝ellip(n,Rp,Rs,Wn,'stop')　设计一个带阻滤波器,Wn＝[W1,W2]。

【例 8-63】　设计一个 20 阶带通椭圆滤波器,要求:通带 Wn＝[100,200],阻带波纹 40 dB,通带波纹 1 dB,采样频率 Fs＝1 kHz。绘出该滤波器的幅频特性曲线和相频特性曲线,以及其脉冲响应图。

其 MATLAB 参考程序如下。

```
n=10;
Rp=1;
Rs=40;
Wn=[100 200]/500;
Fs=1000;
[b,a]=ellip(n,Rp,Rs,Wn);
freqz(b,a,512,Fs)
figure
[y,t]=impz(b,a,101);
stem(t,y)
box on
```

运行该程序,得到该滤波器的幅频特性曲线和相频特性曲线如图 8-52 所示,其脉冲响应如图 8-53 所示。

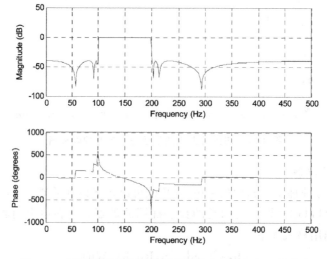

图 8-52　椭圆带通滤波器的幅频特性曲线和相频特性曲线

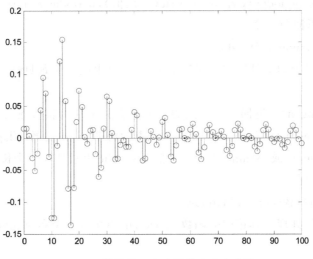

图 8-53　椭圆带通滤波器的脉冲响应图

2. FIR 数字滤波器的设计

前面介绍了 IIR 数字滤波器的设计,读者不难看出,尽管 IIR 滤波器可以在幅频特性上满足各项性能指标,但在相频特性上往往呈现非线性,而 FIR 滤波器不仅能够满足幅频响应的指标要求,而且可以得到线性的相位特性。下面就具体介绍 FIR 数字滤波器的设计。

$N-1$ 阶 FIR 滤波器函数如式(8-12)所示。

$$H(z) = \sum_{n=0}^{N-1} h(n) z^{-n} \tag{8-12}$$

FIR 数字滤波器的设计常采用窗函数法、频率采样法,不能采用由模拟滤波器的设计进行转换的方法。所谓窗函数法,是指以传统的窗函数为基础,利用已有的窗函数特性曲线和设计数据进行设计,这里主要介绍利用 MATLAB 信号处理工具箱提供的窗函数来设计 FIR 数字滤波器。

1) 各种窗函数

(1) 矩形窗(Rectangle Window)。

MATLAB 信号处理工具箱中的函数 rectwin 可生成一个矩形窗。该函数的调用格式如下。

$$\mathbf{w = rectwin(n)}$$

其功能是返回一个 n 点的矩形窗,w 是一个列向量。

(2) 三角窗(Triangular Window)。

MATLAB 信号处理工具箱中的函数 triang 可生成一个三角窗,其调用格式如下。

$$\mathbf{w = triang(n)}$$

其功能是根据长度 n 产生一个三角窗 w。

(3) 汉宁窗(Hanning Window)。

MATLAB 信号处理工具箱中的函数 hann 可生成一个汉宁窗。该函数的调用格式如下。

① **w = hann(n)**　其功能是返回一个 n 点的对称汉宁窗,n 必须为正整数,w 是一个列向量。

② **w = hann(n,'sflag')**　其功能是返回一个 n 点的海宁窗,由参数 sflag 定义窗口的采

样。sflag 的取值为 periodic 或者 symmetric(默认值),periodic 表示计算一个长度为 n+1 点的汉宁窗,并且返回前 n 个点。

(4) 海明窗(Hamming Window)。

MATLAB 信号处理工具箱中的函数 hamming 可生成一个海明窗。该函数的调用格式如下。

① **w＝hamming(n)** 返回一个 n 点的对称海明窗,n 应为正整数,w 是一个列向量。

② **w＝hamming(n,' sflag')** 返回一个 n 点的海明窗,由参数 sflag 定义窗口的采样。sflag 的取值为 periodic 或 symmetric(默认值),periodic 表示计算一个长度为 n+1 点的海明窗,并且返回前 n 个点。

(5) 布拉克曼窗(Blackman Window)。

MATLAB 信号处理工具箱中的函数 blackman 可生成一个布拉克曼窗。该函数的调用格式如下。

① **w＝blackman(n)** 返回一个 n 点的对称的布莱克曼窗,n 为正整数,w 是一个列向量。

② **w＝blackman(n,'sflag')** 返回一个 n 点的布莱克曼窗,由参数 sflag 定义窗口的采样。sflag 的取值为 periodic 或 symmetric(默认值),periodic 表示计算一个长度为 n+1 点的布拉克曼窗,并且返回前 n 个点。

(6) 恺撒窗(Kaiser Window)。

MATLAB 信号处理工具箱中的函数 kaiser 可生成一个恺撒窗。该函数的调用格式如下。

$$w＝kaiser(n,beta)$$

根据长度 n 和影响窗函数旁瓣的 β 参数产生一个 n 点恺撒窗 w,beta 的默认值为 0.5。

2) 基于窗函数的 FIR 滤波器设计

MATLAB 的信号处理工具箱中的函数 firl 用来实现基于窗函数的 FIR 滤波器设计,该函数的调用格式如下。

$$firl(n,Wn,' ftype',Window)$$

其中,n 为阶数,Wn 是截止频率,如果输入的 Wn 的形式为[W1,W2]的矢量时,代表用该函数来设计带通滤波器,其通带为 W1<ω<W2。ftype 是滤波器的类型,如果省略' ftype',则表示设计的是低通滤波器;如果 ftype 的值为 high,则表示设计的是高通滤波器;如果 ftype 的值为 stop,则表示设计的是带阻滤波器。Window 为上面所介绍的窗函数中的一种。下面通过实例来介绍该函数的应用。

【例 8-64】 用汉宁窗设计一个 10 阶带通滤波器,要求其上、下边带截止频率分别为 w1=0.4π,w2=0.6π,绘出该滤波器的幅频特性曲线和相频特性曲线。

其 MATLAB 参考程序如下。

```
Window=hann(11);
b=firl(10,[0.4 0.6],Window);
freqz(b,1)
```

运行该程序,得到该滤波器的幅频特性曲线和相频特性曲线如图 8-54 所示。

MATLAB 信号处理工具箱同样提供了基于频率采样法的 FIR 滤波器设计函数 fir2,该函数的频率响应可以是任意形态。对于该函数的使用及用该函数来设计 FIR 滤波器的过程,请读者参照 firl 的使用过程自己分析。

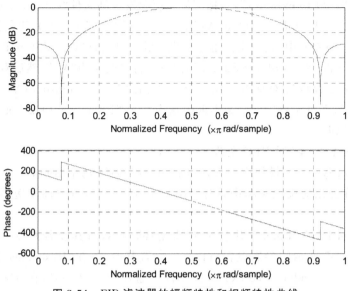

图 8-54 FIR 滤波器的幅频特性和相频特性曲线

8.3 电力电子系统

要掌握电力电子系统工具箱,必须学会建立电路和对其进行仿真。本节主要基于简单的电力电子系统,用于说明如何建立基本电路模型、如何仿真、如何分析。

8.3.1 简单的电力系统仿真举例

电力电子系统工具箱可用于建立和仿真包含线性、非线性元件的电路,如图 8-55 所示的电路,为一个通过 300 km 输电线馈电的等效电力系统。输电线在末端用并联电感器进行补偿。断路器控制输电线的充、放电。图中参数为 735 kV 电网的典型值。

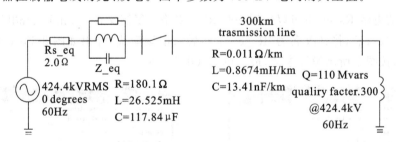

图 8-55 等效电力系统的电路图

1. 仿真简单电路

1) 创建仿真文件 exmple1. mdl

打开"Simulink Library Browser"窗口,选择"file"→"New"→"Model"命令,弹出仿真模型文件的用户界面,单击工具栏中的"Save"图标,保存文件名为"exmple1. mdl"。

2) 放置并设置交流电源

打开"Simulink Library Browser"窗口,在其中单击"SimPowerSystems"模块库的展开符"＋",选择"Electrical Sources",右键选中"AC Voltage Source"(交流电压源),在弹出的

快捷菜单中选择"Add to exmple1",就把交流电压源发送到文件"exmple1. mdl"中去了。

还可以采用另一种方法:选中"AC Voltage Source"(交流电压源),用鼠标将其拖曳到文件"exmple1. mdl"的界面中,这样交流电压源也被放置到文件"exmple1. mdl"中了。

选中交流电压源"AC Voltage Source"的名称,将它改名为"Vs",然后双击该模块,弹出如图 8-56 所示的参数设置对话框。设置其参数:在"Peak amplitude(V)"文本框中输入424.4e3 * sqrt(2),在"Phase(deg)"文本框中输入 0,在"Frequency(Hz)"文本框中输入 50。最后单击"OK"按钮。

3)放置并设置并(串)联 RLC 支路

在"SimPowerSystems"模块库中选择"Elements",右键选中"Parallel RLC Branch"(并联 RLC 支路),在弹出的快捷菜单中选择"Add to exmple1",将文件发送到文件"exmple1. mdl"中。

选中"Parallel RLC Branch"(并联 RLC 支路)的名称,将其改名为"Z_eq",然后双击该模块,弹出如图 8-57 所示的参数设置对话框。设置其参数:在"Resistance R(Ohms)"文本框中输入"180.1",在"Inductance L(H)"文本框中输入"26.525e-3",在"Capacitance C(F)"文本框中输入"117.84e-6"。最后单击"OK"按钮。

图 8-56 交流电压源"Vs"的参数对话框　　　图 8-57 并联 RLC 支路"Z_eq"的参数对话框

电路中的电阻 Rs_eq 也可以采用并联 RLC 支路。复制文件"exmple1. mdl"中已有的并联 RLC 支路"Z_eq",将其改名为"Rs_eq",然后双击该模块,弹出如图 8-58(a)所示的参数设置对话框,按图中所示设置参数,最后单击"OK"按钮。

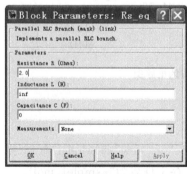

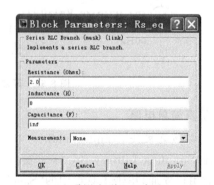

(a)采用并联RLC支路　　　　　　　　(b)采用串联RLC支路

图 8-58 电阻"Rs_eq"的参数对话框

电路中的电阻 Rs_eq 还可以采用串联 RLC 支路,其参数设置对话框及其参数设置如图

8-59(b)所示。

4）放置并设置 π 型传输线和并联电感器

为了完成电路模型，还需要一条 300 km 的传输线和一个并联电感器。R、L、C 参数集中分布的传输线模型为 π 型传输线。在"Elements"中右键选中"Pi Section Line"（π 型输电线），在弹出的快捷菜单中选中"Add to exmple1"，将其发送到文件"exmple1.mdl"中。

双击该模块，弹出如图 8-59 所示的参数设置对话框，按图中所示设置参数。最后单击"OK"按钮。

并联电感器用一个电阻串联一个电感来构造。可以用串联 RLC 支路，也可以用 RLC 负载。但是采用 RLC 支路需要依照给定的品质因数和无功功率计算并设定 R、L 的值。因而采用 RLC 负载更方便，它可以直接确定吸收的有功功率和无功功率。

在"Elements"中用右键选中"Series RLC Load"（串联 RLC 负载），在弹出的快捷菜单中单击"Add to exmple1"将其发送到文件"exmple1.mdl"中，并改名为"110Mvars"。

双击该模块，弹出如图 8-60 所示的参数设置对话框，按图中所示设置参数。最后单击"OK"按钮。

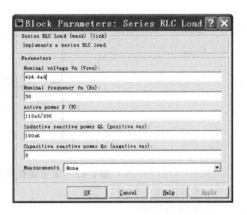

图 8-59　π 型传输线的参数对话框　　　图 8-60　串联 RLC 负载的参数对话框

5）完成电路的连线

调整好各个模块的位置和大小，选用两个接地点"Ground"，完成电路的连线。仿真模型电路如图 8-61 所示。

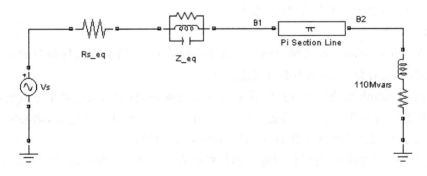

图 8-61　仿真模型电路

6）测量元件的使用

为了测量节点 B1 的电压，可以从测量元件库"Measurements"中调用电压测量模块

227

"Voltage Measurement",将其改名为"U1"。把它的正端输入连接到节点 B1,负端输入连接一个接地点。

为了观察节点 B1 的电压,可以在"Simulink"的"Sinks"库中调用一个示波器"Scope"放于 B1 点处。

如果测量元件的输出端直接接到示波器上,输出电压显示为实际值。然而电力系统中常用标幺值来计算。

用一个对应于系统额定电压峰值的基准电压来除实际值,就可以把电压值标幺化。下面采用缩放系数 K 来进行标幺化。缩放系数 K 如下。

$$K = \frac{1}{424.4 \times 10^3 \times \sqrt{2}}$$

在"Simulink"的"Math Operations"库中调用一个比例器"Gain",并设定比例系数 K,令 K=1/(424.4e3 * sqrt(2))。将其输入端连接到测量元件的输出端,并将其输出端连接到示波器。

复制这个电压测量的结构到 B2 节点。仿真模型电路如图 8-62 所示。

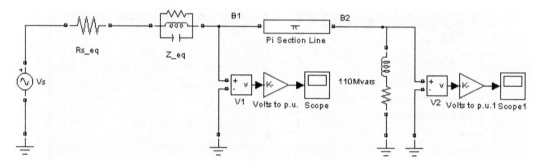

图 8-62　添加测量元件的仿真模型电路

7) 电路模型的仿真

选择"Simulation"→"Start"命令,仿真采用默认参数进行。打开示波器,可以观察节点 B1 和 B2 的电压的波形。

在仿真过程中,打开 Vs 模块对话框,可以修改幅值、频率和相位,来观察对两个示波器输出的影响。

仿真结果为:电压为正弦波,峰值为 1p. u. 。

8) 注意事项

通常连接在 Simulink 模块端口的线是有方向的信号线,而电气元件端口的连接线是没有方向性的,可以有分支,因而不能直接连接在一起。

可以把 Simulink 模块端口连接到其他的 Simulink 模块端口,也可以把电气元件的端口连接到其他的电气元件的端口。要把 Simulink 信号与电气元件相互连接,则必须使用既表征 Simulink 信号又表征电气元件的 SimPowerSystems 模块。

在电路模型的仿真中,可以使用电压测量模块将"SimPowerSystems"与"Simulink"模块连接在一起。

2. 分析简单电路

1) 稳态分析

SimPowerSystems 提供了一个图形用户界面(GUI)来帮助进行电路的稳态分析。在

"Simulink Library Browser"界面中单击根目录"SimPowerSystems",在右侧展开的列表中,右键选中"powergui",在弹出的快捷菜单中选择"Add to exmple1"命令将其发送到文件"exmple1. mdl"中。

仿真模型电路如图 8-63 所示。

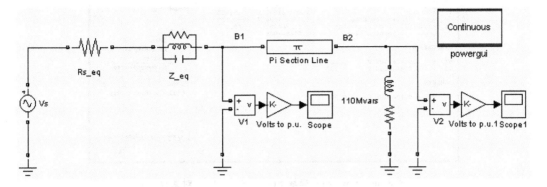

图 8-63　添加分析元件的仿真模型电路

双击"powergui",弹出如图 8-64 所示的分析界面。选择"Steady-State Voltages and Currents"(稳态电压、电流的分析),弹出如图 8-65 所示的 Steady-State Tool 对话框。

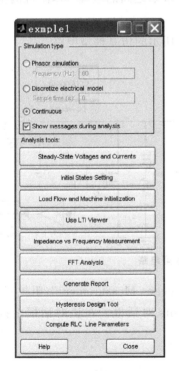

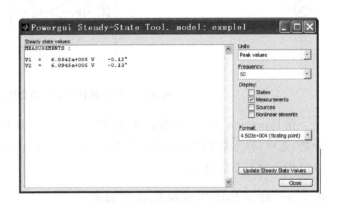

图 8-64　powergui 模块分析界面的对话框　　图 8-65　Powergui 模块 Steady-State Tool 对话框(1)

由两个测量模块测量的稳态相量以极坐标的形式显示。各个测量输出量由测量元件的名称对应的字符串来命名。相量 V1,V2 的幅值对应于电压的峰值。

在 Steady-State Tool 对话框中可以选择显示源电压的稳态值,或者可以选中"Sources"或"States"复选框,从而有选择地显示状态变量的稳态值,如图 8-66 所示。状态变量名由电感或电容的元件名称,加上前缀构成。例如,Z_eq 的电感电流为 Il_Z_eq,Z_eq 的电容电压为 Uc_Z_eq。

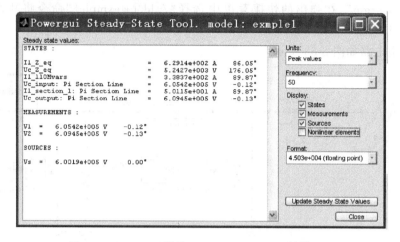

图 8-66　Powergui 模块 Steady-State Tool 对话框(2)

2）频率分析

在"SimPowerSystems"中的测量元件库"Measurements"中含有一个阻抗测量模块"Impedance Measurement"，可以用于测量电路中任意两个节点之间的阻抗。用阻抗测量模块和 Powergui 模块可以获得阻抗对频率的关系。

调用阻抗测量模块，将其改名为"ZB2"，运行如图 8-67 所示的仿真模型电路。

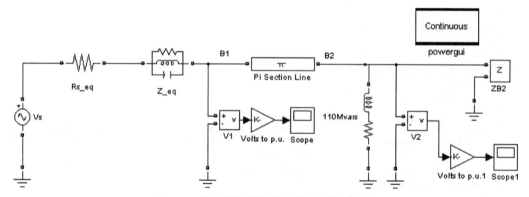

图 8-67　添加阻抗测量元件的仿真模型电路

在 Powergui 模块分析界面中选择"Impedance vs Frequency Measurement"(阻抗-频率分析)选项，弹出如图 8-68 所示的 Impedance Measurements 对话框。在该对话框中按图 8-69 所示进行参数设置。

8.3.2　简单的电子电路的仿真举例

LC 整流滤波电路是一种典型的电子电路，如图 8-69 所示的电路就是一个 LC 整流滤波电路。其中：输入正弦电压 u_1 的幅值为 120 V，频率为 50 Hz；变压器的变比为 5，滤波器参数为 $L_0 = 10$ mH，$C_0 = 4700$ μF，负载电阻 $R = 1$ Ω。

需要观察以下参数：①流过负载的电流波形；②滤波输出的电压波形；③流过二极管的电流波形；④加在二极管两端的电压波形。

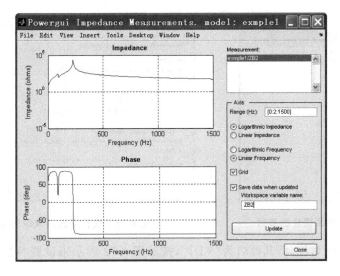

图 8-68　Powergui 模块 Impedance Measurements 对话框

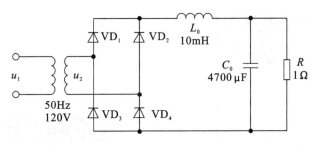

图 8-69　LC 整流滤波电路

1) 创建仿真文件 exmple2.mdl

在"Simulink Library Browser"窗口中选择"file"→"New"→"Model"命令,弹出仿真模型文件的用户界面,单击工具栏中的"Save"图标,保存文件名为"exmple2.mdl"。

2) 放置并设置交流电源

打开"Simulink Library Browser"窗口,在其中单击"SimPowerSystems"模块库的展开符"+",选择"Electrical Sources",选中"AC Voltage Source"(交流电压源),用鼠标将其拖曳到"exmple2.mdl"的操作界面中,就把交流电压源放置到文件"exmple2.mdl"中去了。

选中"AC Voltage Source"的名称,将其改名为"120 V 50 Hz",按照图 8-70 所示设置参数,然后单击"OK"按钮。

3) 放置并设置变压器

选择"Elements"→"Linear Transformer"(线性变压器),用鼠标将"Linear Transformer"拖曳到"exmple2.mdl"的操作界面中,完成放置。

选中"Linear Transformer"的名称,将其改名为"T1 100VA 120V/24V",如图 8-71 所示设置参数,然后单击"OK"按钮。

4) 放置并设置二极管

选择"Power Electronics"→"Diode"(二极管),用鼠标将"Diode"拖曳到"exmple2.mdl"的操作界面中,完成放置。

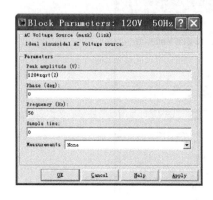

图 8-70　交流电源模块的参数

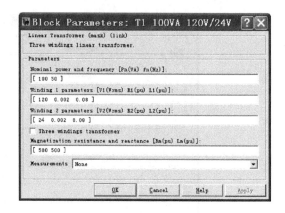

图 8-71　线性变压器模块的参数

选中"Diode"的名称，将其改名为"VD1"，按照图 8-72 所示来设置参数，然后单击"OK"按钮。

其他 3 个整流二极管的操作方式与此相同，分别将它们改名为 VD2、VD3、VD4。

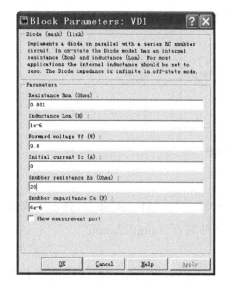

图 8-72　线性变压器模块的参数

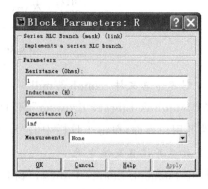

图 8-73　负载电阻模块的参数

5）放置并设置负载电阻

选择"Elements"→"Series RLC Branch"（串联 RLC 支路），用鼠标将"Series RLC Branch"拖曳到 exmple2. mdl 的操作界面中，完成放置。

选中"Series RLC Branch"的名称，将其改名为"R"，按照图 8-73 所示来设置参数，然后单击"OK"按钮。

6）放置并设置滤波电感和滤波电容

按照串联 RLC 支路的放置方法再放置 2 个模块。

选中一个模块的"Series RLC Branch"的名称，将其改名为"L0"，按照图 8-74（a）所示来设置参数，然后单击"OK"按钮。

再选中另一个模块的"Series RLC Branch"的名称，将其改名为"C0"，按照图 8-74（b）所示来设置参数，然后单击"OK"按钮。

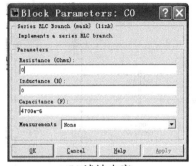

| (a) 滤波电感 | (b) 滤波电容 |

图 8-74   滤波电路模块的参数

7）完成电路的连线

按照电路结构,调整模块的大小和位置,并进行连线。

连入适当的接地点,以减少线路的交叉,其仿真电路模型如图 8-75 所示。

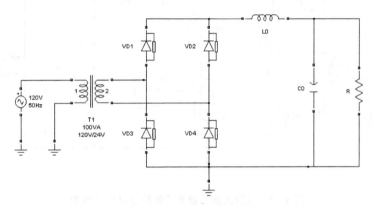

图 8-75   仿真电路模型

8）测量元件的使用

由于需要观察各种电压电流的波形,因此需要放置测量元件和输出模块。

测量流过负载的电流波形和滤波输出的电压波形的方法如下。

选择“Measurements”,将电流测量模块“Current Measurement”放置于文件“exmple2. mdl”中。选中“Current Measurement”的名称,将其改名为“Iload”。

将电压测量模块“Voltage Measurement”放置于文件“exmple2. mdl”中,选中“Voltage Measurement”的名称,将其改名为“Uload”。将示波器模块“scope”放置于文件“exmple2. mdl”中,将示波器设置为双信号输入。按照图 8-76 所示进行连接。

测量流过二极管的电流波形和加在二极管两端的电压波形的方法如下。

在 4 个整流二极管的参数对话框中,选中“Show measurement port”复选框,模块图标随之显现于测量端口。将示波器模块“scope”放置于文件“exmple2. mdl”中,将示波器设置为双信号输入。按照图 8-77 所示进行连接。

9）设置仿真参数

在“exmple2. mdl”窗口中选择“Simulation”→“Configuration Parameters”命令,弹出仿真参数设置对话框。在该对话框中设置参数如下:①令 Start time 为 0;②令 Stop time 为

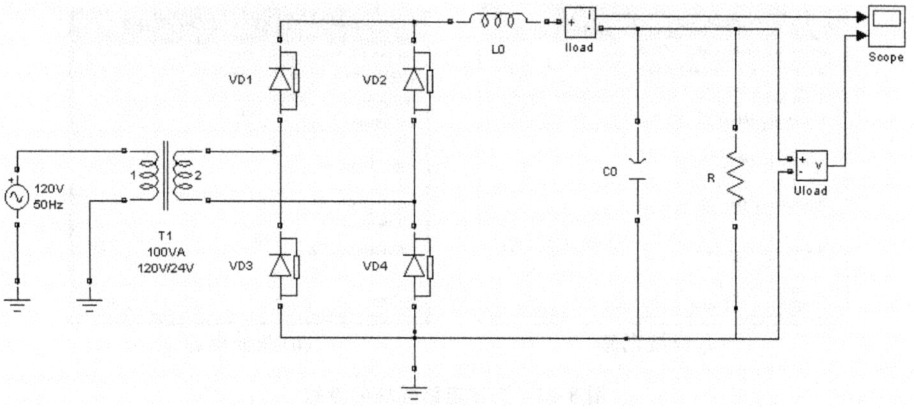

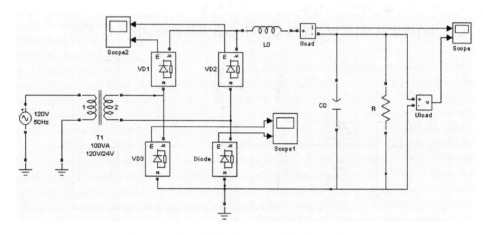

图 8-76   添加测量元件的仿真电路模型

图 8-77   添加测量二极管元件的仿真电路模型

0.05；③将 Solver 选项框设置为 ode23t 或 ode15s，最后单击"OK"按钮。

10）电路模型的仿真

选择"Simulation"→"Start"命令，开始仿真。仿真结果可以双击示波器模块进行查看。

如果采用其他的软件进行波形分析，还可以将数据导出。为了分析和调用数据的方便，不希望输出复杂的结构型数据的类型，可以将信号进行分解和组合，调用"Signal Routing"中的"Demux"和"Max"模块。如图 8-78 所示的仿真电路模型，每一个示波器都采用"array"类型的数据输出到工作空间。

习　题　8

1. 已知系统状态空间表达式为
$$\begin{cases} \begin{pmatrix} \dot{x}_1(t) \\ \dot{x}_2(t) \end{pmatrix} = \begin{pmatrix} 0 & 1 \\ -2 & -3 \end{pmatrix} \begin{pmatrix} x_1(t) \\ x_2(t) \end{pmatrix} + \begin{pmatrix} 1 & 0 \\ 1 & 1 \end{pmatrix} \begin{pmatrix} u_1(t) \\ u_2(t) \end{pmatrix} \\ y(t) = \begin{pmatrix} 1 & 0 \\ 1 & 1 \end{pmatrix} \begin{pmatrix} x_1(t) \\ x_2(t) \end{pmatrix} \end{cases}$$，求

系统的传递函数。

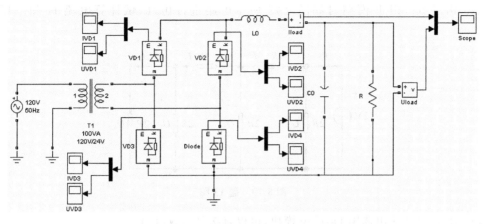

图 8-78　分解二极管元件信号的仿真电路模型

2. 已知两子系统的传递函数分别为 $G_1(s) = \begin{pmatrix} \dfrac{1}{s+1} & \dfrac{1}{s+2} \\ 0 & 1/s \end{pmatrix}$，$G_2(s) = \begin{pmatrix} \dfrac{1}{s+3} & \dfrac{1}{s+1} \\ 1/(s+1) & 0 \end{pmatrix}$，求两子系统串联和并联时系统的传递函数。

3. 已知 MIMO 系统零极点增益模型，试将其转换为传递函数模型。

$$G(s) = \begin{pmatrix} \dfrac{s-2}{(s+2)(s-4)} & \dfrac{6}{(s+1)(s+3)} \\ \dfrac{-4s}{(s-9)(s+3)} & \dfrac{2s+4}{(s+1+i)(s+1-2i)} \end{pmatrix}$$

4. 二阶典型系统闭环传递函数为 $G(s) = \dfrac{\omega_n^2}{s^2 + 2\zeta\omega_n s + \omega_n^2}$，$\zeta = 0.4$，$\omega_n^2 = 9$，求系统的单位阶跃响应曲线和单位脉冲响应曲线。

5. 已知单位负反馈系统开环传递函数为 $G(s)H(s) = \dfrac{10(s^2+s-2)}{s(s^2-2s+7)}$，绘制闭环系统的零极点分布图，并判断闭环系统的稳定性。

6. 给定单位负反馈系统的开环传递函数为 $G(s)H(s) = \dfrac{10(s+1)}{s(s+7)}$，绘制系统的 Bode 图。

7. 已知系统开环传递函数为 $G(s)H(s) = \dfrac{1}{s^2+0.8s+1}$，试绘制出 Nyquist 图，并分析系统的稳定性。

8. 已知系统的开环传递函数模型为 $G(s)H(s) = \dfrac{k}{s(s+1)(s+2)}$，试绘制系统的根轨迹图并分析使闭环系统稳定的增益 k 的范围。

9. 编写产生 data＝1/3 和 data＝3 的实指数连续信号和离散信号序列的程序。

10. 生成一个频率为 1 kHz、占空比为 40％的周期性方波信号。

11. 设计一个阶数为 20、通带为[0.25，0.75]的 FIR 数字滤波器，并对其频率特性进行分析。

12. 设计一个高通数字滤波器，它的通带为 100～200 Hz，通带内容许有 0.3 dB 的波动，阻带内衰减在小于 317 Hz 的频带内至少有 19 dB，采样频率为 1 kHz。

13. 构建 Simulink 模型对如图 8-79 所示电路进行仿真,试计算电流 I4 和电压 U4 的值。

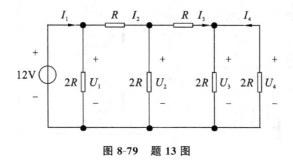

图 8-79   题 13 图

(提示:信号的输出选用 Display 模块,可以直接显示数值。)

第9章 编译器和应用程序接口

MATLAB 与外部的数据和程序的交互是很有意义的,通过与其他编程语言的交互,可以扩充 MATLAB 强大的数值计算和图形显示功能,并且避开其执行效率较低的缺点。

实现 MATLAB 与其他编程语言混合编程的方法很多,通常根据在混合编程时是否需要 MATLAB 运行,可以将混合编程的方法分为两大类:MATLAB 在后台运行和可以脱离 MATLAB 环境运行。事实上,这些方法各有其优缺点,具体使用时需要结合开发者的具体情况。不过无论使用哪种方法,运行环境的设置及 MATLAB 的数据结构和语法都是关键内容。本章主要介绍编译器和应用程序接口的使用方法,以及与 Word/Excel 的混合编程。

9.1 编译器和应用程序接口简介

MATLAB 编译器可以将 M 文件转化为 C 或 C++源代码,然后进一步编译链接成 MEX 文件或可执行程序,又或者共享库文件。MATLAB 编译器可以大大提高程序的执行效率,甚至可以脱离 MATLAB 环境运行程序。

MATLAB 编译器主要包括将 C 源代码文件生成 MEX 文件的 mex 编译器和将 C 源代码文件生成可独立执行文件的 mbuild 编译器,以及可以将 M 文件转换成 C 源代码文件并调用 mex 或 mbuild 编译器生成 MEX 文件或 EXE 可执行程序的 mcc 编译器。

MEX 文件依赖于 MATLAB 环境,只能在 MATLAB 命令窗口或 M 文件中调用。独立的 EXE 应用程序可以脱离 MATLAB 环境执行。

在 MATLAB 中,mcc 编译器主要有下列功能。

(1) 产生 C 源代码,进而生成 MEX 文件。MEX 文件可以提高运行速度,并且可以隐藏文件算法,避免非法修改源文件。

(2) 产生 C 或 C++源代码,进而生成独立的外部应用程序(EXE 文件)。该应用程序无须 MATLAB 环境即可运行。如果 M 源文件使用了绘图指令,则需要图形库支持。

(3) 产生 C MEX 的 S 函数,可以加快 Simulink 中自定义的 S 函数模块的运行速度。

(4) 产生 C 共享库(动态链接库、DLL)或 C++静态库,但是需要提供 MATLAB 数学库的支持。

但是,编译器也有它的局限性,比如说不支持脚本文件的编译,不支持用户自定义的对象,不支持 eval、input、inline 等函数,不支持 Java 接口等。

9.1.1 编译器的安装和配置

MATLAB 编译器安装的前提条件是计算机中必须安装有 ANSI C/C++编译器,只要安装下面列出的任何一种 C/C++编译器都可。

(1) Microsoft Visual C/C++ 5.0 以上版本。

(2) Borland C/C++ 5.0 以上版本。

(3) LcC C (MATLAB 自带,只能用于生成 MEX 文件)。

在安装 MATLAB 编译器时,选中下列组件,然后按照安装的程序的说明直接安装即可。

(1) MATLAB Compiler。

(2) C/C++ Math Library。

(3) MATLAB C/C++ Graphics Library。

如果用户一开始并不知道当前版本的 MATLAB Compiler 所支持的编译器类型有哪些,则需要设置编译环境。

1. mex 编译器的配置

在 MATLAB 命令窗口中输入如下语句,启动编译器。

```
>>mex -setup
Please choose your compiler for building external interface (MEX) files:
Would you like mex to locate installed compilers [y]/n? y

Select a compiler:
[1] Digital Visual Fortran version 6.0 in C:\Program Files\Microsoft Visual Studio
[2] Lcc C version 2.4 in D:\MATLAB7\sys\lcc
[3] Microsoft Visual C/C++  version 6.0 in D:\Program Files\Microsoft Visual Studio
[0] None
Compiler: 3

Please verify your choices:
Compiler: Microsoft Visual C/C++  6.0
Location: D:\Program Files\Microsoft Visual Studio
Are these correct? ([y]/n): y

The default options file:
"D:\Documents and Settings\Administrator\Application Data\MathWorks\MATLAB\
        R13\mexopts.bat"
is being updated from D:\MATLAB7\BIN\WIN32\mexopts\msvc60opts.bat...
```

启动编译器后,需要再验证 mex 编译器。验证过程分两步进行:首先验证 mex 命令是否可以将 C 源代码转换成 MEX 文件;再验证 mcc 命令是否可以将 M 文件转换成 MEX 文件。mcc命令可以在将 M 文件转换成 C 源代码后,自动调用 mex 命令,将 C 源代码转换成 MEX 文件。

可以利用 MATLAB 自带的 yprime.c 和 yprime.m 来验证 mex 和 mcc 命令。这两个文件位于 MATLAB 安装目录下的“\extern\examples\mex”路径中(将 yprime.m 重命名为 yprime_m.m)。

在 MATLAB 命令窗口中输入如下语句,验证编译器。

```
>>mex yprime.c
>>yprime(1,1:4)
ans=
        2.0000    8.9685    4.0000   -1.0947
>>mcc -x yprime_m.m
>>yprime_m(1,1:4)
ans=
        2.0000    8.9685    4.0000   -1.0947
>>which yprime_m
G:\MATLAB 讲义\MyProg\yprime_m.dll
>>clear yprime_m.dll
```

Windows 下的 MEX 文件扩展名为. dll，是可以被 MATLAB 装入和执行的动态链接文件。

2. mbuild 编译器的配置

在 MATLAB 命令窗口中输入如下语句，启动编译器。

```
>>mbuild - setup
Please choose your compiler for building standalone MATLAB applications:
Would you like mbuild to locate installed compilers [y]/n? y

Select a compiler:
[1] Lcc C version 2.4 in C:\MATLAB7\sys\lcc
[2] Microsoft Visual C/C++  version 6.0 in C:\Program Files\Microsoft Visual Studio
[0] None
Compiler: 2

Please verify your choices:
Compiler: Microsoft Visual C/C++  6.0
Location: C:\Program Files\Microsoft Visual Studio
Are these correct? ([y]/n): y

The default options file:
"C:\Documents and Settings\Administrator\Application Data\MathWorks\MATLAB\
      R13\compopts.bat"
is being updated from C:\MATLAB7\BIN\WIN32\mbuildopts\msvc60compp.bat...
```

验证 mbuild 编译器分两步进行：首先验证 mbuild 命令是否可以将 C 源代码转换成可执行的 EXE 文件；再验证 mcc 命令是否可以将 M 文件转换成可执行的 EXE 文件。mcc 命令可以在 M 文件转换成 C 源代码后，自动调用 mbuild 命令，将 C 源代码转换成 EXE 文件。

利用 MATLAB 自带的 ex1. c 和 hello. m 来验证 mbuild 和 mcc 命令。文件分别位于 MATLAB 安装目录中的路径"\extern\examples\"下的 cmath 目录和 compiler 目录。

在 MATLAB 命令窗口中输入如下语句，验证编译器。

```
>>mbuild ex1.c
>>mcc -p hello.m
```

在 DOS 命令窗口中运行如下命令。

```
C:\MATLAB7\work\ex1
C:\MATLAB7\work\hello
Hello,World
```

Windows 下可执行文件的扩展名为. exe。

9.1.2 创建 MEX 文件

创建 MEX 文件有两种方法：一是利用 C 源代码编辑器编写 C 语言 MEX 文件，经过 mex 命令编译链接得到 MEX 文件；二是利用 M 文本编辑器编写 M 函数文件，经过 mcc 命令编译链接得到 MEX 文件。

MEX 文件有如下优点：①通过编译得到的 MEX 文件运行速度快，最直观的是利用 C 代码实现循环体，这样比 MATLAB 快很多；②可以直接借用已编写好的 C 代码；③实现了

MATLAB 通过 MEX 文件来操作 PC 硬件的功能;④可以借用其他的 Windows 软件资源,大大提高了 MATLAB 的应用范围。

1. C 语言 MEX 文件

C 语言 MEX 文件由两部分组成:入口子程序和功能子程序。入口子程序的示例如下。

```
void mexFunction(int nlhs, mxArray *plhs[],
        int nrhs,const mxArray *prhs[])
{
/*用来完成 MATLAB 与功能子程序之间的通信任务*/
}
```

其中:nlhs 输出个数;plhs 输出指针;nrhs 输入个数;prhs 输入指针。

对于形如 [u,v]=funname(x,y,z)的 MEX 文件的调用方法举例如下。

```
nlhs=  2;
plhs=(->'NULL')
        (->'NULL');
nrhs=  3;
prhs=   (->x)
        (->y)
        (->z)
```

C 语言 MEX 文件必须包含 mex.h 库:#include "mex.h"。mex.h 库中包含了 C 语言 MEX 文件所需要的 mex-函数和 matrix.h 库(定义了 mx-函数)。

mx-和 mex-函数是 MATLAB 提供的与外界程序接口的函数。mx-函数用来实现 MATLAB 的矩阵操作;mex-函数用来实现从 MATLAB 环境中获取矩阵数据并返回信息。

功能子程序的编写与一般 C 语言相同,此处不再赘述。

下面是一个完整的 MEX 文件 timestwo.c。

```
timestwo.c
#include "mex.h"
void timestwo(double y[], double x[])
{
  y[0]=2.0*x[0];
}
void mexFunction(int nlhs, mxArray *plhs[],
                int nrhs, const mxArray *prhs[])
{
  double *x,*y;
  int    mrows, ncols;
  /*检查输入输出参数*/
  if(nrhs!=1){
    mexErrMsgTxt("One input required.");
  }
  else if(nlhs>1){
    mexErrMsgTxt("Too many output arguments");
  }
```

```
/*输入只能是一个双精度类型的实数*/
mrows=mxGetM(prhs[0]);
ncols=mxGetN(prhs[0]);
if(!mxIsDouble(prhs[0])||mxIsComplex(prhs[0])||
    !(mrows==1 && ncols==1)) {
  mexErrMsgTxt("Input must be a noncomplex scalar double.");
}

/*为输出参数创建矩阵,输出指针指向该矩阵*/
plhs[0]=mxCreateDoubleMatrix(mrows,ncols,mxREAL);

/*为输入指针、输出指针赋值*/
x=mxGetPr(prhs[0]);
y=mxGetPr(plhs[0]);

/*调用功能子程序*/
timestwo(y,x);
}
```

在 MATLAB 的命令窗口输入如下语句,可以得到运行结果。

```
>>mex timestwo.c
>>y=timestwo(3)
y=
    6
```

再阅读一个完整的 MEX 文件 revord.c,熟悉编写 MEX 文件的方法。

```
revord.c
#include "mex.h"
void revord(char *input_buf,int buflen,char *output_buf)
{
  int   i;
  /*翻转字符串*/
  for(i=0;i<buflen-1;i++)
    *(output_buf+i)=*(input_buf+buflen-i-2);
}

void mexFunction(int nlhs,mxArray *plhs[],
                 int nrhs,const mxArray *prhs[])
{
    char *input_buf,*output_buf;
    int   buflen,status;
    /*检查参数个数*/
    if(nrhs!=1)
      mexErrMsgTxt("One input required.");
    else if(nlhs>1)
      mexErrMsgTxt("Too many output arguments.");
    /*输入参数必须是字符串*/
```

```
if(mxIsChar(prhs[0])!=1)
  mexErrMsgTxt("Input must be a string.");
/*输入必须是只有一行的字符串 */
if(mxGetM(prhs[0])!=1)
  mexErrMsgTxt("Input must be a row vector.");
/*输入字符串的长度*/
buflen=(mxGetM(prhs[0])*mxGetN(prhs[0]))+1;
/*为输入、输出字符串分配内存空间*/
input_buf=mxCalloc(buflen,sizeof(char));
output_buf=mxCalloc(buflen, sizeof(char));
/*拷贝输入字符串到 input_buf,得到 C 语言的字符串*/
status=mxGetString(prhs[0], input_buf, buflen);
if(status!=0)
  mexWarnMsgTxt("Not enough space.String is truncated.");
/*调用功能子程序*/
revord(input_buf, buflen, output_buf);
/*将输出指针指向 MATLAB 形式的输出字符串*/
plhs[0]=mxCreateString(output_buf);
return;
}
```

在 MATLAB 的命令窗口输入如下语句,可以得到运行结果。

```
>>mex revord.c
>>y=revord('this is the example!')
y=
    !elpmaxe eht si siht
```

上述两个例子演示了怎样利用入口子程序在 MATLAB 和 C 语言之间传递双精度实数和单行字符串。同样,结构数组、元胞数组、复数矩阵、稀疏矩阵等数据也可以利用同样的方式实现参数的传递。详细的命令可以参考 MATLAB 安装目录中"\extern\include\"路径下面的 matrix.h 和 mex.h 文件。

在 C 语言 MEX 文件中也可以调用 MATLAB 中的函数或者用户自己编写的 MATLAB 函数文件。其调用命令如下。

```
mexCallMATLAB (int nlhs,mxArray *plhs[],int nrhs, mxArray *prhs[],
              const char*command_name);
```

下面举例演示其用法。

```
simplemath.c
#include "mex.h"
#include "math.h"   /*数学运算库*/
void mexFunction(int nlhs, mxArray *plhs[],
                 int nrhs, const mxArray *prhs[])
{
  int num_out,num_in;
  mxArray*output_array[2];
  mxArray*input_array[1];
  /*检查输入输出个数*/
```

```
   if(nrhs!=1){
     mexErrMsgTxt("Only one input required.");
   }
   else if(nlhs>1){
     mexErrMsgTxt("Too many output arguments");
   }
   /*disp 显示矩阵*/
num_out=0;
   num_in=1;
   mexCallMATLAB(num_out,output_array,num_in,prhs,"disp");
   /*eig 计算矩阵特征向量特征值*/
   num_out=2;
   num_in=1;
   mexCallMATLAB(num_out,output_array,num_in,prhs,"eig");
  /*disp 显示矩阵特征向量*/
   num_out=0;
   num_in=1;
   input_array[0]=output_array[0];
   mexCallMATLAB(num_out,output_array,num_in,input_array,"disp");
   /*disp 显示矩阵特征值*/
   num_out=0;
   num_in=1;
   input_array[0]=output_array[1];
   mexCallMATLAB(num_out,output_array,num_in,input_array,"disp");
 }
```

在 MATLAB 的命令窗口输入如下语句,可以得到运行结果。

```
>>a=[12 23;34 45];
>>mex simplemath.c
>>simplemath(a)
   12    23
   34    45


  -0.8214   -0.4251
   0.5703   -0.9051


  -3.9692        0
        0  60.9692
```

2. M 函数 MEX 文件

M 脚本文件不能编译成 MEX 文件,所以必须把 M 脚本文件改写成 M 函数文件才能进行编译。

M 函数文件的格式和一般 M 函数文件完全相同,不需要进行任何修改。

mcc 是调用 MATLAB 编译器的命令,可以从 MATLAB 命令行或者 DOS、UNIX 命令行中进行调用,可以用于将 M 文件部署到 MATLAB 运行环境外,产生在 C 和 C++里的 wrapper 包文件,以及有选择地建立独立的二进制文件。在默认情况下,它将所有结果文件写入当前文件夹中。如果指定了多个 M 文件,编辑器将为每个文件生成一个 C 或 C++的函数。如果 C 或目标文件被指定,则将连同产生的所有 C 文件被送到 mbuild。其调用格式如下。

$$\text{mcc [-options] mfile1 [mfile2 ... mfileN] [C/C++file1 ... C/C++fileN]}$$

[-options]选项主要包括以下内容。

(1) -a:加入到档案文件。

添加一个文件到 CTF 档案文件。使用">>mcc -a filename"命令。将一个文件直接加入到 CTF 档案文件。可以多次使用-a 选项。编译器会在 MATLAB 路径中寻找这些文件,所以指定完整路径是可选的。这些文件不会被送到 mbuild,因而可以包含类似数据文件的文件。

(2) -b:产生 Excel 兼容的公式函数。

产生一个 VB 文件(.bas)包含 Excel 公式函数接口的 COM 对象。导入到工作表中的 VB 代码允许 MATLAB 函数作为一个单元格公式函数来使用,此时需要 MATLAB 的 Excel 编译工具。

(3) -B:指定包文件(bundle file)。

将文件替换为指定包文件的内容。使用">>mcc -B filename[:⟨a1⟩,⟨a2⟩,…,⟨an⟩]"命令。

这个包文件应该仅包含 mcc 命令行选项以及其他-B 选项。例如,使用">>mcc -B csharedlib:foo c shared library"以及使用">>mcc -B cpplib:foo c++ library"。

(4) -c:只产生 C 代码。

当此选项与一个宏被调用时,在不调用 mbuild 命令的情况下,产生 C 代码也即不产生单独的可执行程序。该选项等价于放在 mcc 命令行后的-T 选项。

(5) -d:指定输出文件夹。

(6) -f:指定选项文件。

(7) -g:产生调试信息。

(8) -I:添加文件夹到 Path。

(9) -m:产生一个可单独运行的文件。

(10) -M:直接传递。

(11) -N:清空 Path。

(12) -o:指定可执行文件名。

(13) -p:将文件夹加入到 Path。

(14) -R:运行时。

(15) -T:指定目标阶段。

指定输出文件的目标阶段和类型。使用">>mcc -T target"命令来定义输出类型。合法的目标值包括:codegen、compile:exe、compile:lib、link:exe、link:lib。

(16) -v:显示详细信息。

(17) -w:显示警告信息。

(18) -W:指定包装函数类型。

控制产生函数包装。使用">>mcc -W type"命令来控制产生的 M 文件函数的包装类型。如果提供一个函数列表,编译器将产生这些函数的全局变量的定义,并且能够保证和任意变量进行匹配。下面是几个合法的 type 参数。

- main：产生一个 POSIX 脚本的 main()函数。
- lib：⟨string⟩：产生一个初始化和终止函数，用于将编译器产生的函数编译进一个大的程序。这一选项同样产生一个头文件，包含指定 M 文件的所有函数的原型。⟨string⟩成为产生的 C/C++文件和头文件的基础文件名。创建一个 . exports 文件，包含所有非静态函数名。
- com：⟨component_name⟩，⟨class_name⟩，⟨version⟩：从 M 文件产生一个 COM 对象。
- none：不产生包装文件，默认为 none。

(19) -Y：license 文件。

(20) -z：指定路径。可以利用 mcc -? 或者 help mcc 查询帮助。

下面简单举例。

(1) 为 myfun. m 产生一个可执行文件，具体程序如下。

```
>> mcc -m myfun
```

(2) 为 myfun. m 产生一个可执行文件。myfun. m 文件在"/files/source"路径下，并将结果 C 文件和可执行文件放到"/files/target"路径下，具体程序如下。

```
>> mcc -m -I /files/source -d /files/target myfun
```

(3) 使用一个 mcc 调用为 myfun1. m 和 myfun2. m 产生可执行文件，具体程序如下。

```
mcc -m myfun1 myfun2
```

(4) 为 a0. m 和 a1. m 创建一个共享/动态链接库，将其命名为 liba，具体程序如下。

```
>> mcc -W lib:liba -T link:lib a0 a1
```

在 MATLAB 的命令窗口中输入如下语句，可以得到运行结果。

```
>>mcc -m circle.m
>>circle
>>circle(1,1,2,1)
```

其中，M 文件的内容如下。

```
circle.m
function circle(x,y,r,varargin)
if nargin<3
    x=0;    y=0;    r=1;
end
%画圆
t=0:0.1:2*pi;
x1=sin(t);
y1=cos(t);
plot(x1*r+x,y1*r+y,'r');
%填色
flag=0;
if nargin>3
    flag=varargin{1};
end
if flag
    fill(x1*r+x,y1*r+y,'b')
end
axis square;
```

M 函数 MEX 文件示例的运行结果如图 9-1 所示,其中图 9-1(a)为在命令窗口中调用 M 函数文件 circle.m 的运行结果,图 9-1(b)为在命令窗口执行编译后的 MEX 文件的运行结果。

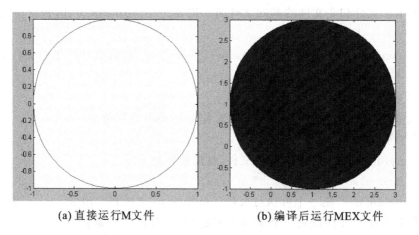

(a)直接运行M文件   (b)编译后运行MEX文件

图 9-1   M 函数 MEX 文件示例的运行结果

9.1.3   创建独立的外部应用程序

用来创建独立应用程序的源代码可以是 M 文件、C 语言文件或者这些文件的组合。但是,不管是哪一种文件格式,都应该包含一个主函数。例如,C 文件的 main 函数。得到的 EXE 文件如果要正常运行,需要包含下列文件。

(1) mbuild 编译得到的 bin 目录下的所有文件(可能存在)。

(2) 所调用的 MEX 文件。

(3) MATLAB 提供的数学库。

(4) MATLAB 提供的图形库。

其中,数学库和图形库可以由 MATLAB 安装目录中“\extern\lib\win32”路径下的 mglinstaller.exe 文件自解压得到。

```
main.m
%main.m
function main
r=mrank(5)


mrank.m
%mrank.m
function r=mrank(n)
%向量 r 的每一个元素代表了一个魔方方阵的秩
r=zeros(n,1);
for k=1:n
    r(k)=rank(magic(k));
end
```

在 MATLAB 的命令窗口中输入如下语句。

```
>>mcc -m main mrank
```

在 DOS 窗口运行如下指令。

```
G:\MATLAB 讲义\MyProg\mex>main
```

可得如下运行结果。

```
r=
    1
    2
    3
    3
    5
```

MATLAB 编译器可以实现与 C 语言文件之间的交互,并且得到脱离 MATLAB 空间运行的独立执行文件。

在 MATLAB 编译器中 mex、mbuild、mcc 三个命令可以完成如下操作:mex 指令将 C 文件转换成 MEX 文件;mbuild 将 C 文件转换成独立执行程序;mcc 将 M 函数文件转换成 C 文件,并且可以调用 mex、mbuild 来生成 MEX 或独立执行文件。

在 Windows 环境下 MEX 文件的后缀为.dll,可执行文件的后缀为.exe。

9.2　与 Word/Excel 的混合编程示例

9.2.1　利用 MATLAB 生成 Word 文档

在 MATLAB 与外部其他软件交互中,最典型的是与 Word/Excel 的混合编程。

1) 创建 Microsoft Word 服务器

在 MATLAB 命令窗口输入如下语句。

```
try
%若 Word 服务器已经打开,返回其句柄 Word
    Word=actxGetRunningServer('Word.Application');
catch
%创建一个 Microsoft Word 服务器,返回句柄 Word
    Word=actxserver('Word.Application');
end
%设置 Word 服务器为可见状态
>>set(Word,'Visible',1);     %或 Word.Visible=1;
```

2) 建立 Word 文本文档

```
%调用 Add 方法建立一个空白文档,并返回其句柄 Document
>>Document=Word.Documents.Add;
%查看 PageSetup 接口的所有属性,会返回属性列表
>>Document.PageSetup.get
%页面设置
>>Document.PageSetup.TopMargin=60;        %上边距 60 磅
>>Document.PageSetup.BottomMargin=45;     %下边距 45 磅
>>Document.PageSetup.LeftMargin=45;       %左边距 45 磅
>>Document.PageSetup.RightMargin=45;      %右边距 45 磅
%查看枚举类型属性 VerticalAlignment 的属性值
```

```
>>Document.PageSetup.set('VerticalAlignment')
%写入文字内容
%返回 Document 的 Content 接口的句柄
>>Content=Document.Content;
>>Content.Start=0;      %设置文档内容的起始位置
>>title='物  理  试  卷  分  析';
>>Content.Text=title;       %输入文字内容
>>Content.Font.Size=16;      %设置字号为 16
%返回 Word 服务器的 Selection 接口的句柄
>>Selection=Word. Selection;
%设置选定区域的起始位置为文档内容的末尾
>>Selection.Start=Content.end;
>>Selection.TypeParagraph;      %回车,另起一段
>>xueqi='( 2013  —  2014  学年 第二学期)';
>>Selection.Text=xueqi;       %在选定区域输入文字内容
>>Selection.Font.Size=12;      %设置字号为 12
>>Selection.Font.Bold=0;       %字体不加粗
>>Selection.paragraphformat.Alignment='wdAlignParagraphCenter';   %居中对齐
>>Selection.MoveDown;       %光标移到所选区域的最后
>>Selection.TypeParagraph;       %回车,另起一段
>>Selection.TypeParagraph;       %回车,另起一段
>>Selection.Font.Size=10.5;      %设置字号为 10.5
%返回 Document 的 Paragraphs 接口的句柄
>>DP=Document.Paragraphs;
>>DPI1=DP.Item(3);       %返回第 3 个段落的句柄
>>DPI1.Range.Text=['任课教师:Tom and Jerry'];       %输入第 3 自然段的文字内容
%居中对齐
>>DPI1.Range.ParagraphFormat.Alignment='wdAlignParagraphCenter';
>>DPI1.Range.Font.Size=12;       %设置字号为 12
>>DPI1.Range.Font.Bold=4;       %字体加粗
%在当前自然段的后面插入一个新的自然段
>>DPI1.Range.InsertParagraphAfter;
%第 2 自然段首行缩进 25 磅
>>DP.Item(2).FirstLineIndent=25;
```

3) 插入表格

Document 接口下有一个 Tables 接口,实际上 Word 和 Document 的很多接口下都有 Tables 接口,如 Word. ActiveDocument、Word. Selection、Document. Paragraphs. Item(1). Range 和 Document. Content 接口等。这些 Tables 接口的作用都是在文档中插入表格。其调用格式如下。

Table＝Document. Tables. Add(handle，m，n)；

在 MATLAB 命令窗口输入如下语句。

```
>>Tab1=Document.Tables.Add(Selection.Range, 12, 9);
%其运行结果为在光标处插入 12 行 9 列的表格
>>Tab2=Document.Tables.Add(Document.Paragraphs.Item(1).Range,2,2);
```

```
%其运行结果为在第 1 自然段处插入 2 行 2 列的表格
```
　　表格句柄下有一个 Borders 属性,它其实也是一个接口,用来设置表格边框。
```
>>Table.Borders.get        %查看 Borders 接口的所有属性
>>Table.Borders.set('属性名')      %查看 Borders 接口的属性值
>>Table.Borders.属性名='属性值';    %设置表格边框
```
　　一个表格有 8 种线(注意不是线型),分别对应上边框、左边框、下边框、右边框、内横线、内竖线、左上至右下内斜线和左下至右上内斜线。

　　表格句柄 Table 的 Rows 属性(也是一个接口)是指向表格各行的接口,Columns 属性(也是一个接口)是指向表格各列的接口,通过这两个接口来设置表格的行高、列宽和对齐方式等。对行句柄下的 Height 属性和列句柄下的 Width 属性分别赋值,即可完成行高和列宽的设置。

```
%在光标所在位置插入一个 12 行 9 列的表格
>>Tab=Document.Tables.Add(Selection.Range,12,9);
%定义表格列宽向量和行高向量
>>column_width=[53.7736,85.1434,53.7736,35.0094,35.0094,...
                76.6981,55.1887,52.9245,54.9057];
>>row_height=[28.5849,28.5849,28.5849,28.5849,25.4717,25.4717,...
              32.8302,312.1698,17.8302,49.2453,14.1509,18.6792];
%通过循环设置表格每列的列宽
>>for i=1:9
     Tab.Columns.Item(i).Width=column_width(i);
  end
%通过循环设置表格每行的行高
>>for i=1:12
     Tab.Rows.Item(i).Height  =row_height(i);
  end
```

　　Rows 接口的 Alignment 属性用来设置整个表格的水平对齐方式。表格对齐方式的操作具体如下。

```
%查看 Alignment 属性的属性值
>>DTI.Rows.set('Alignment')
%设置表格整体居中
>>Table.Rows.Alignment='wdAlignRowCenter';
%设置表格的第 1 个单元格水平对齐方式
>>DTI.Cell(1,1).Range.Paragraphs.Alignment=属性值
%设置表格的第 1 个单元格垂直对齐方式
>>DTI.Cell(1,1).VerticalAlignment=属性值;
  合并单元格的操作:
>>Table.Cell(i1, j1).Merge(Table.Cell(i2, j2));
  输入单元格内容,调用格式为:
  Table.Cell(i, j).Range.Text=单元格内容;
>>DTI.Cell(1,1).Range.Text='课程名称';
>>DTI.Cell(1,3).Range.Text='课程号';
>>DTI.Cell(1,5).Range.Text='学院';
>>DTI.Cell(1,7).Range.Text='专业';
>>DTI.Cell(2,1).Range.Text='班级';
```

4）插入图片

Document 接口下有 InlineShapes 和 Shapes 属性，它们都是接口，利用这两个接口可以在 Word 文档中插入图片。由 InlineShapes 接口插入的图片是 InlineShape 对象，由 Shapes 接口插入的图像是 Shape 对象。

InlineShape 对象可以是嵌入式 OLE 对象、链接式 OLE 对象、嵌入式图片、OLE 控件对象和水平线等。Word 文档中一幅版式为"嵌入式"的图片就是一个 InlineShape 对象。可以将 InlineShape 对象理解为代表文档文字层的对象，InlineShape 对象被视为字符，可将其像字符一样放置于一行文本中。

可以将 Shape 对象理解为代表图形层的对象，如自选图形、任意多边形、OLE 对象、ActiveX 控件、图片等。Shape 对象锁定于文本范围内，但是能够任意移动，使用户可以将它们定位于页面的任何位置。Word 文档中一幅版式为"四周型""紧密型""衬于文字下方"或"浮于文字上方"的图片就是一个 Shape 对象。

```
%返回 InlineShapes 接口的句柄
>>InlineShapes=Document.InlineShapes;
%查看 InlineShape 对象的类型
>>InlineShapes.Item(1).set('Type')
%返回 Shapes 接口的句柄
>>Shapes=Document.Shapes;
%查看 Shape 对象的类型
>>Shapes.Item(1).set('Type');
```

插入 InlineShape 对象的操作具体如下。

```
>>handle=Document.InlineShapes.AddPicture('外部图片所在路径');
>>handle=Selection.InlineShapes.AddPicture('外部图片所在路径');
```

第 1 条命令用于在整个文档的左上角（默认锚点位置）插入一幅外部图片。

第 2 条命令用于在当前光标位置插入一幅外部图片。两条命令均返回当前 InlineShape 对象（刚插入的图片）的句柄 handle。

插入 Shape 对象的操作具体如下。

```
>>handle=Document.Shapes.AddPicture('外部图片所在路径');
>>handle=Document.Shapes.AddPicture('图片路径', LinkToFile,...
                    SaveWithDocument, Left, Top, Width, Height, Anchor)
```

第 1 条命令用于在整个文档的左上角（默认锚点位置）插入一幅外部图片。

第 2 条命令的作用是指定锚点位置，并在距离锚点一定位置处插入一幅外部图片。后 7 个参数不是必需的，可以为空或从后向前忽略某些参数。需要注意的是，参数 LinkToFile 和 SaveWithDocument 的值不能同时为 0 或 'False'，但可以同时为空（[]）。

5）插入页眉、页码

```
>>Document.ActiveWindow.ActivePane.View.SeekView='wdSeekCurrentPageHeader';
>>Selection.Range.Paragraphs.Alignment='wdAlignParagraphLeft';
>>Selection.InlineShapes.AddPicture(which('kedalogo.TIF'));
>>Selection.MoveRight;
>>Selection.Range.Text='物理学教案        ';
>>Selection.SetRange(1,15);
>>Selection.Range.Font.Name='隶书';
>>Selection.Range.Font.Size=16;
```

```
>>Selection.Range.Font.bold=2;
>>Selection.EndKey;
>>Selection.Range.Text='第 ';
>>Selection.EndKey;
>>Selection.Fields.Add(Selection.Range,[],'Page');
>>Selection.EndKey;
>>Selection.Range.Text='页';
>>Selection.SetRange(16,56);
>>Selection.Range.Font.Name='宋体';
>>Selection.Range.Font.Size=12;
>>Document.ActiveWindow.ActivePane.View.SeekView='wdSeekMainDocument';
```

6）插入公式

```
>>Document.Application.Run('MathTypeCommands.UIWrappers.InsertEquation')
```

7）保存文档

当整个 Word 文档设计完成之后，需要将其保存到硬盘上，这时要用到 Document 接口下的 SaveAs 方法和 Save 方法，它们的调用方法如下：

```
>>Document.SaveAs('FilenameAndPath');
>>Document.Save;
```

其中，FilenameAndPath 字符串用来指定文件名及保存路径。文档第 1 次保存时，若用 Save 方法，会弹出一个保存文档的界面，让用户指定文件名和选择保存路径；若用 SaveAs 方法，则默认保存到"我的文档"文件夹中。当不指定文件名和路径时，文档被自动命名并保存到"我的文档"文件夹中；当只指定路径不指定文件名时，会出现错误。

9.2.2 在 Word 文档中使用 MATLAB

MATLAB 提供的 notebook 将 Word 和 MATLAB 完美结合，即在编辑 Word 文档时利用 MATLAB 资源，包括科学计算和绘图功能，这样的文件也叫 M-book 文档。其工作原理是：首先在 Word 文档中创建命令，然后传递给 MATLAB 进行后台处理，最后将后台处理结果回传到 Word 中。

1. notebook 的安装和使用

在 MATLAB 中使用 notebook 的前提是已经安装了 Microsoft Word 系列产品中的一个。

在命令窗口中输入如下语句，即完成安装。

```
>>notebook -setup
```

在命令窗口中输入如下语句，可以新建一个 M-book 文档。

```
>>Notebook
```

在命令窗口中输入如下语句可以打开一个已有的 M-book 文档。

```
notebook path\filename.doc
```

2. notebook 的实际应用

在 M-book 文档中不仅要有普通的文字，还需要与 MATLAB 进行交互的文字。notebook 将与 MATLAB 进行交互的文字的基本单位称为细胞，细胞可以是表达式，也可以是程序。notebook 提供了选择细胞和运行细胞的功能，并将 MATLAB 运算结果以细胞保存。

【例 9-1】 利用 notebook 建立 MATLAB 内置函数 cylinder 函数的学习手册,该函数用于绘制柱体或椎体。

首先新建一个 M-book 文档,输入以下内容,并保存为"mynotebook.doc",如图 9-2 所示。

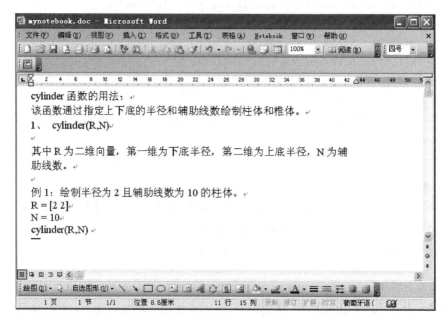

图 9-2 一个 M-book 文档

然后选中如下文字。

R＝[2 2]

N＝10

cylinder(R,N)

从 notebook 菜单中选择"define input cell"定义细胞,此时可以看到选中的部分变成绿色,然后从 notebook 菜单中选择"evaluate cell"执行细胞,得到如图 9-3 所示的结果。

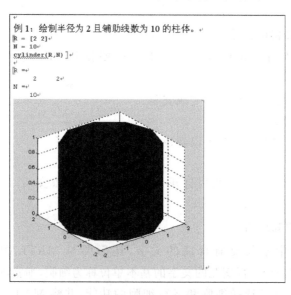

图 9-3 M-book 文档中内容及执行结果 1

继续输入指定文字，并按照上述方法定义和执行细胞，可以得到如图 9-4 所示的结果。

```
2、[X,Y,Z] = cylinder(R,N)
其中 X,Y,Z 为坐标值。

例 2：读取半径为 2 且辅助线数为 10 柱体的数据。
R = [2 2];
N = 10;
[X,Y,Z] = cylinder(R,N);
sizeX = size(X) ]

sizeX
      2      11]
读取其中奇数个数据的 Y 值。
n = 1;
for i = 1:2:sizeX(2)
P(n) = Y(i);
n = n+1;
end ]
P ]

P =
      0   1.1756   1.9021   1.9021   1.1756   0.0000]
```

图 9-4   M-book 文档中内容及执行结果 2

以上可以看出，M-book 文档可以绘制图形，执行表达式和程序，同时在内部保存变量值，以供今后调用。

需要注意的事项如下。

（1）clear、save 等命令是可以执行的，并且含义与 MATLAB 中的一致，但有些命令是不可以执行的，如 clc 命令就不会将前面的文字和细胞清空。

（2）M-book 文档细胞中的标点符号和 MATLAB 中的一样，必须在英文状态下输入。

（3）在 M-book 文档中细胞运行的速度比在 MATLAB 中慢得多。

（4）可以使用 notebook 菜单中的"Bring MATLAB to Font"选项将 MATLAB 调到前台。

（5）不可以同时打开 M-book 文档和正常的 Word 文档，这样会导致 M-book 文档中的细胞不能被执行。

习　题　9

1. 利用入口子程序在 MATLAB 和 C 语言之间传递双精度实数和单行字符串。

2. 利用 MATLAB 生成一个 Word 文档。

3. 在 Word 文档中使用 MATLAB 进行绘图。

参 考 文 献

[1] 李南南,吴清,曹辉林.MATLAB 7 简明教程[M].北京:清华大学出版社,2006.

[2] 张志涌.精通 MATLAB 6.5 版[M].北京:北京航空航天大学出版社,2003.

[3] 张德丰.MATLAB 在电子信息工程中的应用[M].北京:电子工业出版社,2009.

[4] 高西全,丁玉美.数字信号处理[M].西安:西安电子科技大学出版社,2008.

[5] 求是科技.MATLAB 7.0 从入门到精通[M].北京:人民邮电出版社,2006.

[6] 张德丰,杨文茵.MATLAB 工程应用仿真[M].北京:清华大学出版社,2012.

[7] 李国勇.计算机仿真技术与 CAD——基于 MATLAB 的控制系统[M].3 版.北京:电子工业出版社,2012.

[8] 薛定宇.控制系统计算机辅助设计——MATLAB 语言与应用[M].3 版.北京:清华大学出版社,2012.

[9] 谢中华,李国栋,刘焕进,等.MATLAB 从零到进阶[M].北京:北京航空航天大学出版社,2012.

[10] 李维波.MATLAB 在电气工程中的应用[M].北京:中国电力出版社,2009.

[11] 王正林,郭阳宽.MATLAB/Simulink 与控制系统仿真[M].北京:电子工业出版社,2012.

[12] 钟麟,王峰.MATLAB 仿真技术与应用教程[M].北京:国防工业出版社,2004.